国家示范性高等职业院校
重点专业建设系列教材

生猪屠宰工艺与品质检验技术

陈平衡　陈松明　蒋艾青　主编

中国农业大学出版社

图书在版编目(CIP)数据

生猪屠宰工艺与品质检验技术/陈平衡,陈松明,蒋艾青主编.
—北京:中国农业大学出版社,2010.3
ISBN 978-7-81117-983-5

Ⅰ.①生…　Ⅱ.①陈…　②陈…　③蒋…　Ⅲ.①猪-屠宰加工　②猪肉-卫生检验　Ⅳ.TS251.5

中国版本图书馆 CIP 数据核字(2010)第 042004 号

书　　名	生猪屠宰工艺与品质检验技术		
作　　者	陈平衡　陈松明　蒋艾青　主编		
策划编辑	董　田　伍　斌	**责任编辑**	王艳欣
封面设计	郑　川	**责任校对**	王晓凤　陈　莹
出版发行	中国农业大学出版社		
社　　址	北京市海淀区圆明园西路 2 号	**邮政编码**	100193
电　　话	发行部 010-62731190,2620	读者服务部	010-62732336
	编辑部 010-62732617,2618	出　版　部	010-62733440
网　　址	http://www.cau.edu.cn/caup	**e-mail**	cbsszs @ cau.edu.en
经　　销	新华书店		
印　　刷	北京时代华都印刷有限公司		
版　　次	2010 年 3 月第 1 版　　2013 年 8 月第 3 次印刷		
规　　格	787×980　16 开本　20.75 印张　376 千字		
定　　价	29.00 元		

编审人员

主　编　陈平衡　陈松明　蒋艾青

副主编　葛汉根　高　仙

编　者　文三卓　刘　成　于桂阳　唐　伟
　　　　郑陶生　张　昊　杨四秀

主　审　邓发清

内容提要

本书从我国生猪屠宰加工实际出发，系统地阐述了生猪屠宰的基础知识和基本操作技术，其中重点介绍了生猪屠宰加工工艺、生猪屠宰加工设备和宰后肉品品质检验基础以及肉品品质检验操作方法及程序等。此外，还对一些相关的操作规程、标准及法规作了适当介绍。

本书主要用作湖南恒惠集团生猪屠宰技术人员及肉品品质检验人员的培训教材和永州职业技术学院畜牧兽医专业、农产品质量检测专业学生的校本教材，也可用作高等轻工院校、农业院校、商学院等学校的食品工程、畜产品贮藏与加工、畜牧兽医、商品检验等专业的教材，还可供食品卫生检验所、动物卫生防疫站、商检局、肉类加工企业等单位的有关科技人员使用。

序

如何突出高职教育特色，提高教育教学质量，为社会主义现代化建设培养大量高素质的劳动者和高技能型人才是我们高职教育探索的新课题。近年来，永州职业技术学院立足为当地经济和社会发展服务，实行产学结合、校企合作，不断创新人才培养模式，为地方经济发展提供人才和技术支撑，赢得了当地政府和社会企业行业的大力支持。

在人才培养过程中，永州职业技术学院与“湖南恒惠集团”深度合作，成立了专业教师和企业专家参与的专业教学指导委员会，共同制订人才培养方案、专业教学标准，开发工学结合的课程，编写岗位培养教材。企业为学院学生提供顶岗实习实训场地，派出专业技术人员担任兼职教师，学院教师与企业专业技术人员共同进行项目开发，解决生产中的技术难题，校企互惠互利，获得双赢。2008 年 12 月，湖南恒惠集团作为永州职业技术学院的校企合作代表参加了教育部在北京举办的“百所名高职，百家名企业”职教论坛会，并在会上作了“订单培养，校企双赢”的经验交流。《生猪屠宰工艺与品质检验技术》一书就是校企合作共同编写的一部新作。作者根据国务院颁布的《生猪屠宰管理条例》和国家国内贸易局《猪肉品品质检验》的规定要求，结合长期在企业工作的实践经验，编写了本书。可以说，本书凝结了企业专业技术人员和教学工作者的辛勤汗水，是校企合作的一大成果。

本书主要用作湖南恒惠集团生猪屠宰技术人员及肉品品质检验人员的培训教材和永州职业技术学院畜牧兽医专业、农产品质量检测专业学生的校本教材，也可用作各高职院校同类专业的专业课程教材。同时，希望本书的出版对广大高职教育工作者和行业企业技术人员深入研究和探讨校企合作，共同开发基于工作过程的课程体系有所启迪和帮助。

由于受多方面的局限所致，书中难免存在一些不成熟的观点和不妥之处，有待进一步探讨，敬请各位读者多提宝贵意见。

永州职业技术学院党委书记、教授

刘子秀

2010 年 1 月

前　言

国务院《生猪屠宰管理条例》和商务部《生猪屠宰管理条例实施办法》的规定要求，生猪屠宰技术人员必须经过培训、考核合格才能上岗。基于这一要求，针对生猪屠宰技术人员应具备的知识和技能编写了《生猪屠宰工艺与品质检验技术》一书。

本书包括生猪屠宰加工技术、猪肉品品质检验技术和肉品品质检验操作方法及程序3部分内容，共16章。其中生猪屠宰厂(场)的要求是根据2008年5月25日国务院颁布的《生猪屠宰管理条例》编写的，生猪屠宰加工工艺流程是按照国家标准《生猪屠宰操作规程》(GB/T 17236)编写的。

本书主要用作湖南恒惠集团生猪屠宰技术人员及肉品品质检验人员的培训教材和永州职业技术学院畜牧兽医专业、农产品质量检测专业学生的校本教材，也可用作高等轻工院校、农业院校、商学院等学校的食品工程、畜产品贮藏与加工、畜牧兽医、商品检验等专业的教材，还可供食品卫生检验所、动物卫生防疫站、商检局、肉类加工企业等单位的有关科技人员使用。

本书由湖南恒惠集团陈平衡董事长和永州职业技术学院陈松明、蒋艾青任主编，湖南恒惠集团葛汉根和永州职业技术学院高仙任副主编，永州职业技术学院党委书记刘子秀教授作序，邓发清教授审稿。

在编写过程中，得到了有关方面的大力支持，在此一并表示感谢！

由于我们水平有限，书中难免有不妥之处，敬请读者和同行老师在使用本教材时多提宝贵意见。

编　者

2010年1月

目　录

第一部分

生猪屠宰加工技术

第一章 概 述

第一节 猪屠宰加工业的发展史

一、发展简史

屠宰加工技术是人类在和自然界的斗争中，为了谋求生存而进行的从最原始的劳动方式中发展起来的。在原始社会，人们将野兽打死后撕开分割，连毛带血地生吃，古代史上称之为“茹毛饮血”。后来由于火的发现，才用火烤着吃，并逐渐把肉和内脏分开，洗净烧烤熟了再吃，并且懂得了把皮剥下来作遮体用，把骨头剔出来做成骨针工具等，后来又懂得把毛做成毛刷等。随着社会的发展，人们开始驯化一些野兽。据有关资料记载，在距今约 15 000 年的中石器时代，我们的祖先开始驯养野猪。在 5 000 多年前，我国养猪业已成为当时畜牧业的重要组成部分。3 000 多年以前，商朝的甲骨文有“豕”字，“豕”即为猪，这是关于猪的最早文字记载。

随着商品经济的形成和发展，出现了家畜屠宰加工业。到了 15 世纪，澳大利亚、英国、德国、俄罗斯等国家先后制定了一些法律、法规，在城市兴建了屠宰厂。新中国成立前，我国屠宰业基本上是私营手工作坊方式。据统计，到 1949 年全国有 5 个规模较大的屠宰厂，日宰生猪 1 万头左右，主要在上海、哈尔滨、南京等几个大城市，均是外国商人在中国开办的企业。新中国成立后，随着国家经济建设的恢复和发展，畜牧业生产的发展和城市人口的增多，为了搞好市场的肉食供应，1953 年 12 月 1 日经中共中央批准成立了中国食品公司，随后各省、自治区、直辖市也相继成立了食品公司。1955 年 8 月国务院决定，屠宰场及场内卫生和兽医工作归商业部及所属食品公司统一领导。随着社会和经济的发展，以及肉类出口的增加，国家陆续开始在武汉、郑州、天津、北京、蚌埠、重庆、长沙生猪产区和销区等城市投资兴建了一大批肉类加工厂。截至 2007 年年底，全国商业系统县及县以上的肉类加工冷藏企业就有 25 530 个，年屠宰加工能力为：生猪 6 亿头，牛 6 000 万头，羊 37 000 万只，冷库容量 3 000 万 t，成为我国食品加工工业的一个重要组成部分。

二、屠宰加工业的进步

随着科学技术的发展，我国生猪屠宰加工技术也有了很大进步。新中国成立初期，屠宰场的生产基本上是手工操作，设备简单，“一把刀”、“一口锅”就可以杀猪。在1954年后兴建的肉类加工厂，增设了吊轨、手握式麻电器、刮毛机、劈半电锯等设备，向半机械化屠宰迈出了一步。20世纪60年代后，随着全行业开展技术革新活动，广大技术人员和生产工人在总结生产实践经验的基础上，先后研制成功了生猪浸烫机、生猪自动麻电机、剥猪皮机、桥式电锯、猪头和蹄刮毛机、割猪蹄机、自动传送轨道、心肝肺分离机、小肠排粪机等，使生猪屠宰加工形成了流水线，在大中城市基本实现了机械化生产。

为了提高行业技术水平，各企业相应配备了畜牧兽医与食品专业等大专、中专毕业生，各地还开办了屠宰技术人员培训班，有的还对员工进行职称的评定工作。为了促进信息交流，1980年成立全国肉类加工科技情报中心站，创办了《肉类工业》杂志（月刊）。

此外，积极开展对外技术和经济交流。在20世纪50年代兴建肉类加工厂时，我国聘请了苏联的一些专家来华进行技术指导。70年代中期，我国派人到丹麦对其肉类工业进行考察，并引进了生猪二氧化碳麻醉设施、真空放血刀、刮黑机和肉骨粉设备等。改革开放后，我国组织更多的人员到国外参观考察，并引进了一些先进的设备和技术。在国内，有关部门经常组织有外商企业参加的肉类加工技术展览会，多次邀请外国技术专家和学者来华进行技术讲座和示范操作。为了促进与世界各国同行业的交流和合作，我国参加了“世界肉类大会”。1990年首次在中国召开了亚太地区肉类大会，1997年在中国北京召开了第十一届“世界肉类大会”。

50多年来，我国每年都有活猪、冻片猪肉、冻猪分割肉及部分副产品出口，最多年份达300多万t。

三、存在的主要问题

虽然我国在生猪屠宰加工的技术设备和猪产品质量方面有了很大的发展与进步，但与先进国家相比还有一定的差距，主要是：

（一）科学研究薄弱

至今，国内尚未有一所专门从事生猪屠宰加工工艺与设备的研究单位，因而对新工艺、新技术、新设备研究与采纳不够，有些方面处于空白。例如，国外采用二氧化碳麻醉，采用较高的电压对生猪麻电，采用平卧式放血，吊挂式烫毛，凡与肉接触的设备、容器、运输车辆均采用不锈钢、合金铝或无毒白色聚丙烯塑料。同时，一些国家生产自动化程度高，广泛应用电子计算机技术，赶猪、麻电、烫毛、刮毛、燎毛、劈半、冲洗等都有自动化装置，测膘、计量、记数都使用电子设备。

(二)人员素质低

在我国屠宰加工被认为是简单的劳动，招收的职工素质低，不经培训就上岗。而在一些国家，有专门学校对人员进行3年的专业培训，使其在基本操作、加工工艺、卫生要求、质量标准等方面有系统的理论知识。

(三)屠宰厂(场)分散、规模小

近年来，国家在推行生猪定点屠宰工作中，一些地方设点过多、分散、规模又小，机械化水平不高，加上社会监督不力，执法不严，一些地方私屠滥宰屡禁不止。

这些问题，将有待我们广大科技工作者、屠宰技术人员和工人共同努力，提高整个行业的科技水平和管理水平，并依法对屠宰加工业和流通市场进行管理和监督，使我国生猪屠宰加工业尽快赶上世界先进水平。

第二节 猪屠宰加工的重要性

"民以食为天"。肉类是人类主要的动物性食品来源，它含有丰富的蛋白质、脂肪、各种维生素和矿物质等，是人们生活中必不可少的副食品。而猪肉目前仍然是我国人民群众"菜篮子"里的主要商品。据统计，我国的猪肉消费占肉类食品的60%左右，因此，搞好生猪的屠宰加工有十分重大的意义：

第一，为市场提供安全、卫生、新鲜的肉及副产品，让消费者吃上"放心肉"，保证人民群众的身体健康。

第二，有利于农民发展养猪业，增加收入，促进我国养猪业生产的发展。

第三，可以把皮、毛、血、骨、心、胃、胆、胰脏、甲状腺、脑垂体、肠衣等副产品收集起来，为皮革、制药、轻工、食品、饲料等工业部门提供原料，变废为宝，为社会增加财富。

第四，将猪肉及副产品出口，为国家换取外汇。

因此，作为生猪屠宰加工人员，要树立起光荣感和爱岗敬业精神，做好本职工作。

第三节 搞好生猪屠宰加工

一、实行生猪定点屠宰的重大意义

1985 年国家取消了生猪派购，实行自由经营、随行就市、按质论价等政策后，在活跃城乡市场、方便群众购买、促进生猪生产方面起到了积极作用，使我国生猪生产获得了很大的发展。据统计，2007 年全国出栏生猪 6 亿多头，全国猪肉总产量达 7 248 万 t，人均占有量超过世界平均水平，已成为世界第一肉类生产大国。

但是，由于屠宰管理失控，国有食品行业的肉联厂、屠宰场受到严重冲击，而以个体户为主的屠商在城乡到处开设屠宰点，造成病害肉、注水肉大量上市，严重威胁着消费者的健康；屠宰污水横流，污染环境，疫病蔓延；资源浪费；偷税漏税，国家税收大量流失；一些不法屠商压级压价克扣农民等，严重地影响了流通秩序，对整个社会危害极大。私屠滥宰是文明历史的大倒退。为此，1987 年国务院对上市生猪提出了“定点屠宰、集中检验、统一纳税、分散经营”的办法。根据国务院的要求，很多省、自治区、直辖市的一些地方实行生猪定点屠宰，受到消费者欢迎。但是由于各部门对生猪定点屠宰的意义认识不一，加上缺乏必要的配套措施，使这项工作停顿下来，社会上的私屠滥宰引起全社会的关注。1995 年 2 月，国务院办公厅下发《关于畜禽屠宰管理工作有关问题的通知》，提出了对上市生猪实行“定点屠宰、集中检疫、统一纳税、分散经营”的办法，从此在全国拉开了生猪定点屠宰的序幕。1995 年 12 月 16 日，江泽民同志看到了反映哈尔滨生猪私屠滥宰情况的电视新闻后指出：“这样不卫生的肉老百姓怎么吃，吃了不生病？我们共产党人要对人民负责，这件事一定要下决心抓好”。事后李鹏、朱镕基、李岚清等同志也对这个问题做过重要的指示和批示。1997 年 12 月 12 日，国务院通过了《生猪屠宰管理条例》（下称《条例》），后于 2008 年 5 月 25 日重新修订，同年 8 月 1 日施行，这是新中国成立以来第一部全国性行政法规。《条例》的实施，标志着生猪屠宰管理工作走上了法制化、规范化的轨道，从而加快了全国各地开展生猪定点屠宰工作的进程。目前，生猪定点屠宰已取得了显著的社会效益和较好的经济效益，主要体现在：

（1）让消费者吃上“放心肉”，基本上遏制了病害肉、注水肉上市，保护了人民身体健康。

（2）减少了环境污染，防止畜禽疫病的传播。

（3）增加了国家税收，堵住了偷税漏税的漏洞。

(4)维护了生产者、合法经营者和消费者的利益。

(5)生猪流通市场秩序得到了整治,有序运行。

总之,开展生猪定点屠宰是一件利国利民的大事。

二、认真搞好生猪屠宰加工

(一)进一步提高思想认识

生猪定点屠宰工作不仅是一个经济问题,而且是一个政治问题,是涉及人民身体健康的大事。正如江泽民同志所说的"确实是事关群众生活乃至安危的一件大事",所以我们要认真地履行定点屠宰的工作任务。

(二)规范屠宰行为

屠宰企业必须改进和完善屠宰设施,逐步走向工厂化、机械化生产。屠宰加工人员要努力学习文化和科学技术知识,提高屠宰加工技能,保证猪产品的屠宰加工质量达到国家标准的规定要求。企业要加强对职工的思想教育和职业道德教育,恪守职业道德,不能侵犯生产者、经营者和消费者的合法权益,要热情做好屠宰服务,以良好的服务来赢得信誉。

(三)搞好生产管理

要保证消费者吃上"放心肉",必须严格生产管理。首先,要树立质量第一的思想,把好卫生质量关。其次,要加强对职工的安全生产和卫生要求的教育,提高其安全和卫生意识,做到安全、文明生产。再次,要厉行节约,在保证猪产品卫生质量的前提下,尽可能节约水、电和燃料,减少浪费,降低生产成本,提高企业经济效益。

思考题:

1. 40 多年来生猪屠宰加工业取得了哪些成就?

2. 生猪屠宰加工的重要意义何在?

3. 如何做到让消费者真正吃上"放心肉"?

第二章　猪的基本知识

第一节　生猪的品种及其特征

猪在不同的生态环境下，形成了不同的类型，也形成了各自的特征。我国商品猪品种有100多个，约占世界猪品种的1/4。猪品种的分类方法有几种，一种是按肉的经济类型（即肉的用途）来分，在我国还有按猪种的血统来分，其中，在原始型的品种中还按地区来分。

一、猪的经济类型

根据人们的需要，在人类长期培育和自然环境影响下，逐渐形成了三种经济类型的猪。

（一）脂肪型

这类猪的胴体能提供较多的脂肪。脂肪占胴体的55%～60%，瘦肉占30%左右。此类猪早期沉积脂肪的能力较强，第6～7肋膘厚在6 cm以上。其外形特点是，体躯宽、深而不长，全身肥满，头颈较重，四肢短，体长与胸围差不多，皮下脂肪多。广西陆川猪、老式巴克夏猪为典型代表，其外形呈方砖形，体长与胸围相等或超过2～5 cm。

（二）瘦肉型

瘦肉型猪是指以生产瘦肉为主要特征的猪种。瘦肉型猪肉瘦肉多、肥肉少、瘦肉率在55%以上。其外形特点是，背线呈弓形，颈短，体躯不长而稍宽，背腰厚，腿臀发达，瘦肉多，肌肉组织致密，腹较紧，脂肪少。一般体长大于胸围15～20 cm，在标准饲养管理下，6月龄体重可达90～100 kg。瘦肉型品种主要有大约克夏、长白、杜洛克、皮特兰、汉普夏、迪卡配套系、施格猪、达兰配套系、冀合白猪等。

（三）肉脂兼用型

这类猪以供生产鲜肉为主，肉脂品质优良，产肉和产脂性能均较强，胴体中肥肉、瘦肉各占1/2左右。其外形特点是，体躯较长，体长大于胸围，背线与腹线平直，头颈部轻而肉少，躯干较深，腹部容积大，脂肪含量中等，脂肪坚实，腿臀部丰满，胸腹肉发达。我国地方猪种大多属这一类型。如英国的中型约克夏猪、四川的荣昌猪等属于这一类。

二、猪的品种

（一）原始型品种

这类品种属于我国各地原有的品种，形成历史悠久。经过长期选育，其中有不少优良品种，具有独特的品种特性。

根据猪种的起源、生产性能和外形特点，结合当地的自然环境、农业生产和饲养条件，可分为6个类型：

1. 华北型　主要包括华北、内蒙古、新疆等地的猪。由于产区地处中温带、气候干寒，喂猪的青粗饲料比例大，多采用牧放和“吊架子”方式。猪的特点是，皮毛呈黑色，鬃毛粗，长约10 cm，抗寒能力强，体躯较大，背腰窄而平，膘不厚，但板油较多，生长较慢，性成熟晚。以东北民猪为代表。

2. 华中型　主要分布于长江和珠江三角洲广大地区的猪。由于产区气候温和，农业发达，猪饲料种类多，精料、青绿和水生饲料充足，猪多舍饲。猪的特点是，背较宽，骨骼较细，背腰多下凹，四肢较短，腹大下垂，毛稀疏，生长较快，成熟早。如浙江金华猪等。

3. 华南型　主要分布于云南省的西南和南部边缘，广西壮族自治区和广东省的偏南大部地区以及福建省的东南地区。由于产区位于亚热带，所以气候湿热，青饲料多。猪的特点是，体躯短、矮、宽、圆、肥，皮薄毛稀，背凹陷，腹大下垂，性成熟早。如广西壮族自治区的陆川猪等。

4. 江海型　主要分布于长江中下游及东南沿海的猪。由于产区属中亚热带，气候温和，农业发达，饲料资源丰富，饲养管理较好。猪的特点是，外形介于华北型与华中型之间，额较宽，耳长、大而下垂，皮薄而多有皱纹，成熟早，繁殖力强，一般经产母猪一胎可产仔猪15头左右。如太湖流域的太湖猪等。

5. 西南型　主要分布于云贵高原和四川盆地的猪。产区的高原气候（四季如春和阴雨较多）以及盆地的春旱、夏热、秋雨、冬暖的气候，使这里青饲料、碳水化合物饲料丰富。由于气候、饲料条件基本相同，故此地区的猪种体质外形基本相同，腿较粗短，额部多旋毛或横行皱纹，毛以全黑和“六白”较多。如四川省荣昌猪等。

6. 高原型　主要分布于青藏高原的猪。由于产区气候高寒，饲料较缺乏，多数终年放牧。猪的特点是，躯体小，四肢发达，皮较厚，鬃毛粗密。以西藏猪为代表。

(二)培育型品种

这类品种是通过引入外来优良猪种同原始型品种杂交,经长期育种工作培育而形成的。这些培育品种有较稳定的遗传性和较好的产肉率。

1.哈白猪　哈白猪是哈尔滨白猪的简称。产自哈尔滨市及其周围县。系引进巴克夏猪、约克夏猪及苏联大白猪与东北民猪杂交培育而成,皮毛全白,头中等大,两耳直立,面稍凹,背腰平直,腹不下垂,腿臀丰满,四肢强壮。具有较强的抗寒能力和耐粗饲性能,生长快,产仔和哺育性能较好等特性。但也存在体型外貌和生产性能变异大,瘦肉率偏低、脂肪偏多等问题。生后8月龄体重120 kg,屠宰率72%。成年公猪体重222 kg,成年母猪体重176 kg。

2.汉中白猪　汉中白猪主要分布于陕西的汉中、勉县等市、县。该猪系用巴克夏猪及苏联大白猪与地方猪杂交培育而成的肉脂兼用型猪。被毛全白。成年公猪体重214 kg,成年母猪体重167 kg,屠宰率71%～73%,肉质细嫩。

3.新淮猪　新淮猪是由江苏淮阴地区的母猪与英国约克夏公猪杂交培育而成的。猪皮毛黑色,头稍长,耳中等大、垂向前下方,背腰平直,腹稍大但不下垂,臀略斜。具有适应性强,生长发育快,产仔多和杂交效果好等特性。但成熟较晚,而且早期增重较慢。

4.上海白猪　上海白猪是由上海本地猪与英国约克夏猪和苏联大白猪长期杂交培育形成的。猪皮毛白色,体型中等,头平直或微凹,耳中等大、略向前倾,背宽,腿臀较丰满。具有生长快、产仔多,瘦肉率高及杂交优势高等特性。

(三)引进型品种

这类品种是指从国外引入的猪品种。

1.巴克夏猪　产于英国的中南部。我国早期引入的巴克夏猪,体躯丰满而短,属脂肪型猪种,分布面广,适应性强,与各地区的本地猪进行杂交,效果良好。如新金猪、汉中白猪、山西黑猪等培育品种,都是在地方猪种的基础上引用巴克夏杂交而进行培育的。近年引入的猪体型有改变,体躯稍长,趋向于肉用型。体型中等,体质结实,鼻短,面微凹,两耳竖立微前倾,胸深广,背腰平直,大腿丰满,四肢短而有力。皮毛黑色,有“六白”特征,即头、尾、四肢末端毛呈白色。8月龄肉猪体重约为90 kg,屠宰率80%左右,臀腿占胴体的30%左右,胴体瘦肉率55%左右。成年公猪体重230～280 kg,成年母猪体重200～250 kg。

2.约克夏猪　原产于英国北部地区约克县。约克夏猪有大、中、小三型。小型约克夏猪不适合生产需要已被淘汰,以大型、中型约克夏猪较普遍。大约克夏猪又称大白猪,是鲜肉型品种。猪体格大,体形匀称,耳立,鼻直,背腰多微弓,四肢较高,毛色全白。具有生长快、饲料利用率高、瘦肉多、产仔多等特点。6月龄平均体重 90 kg。成年公猪体重 300～370 kg,成年母猪体重 250～330 kg。中约克夏(中白猪)体躯呈方砖形,全身毛白,胸深,背臀丰满,生后 215 d 平均体重为 90 kg。一般于 80～85 kg 时屠宰,屠宰率高,肥瘦肉比例相当,肉质优良,为鲜肉用的优良品种。成年公猪体重 230～280 kg,成年母猪体重 200～250 kg。

3. 长白猪 产于丹麦,原名为兰德瑞斯,因其体躯长,毛色全白,我国称为"长白猪",是肉用型品种。猪头小,耳大前倾,体型细长,背腰平直,腿臀肌肉丰满。具有生长快、饲料利用率高,瘦肉率高和产仔多等特点。成年公猪体重 300～350 kg,成年母猪体重 250～300 kg。

4. 杜洛克猪 产于美国北部,是肉用型猪品种,俗称红毛猪。全身被毛呈金黄色或棕红色,色泽深浅不一。猪头较小,脸部微凹,耳中等大小,嘴短直,腰身长,腿臀肌肉丰满,四肢粗壮。具有体质结实,生活力强,生长快,瘦肉多,饲料利用率高等特点。在良好的饲养管理条件下,达 100 kg 体重日龄为 160 d,瘦肉率为 68%,平均背膘厚低于 12 mm。

第二节 生猪解剖生理

猪的解剖生理学是研究生猪有机体的形态、构造及其生理活动规律的科学。猪的正常形态和构造决定其生理特征,生理特征通过一定的细胞、组织、器官、系统而表现出来。本书所讲的猪是指阉割后的仔猪经过一段时间的饲养、育肥,达到一定标准体重将进行宰杀的生猪。

生物体的形成是由细胞和细胞间质构成组织,组织构成器官,器官构成系统,若干系统有机组合在一起而形成的。不同的生物体在形态结构上不尽相同。

一、猪体的基本结构

(一)细胞

细胞是构成猪体最小的单位。细胞是生物体形态结构和生命活动的基本单位。猪体内的细胞种类繁多,由于其所处的环境和机能活动的不同,在形态结构、大小等方面都有很大的差别,但它们有共同的基本构造和生命活动。构成细胞的基本物质是原生质,主要是由蛋白质、核酸、脂类、糖类等有机物以及水和无机盐等无机物组成。细胞和细胞间质构成机体的各种组织、器官和系统,从而构成一个完整的有机体,表现其生命的活动。

1. 细胞的构造 细胞的大小、形态差别很大,动物细胞的基本构造包括细胞膜、细胞质和细胞核三部分。

(1)细胞膜　细胞膜是细胞表面的一层膜,是一层具有一定选择性通透性的生物膜,水分子可以自由通过,而对其他物质有特殊的选择能力。细胞膜具有保持细胞形态结构完整、保护细胞内容物、进行物质交换等功能。

(2)细胞质　细胞质是执行细胞生理功能和化学反应的主要部分。它填充在细胞膜和细胞核之间。细胞质是位于细胞膜与细胞核之间、生活下呈半透明状的胶状物质,由基质、细胞器和内含物组成。基质的主要成分为蛋白质、糖、脂肪、无机盐和水及一些色素等。细胞器悬浮于基质中,包括内质网、中心体、线粒体、高尔基体、溶酶体、微丝和微管等,各具有一定的形态结构和功能。内含物是存在于细胞内的营养物质或新陈代谢产物,包括脂肪、糖原、类脂和一些色素等。

(3)细胞核　细胞核是细胞的重要组成部分,体积为细胞体积的1/4～1/3。动物体内除成熟的红细胞外,所有细胞都有细胞核。因细胞的种类不同,核的形状、大小、位置也不一样:一般多为圆形、椭圆形、杆状和分叶等形状;位于细胞的中央或偏向一侧;一般多为单核,也有双核和多核,如肝细胞有双核,骨骼肌的细胞核可达数百个。细胞核对整个细胞生命活动的主要作用是合成核酸及蛋白质、呼吸代谢、遗传变异和细胞分化等。细胞核由核膜、核仁、核质及染色质构成,其结构和功能各有不同。

2.细胞间质　细胞间质是由细胞产生的位于细胞之间的生命物质。其性质和数量可随组织的种类不同而异。细胞间质有两种:一种是纤维(包括胶原纤维、弹性纤维和网状纤维);另一种是位于纤维之间的基质,其中含有透明质酸、氨基酸、无机盐等。细胞间质的基质有的是液体,如血液;有的是半固体,如软骨;有的是固体,如骨。细胞间质对细胞起支持、营养和保护作用。

(二)组织

来源相同,形态、结构和功能相似的细胞和细胞间质结合在一起称为组织。组织是构成动物体各器官的基本成分。组织按细胞、细胞间质的成分可分为四大类,即上皮组织、结缔组织、肌肉组织和神经组织,它们构成了猪体各种器官和系统。

1.上皮组织　上皮组织是由细胞和少量细胞间质组成的,分布在畜体外表面、内脏器官表面和体内各种管腔(包括囊状器官)的表面。主要对机体起保护作用,具有吸收、分泌、排泄和感觉的功能。

2.结缔组织　结缔组织是在生猪体内分布很广、形态结构最多样化的一类组织,它包括腱、肌膜、韧带、内外肌周膜、血管、淋巴、神经等,由少量细胞和大量细胞间质组成,细胞间质由丝状纤维、液态和固态的基质组成,少量的细胞分布在大量的间质中。根据其功能不同,可分为疏松结缔组织、致密结缔组织、脂肪组织、网状组织、骨组织、血液、淋巴等。在动物机体内具有填充、连接、支持、营养、保护、修复和运输等作用。

3.肌肉组织　肌肉组织是肉的主要组成成分,是决定肉的质量的重要组织部分,主要由许多肌细胞组成,肌细胞呈纤维状,故称肌纤维细胞。根据肌细胞的形态构造、分布和功能特点,可分为平滑肌、横纹肌和心肌三种。平滑肌的肌纤维呈长梭形,无横纹,主要分布在消化道、呼吸道、泌尿生殖道和血管等器官上;横纹肌又称骨骼肌,肌纤维呈圆柱状,上有横纹,主要附在骨骼上;心肌分布在心脏上,肌纤维为短圆柱状,是心脏特有的肌肉。肌肉组织具有收缩能力,机体移位动作、内脏各器官以及心脏、血管的舒缩都依靠肌肉组织来完成。

4.神经组织　神经组织由神经细胞和神经胶质细胞构成。神经细胞又称神经元,具有传导神经冲动的功能;神经胶质细胞又叫神经胶质,具有支持、保护、营养神经元的功能。

(三)器官

由几种不同的组织按一定规律有机地结合在一起构成了器官。每个器官有一定外形,在体内占据一定位置,具有一定的生理机能,如肝、心、肠等。器官由实质和间质两部分构成,如肌肉的实质是肌组织,脑的实质是神经组织,乳腺的实质是腺上皮组织。间质由结缔组织构成,是器官内的辅助成分,是血管、神经通过的地方,对实质有营养、保护和支持作用。

(四)系统

由若干个形态构造不同、功能上密切相关的器官联合,共同完成一定的生理机能,称为系统。如口腔、咽、食道、胃、肠和消化腺等构成消化系统。

动物机体由运动系统、被皮系统、消化系统、呼吸系统、循环系统、淋巴系统、泌尿系统、生殖系统、神经系统、内分泌系统等所组成。由各个系统构成了一个有生命的完整的统一体,称为有机体。

二、猪体各部位的命名

(一)猪体各部位名称

猪体从表面可分为头、颈、躯干、尾、前肢和后肢等部位,由骨骼、关节、肌肉和皮肤构成。

熟悉猪体各部位的名称对生猪屠宰加工及分割工艺和肉品卫生检验都是非常必要的(图 2-1)。

1.头部　分为枕部、顶部、额部和咬肌部等。

2.颈部　分为颈背侧部、颈侧部、颈腹侧部等。

3. 胸背部 分为肩胛部、背部、胸侧部、胸前部和胸骨部等。

4. 腰腹部 分为腰部和腹部。

5. 荐臀部 分为荐部和臀部。

6. 尾部 位于荐部之后。

7. 前肢部 自上而下依次为肩部、臂部、前臂部、腕部、掌部和指部。

8. 后肢部 自上而下依次为股部、小腿部、跗部、跖部和趾部。

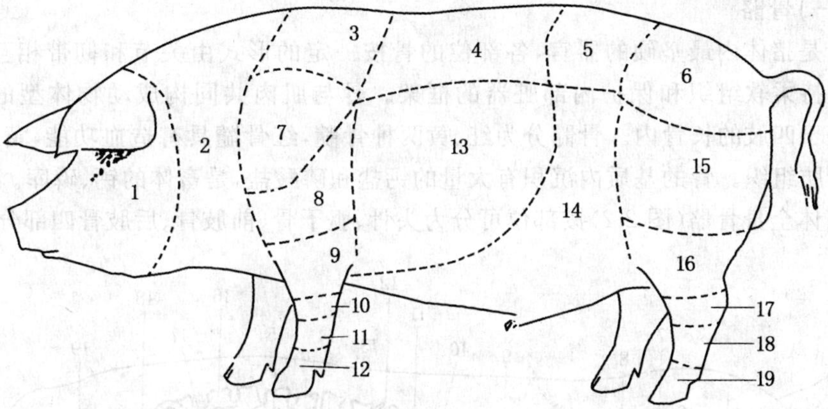

图 2-1 猪体各部位名称

1. 头部 2. 颈部 3. 肩胛部 4. 背部 5. 腰部 6. 荐臀部 7. 肩部 8. 臂部 9. 前臂部 10. 腕部 11. 掌部 12. 指部 13. 胸侧部 14. 腹部 15 股部 16. 小腿部 17. 跗部 18. 跖部 19. 趾部

(二)体腔

猪体腔可分为胸腔、腹腔和骨盆腔。

1. 胸腔 胸腔是由胸廓和有关肌肉构成的腔。胸腔的前壁是第一胸椎、第一对肋骨和胸骨柄，顶壁是胸椎和肌肉，两侧壁和底壁是肋骨和肌肉，后壁为横膈膜。胸腔内有心包囊、心脏、食管、气管、肺、大血管和神经等。

2. 腹腔 腹腔较大，是猪体内最大的腔。前壁为横膈膜，后通骨盆腔，顶壁是腰椎、腰肌，两侧壁和底壁为腹肌。绝大多数脏器都位于腹腔内。腹腔内有胃、肠、肝、脾、肾、胰等脏器，以及输尿管、卵巢、输卵管和一部分子宫，此外，还有血管、神经和淋巴结等。

3. 骨盆腔 骨盆腔位于骨盆内，是腹腔向后延续的部分，由背侧的荐骨和前4个尾椎、两侧的髂骨和荐坐韧带、腹侧的耻骨和坐骨围成，呈前宽后窄的圆锥形，内有直肠、输尿管、膀胱，母猪有子宫(部分)、阴道、尿道，公猪有输精管、副性腺。此外，还有神经、血管和淋巴结等。

三、运动系统

运动系统由骨、关节和骨骼肌联合组成。骨供骨骼肌附着，并作为肌肉作用力的杠杆，关节是运动的枢纽。骨和关节为被动运动器官，骨骼肌收缩产生动力，为主动运动器官。生产上常以骨和肌肉作为确定畜体内部器官位置的标志，在分割肉生产工艺上具有重要的意义。

(一)骨骼

骨是猪体内最坚硬的器官，各部位的骨按一定的形式由关节和韧带相互连结，形成支持柔软组织和保护内部脏器的框架。骨与肌肉共同构成动物体型的基础。骨髓位于四肢的长骨内。骨髓分为红、黄两种骨髓，红骨髓具有造血功能，黄骨髓主要是脂肪组织。骨的基质内沉积有大量的钙盐和磷酸盐，是畜体的钙、磷库。

畜体全身骨骼(图 2-2)按部位可分为头骨、躯干骨、前肢骨、后肢骨四部分。

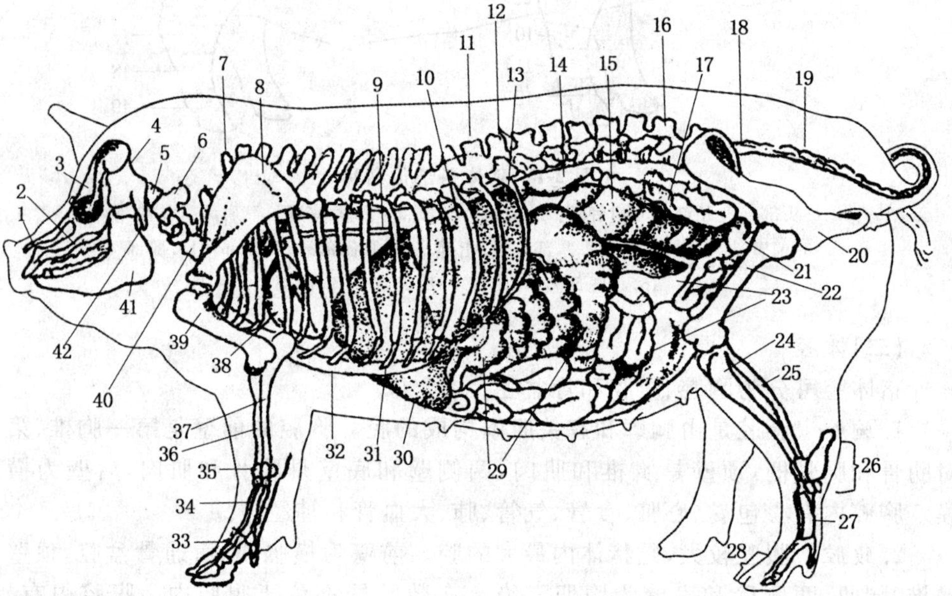

图 2-2　猪的骨骼和内脏部位图

1.鼻骨　2.上颌骨　3.额骨　4.枕骨　5.寰椎　6.枢椎　7.第一胸椎　8.肩胛骨　9.食道　10.胃　11.第十四胸椎　12.第一腰椎　13.脾　14.肾　15.盲肠　16.第七腰椎　17.子宫角　18.荐骨　19.尾椎　20.髋骨　21.膀胱　22.股骨　23.小肠　24.胫骨　25.腓骨　26.跗骨　27.跖骨　28.趾骨　29.结肠　30.肝　31.肋软骨　32.胸骨　33.指骨　34.掌骨　35.腕骨　36.桡骨　37.尺骨　38.心　39.肱骨　40.第六颈椎　41.下颌骨　42.乳状旁突

- 全身骨骼
  - 头　骨
    - 颅骨：枕骨、额骨、顶骨、顶间骨、筛骨、颞骨、蝶骨
    - 面骨：上颌骨、切齿骨、鼻骨、颧骨、泪骨、腭骨、翼骨、犁骨、鼻甲骨、下颌骨、舌骨
  - 躯干骨
    - 脊骨：颈椎、胸椎、腰椎、荐椎、尾椎
    - 胸廓：胸椎、肋骨、胸骨
  - 前肢骨：肩胛骨、肱骨、桡骨、尺骨、腕骨、掌骨、指骨
  - 后肢骨：髋骨（髂骨、坐骨、耻骨）、股骨、膝盖骨、胫骨、腓骨、跗骨、跖骨、趾骨

（二）肌肉

肌肉由大量的肌纤维细胞组成，其间有少量的结缔组织、脂肪组织、血管、神经、淋巴或腺体等。

结缔组织膜把50～150条肌纤维聚集在一起形成肌束，数十条肌束集结在一起并由较厚的结缔组织膜包围形成二次肌束，许多二次肌束集结在一起即形成肌肉块。结缔组织延伸至肌纤维之间的称为肌内膜；包围肌束的称为肌束膜；包围在肌肉表面的称为肌外膜。内外肌膜在肌肉两端汇集成束称为肌腱，每块肌肉的中间膨大部分称为肌腹，两端有肌头和肌尾。肌肉借肌腱牢固地附着在骨骼上。但需注意天然孔周围的肌肉无起止的附着点。血管和神经组织沿着这些结缔组织分布在肌肉的内部。

肌肉由于所处的位置、功能而存在不同的形状，按其形状把肌肉分为板状肌（多位于腹部和肩胛部）、多裂肌（多分布在椎骨间）、环行肌（多分布在天然孔周围，如口轮匝肌、括约肌等）和纺锤形肌（多分布在四肢）。

猪肌肉占猪活体重的27%～44%，占白条肉的50%～70%。

按肌肉所在的部位可分为皮肌、头部肌肉、躯干肌肉和四肢肌肉（前肢肌肉和后肢肌肉），各自具有不同的作用。

1.皮肌　皮肌是薄的板状肌，主要分布在皮下部位，与皮肤内面的结缔组织相连。要注意的是皮肌并不覆盖全身，主要分为面皮肌、颈皮肌、肩臂皮肌和胸腹皮肌。皮肌的作用主要是颤动皮肤，以驱赶蚊蝇、抖净灰尘及水滴等。

2.头部肌肉　头部肌肉包括位于口、鼻周围的面部肌和位于颌下的咬肌。咬肌又称为咀嚼肌。咬肌收缩使下颌发生运动，实现咀嚼功能，是头部最大的肌肉。

3.躯干肌肉　躯干的主要肌肉包括脊柱肌、颈腹侧肌、胸壁肌和腹壁肌。

（1）脊柱肌　主要有位于胸腰椎两侧的背最长肌和背髂肋肌，是支配脊柱活动的肌肉。背最长肌俗称为里脊肉，肌纤维较小。

（2）颈腹侧肌　可分为胸头肌、肩胛舌骨肌和胸骨甲状舌骨肌。主要位于颈部气管、食管腹侧和两侧。俗称前腿肉，脂肪含量较高，肉质比较松软。

（3）胸壁肌　主要可分为肋间肌和膈，是构成胸腔的主要肌肉，收缩时可以使

胸腔扩大与缩小,协助呼吸作用。肋间肌分肋间外肌和肋间内肌两层。膈肌位于胸腹腔之间,为一大圆形板状肌,周围是肌质,中间是腱膜,所以又叫横膈膜。

(4)腹壁肌 是构成腹壁侧壁和底壁的肌肉。由四层纤维方向不同的板状肌构成,对腹腔脏器起着重要的支持和保护作用。俗称为五花肉。

4.前肢肌肉 前肢肌肉分为肩带肌、肩部肌、臂部肌及前臂和前脚部肌四部分。

肩带肌是连接前肢与躯干的肌肉,大多为板状;肩部肌肉分布于肩胛骨的外侧面及内侧面,起于肩胛骨,止于臂骨;臂部肌肉分布于臂部周围,主要对肘关节起作用。

5.后肢肌肉 后肢肌肉比前肢肌肉发达,主要包括臀部肌肉、股部肌肉、小腿和后腿部肌肉。

四、被皮系统

被皮系统包括皮肤及其衍生物。皮肤衍生物是由皮肤演化来的特殊器官,包括毛、皮肤腺、蹄壳、角等。皮肤覆盖在猪的体表,直接与外界相接触,具有保护、调节体温、吸收、分泌和排泄等作用。

(一)皮肤

皮肤由表皮、真皮、皮下组织构成。表皮位于皮肤的表层,由复层扁平上皮构成,较厚,角质化比较显著;真皮位于表皮的深层,由致密结缔组织构成,坚韧而有弹性,是皮肤最厚的一层;皮下组织由疏松结缔组织组成,皮肤借皮下组织与肌肉、骨骼相连。猪皮下组织内含有大量脂肪细胞——脂肪;真皮内有较大的血管、淋巴和神经。

(二)皮肤衍生物

1.毛 毛是一种角化的表皮组织,具有保温和防止昆虫侵袭的作用。

毛露出于皮肤外面的部分叫做毛干,埋在皮肤内部的部分叫做毛根。毛根末端膨大部分称毛球,是毛的生长点。真皮乳头层突入毛球中叫做毛乳头,内有丰富的血管和神经。毛根周围包有由上皮组织和结缔组织组成的毛囊,自真皮至毛囊有一条竖毛肌。猪的毛囊特别粗大。

2.皮肤腺 皮肤腺包括汗腺、皮脂腺和乳腺。

(1)汗腺 位于真皮和皮下组织内,猪汗腺主要分布在鼻部和蹄间。汗腺具有排泄代谢产物及调节体温的作用。

(2)皮脂腺 位于真皮内毛囊附近,开口于毛囊内。皮脂腺分泌皮脂,皮脂是一种不定形的脂肪性物质,有润滑被毛和皮肤的作用。

(3)乳腺(乳房)　一般6～7对,位于腹白线两侧,乳房下方缩小为排出管部,叫乳头。

乳腺分为实质和间质。实质包括腺泡(分泌乳汁)→腺小管→乳池→乳头管(基部有括约肌,作用是控制乳汁不随便排出);间质为结缔组织。

3.蹄　是指(趾)端着地的部分,由皮肤演化而来,坚硬。猪为偶蹄动物,每肢有两个主蹄和两个悬蹄。蹄由角质蹄和肉质蹄组成,角质蹄相当于皮肤的表皮层,肉质蹄相当于真皮层。

五、消化系统

消化系统包括消化管和消化腺两部分。消化管起于口腔,经咽、食管、胃、小肠、大肠,止于肛门;消化腺为分泌消化液的器官,包括唾液腺、胃腺、肝脏、胰等器官。消化管的结构分为黏膜层、黏膜下层、肌层、浆膜层(肠管壁的最外层)。

(一)口腔

口腔是消化系统的起始部。口腔前壁称为唇(分上唇和下唇),顶壁为腭,底壁为下颌骨,内有舌和齿。上唇较厚,与鼻端一起形成吻突,有拱土觅食的作用,下唇小而尖,口裂长,舌窄而长,舌尖薄。猪采食后先在口腔咀嚼,与唾液混合后,经咽、食道进入胃内。口腔唾液是由腮腺、颌下腺、舌下腺及口腔黏膜小腺体等腺体分泌的混合分泌物。

(二)咽

咽位于颅骨下,喉管和气管的前上方,是鼻腔和口腔后方的一个筒状肌膜囊。咽腔有7个孔与邻近的腔相通,前上方有两个鼻后孔与鼻腔相通,前通口腔的咽峡,后通食道口,下通喉口,后上壁有两个耳咽管口与中耳相通。

(三)食管

食管位于气管上方,是生猪将食物运送到胃的管道。食管自咽起经颈部到胸部,在胸部中两肺纵隔膜之间,沿气管的背侧向后延伸,后穿过横膈膜的食管裂孔,至胃的贲门。

食管壁由黏膜、肌层和外膜构成,在胸腔中最外层是浆膜。

(四)胃

胃是消化管的膨大部分,起暂时贮存食物的作用。胃位于腹腔前部,前与食道相接,入口称为贲门,后端与十二指肠相接,其出口称为幽门。胃黏膜腺区有贲门腺、胃底腺和幽门腺。胃可分泌胃液,食物在胃内因胃液作用消化;胃肌收缩蠕动可使食物充分混合,助于消化。

(五)小肠

小肠是猪对食物进行消化吸收的主要部位。小肠位于腹腔右侧和左侧下部，全长 15～21 m，分为十二指肠、空肠、回肠，前接胃的幽门，末端以回盲口与盲肠相通。小肠具有消化管腔的一般构造，其特点主要在黏膜层。小肠的黏膜层由许多环形的皱褶组成，表面有许多指状突起，称为肠绒毛。小肠黏膜上分布有许多消化腺，可分泌消化液，绒毛细胞上有毛细血管和毛细淋巴管，可吸收营养物质。食糜经胃进入十二指肠后，由肠液和肝脏输送的胆汁及胰脏输送的胰液进行消化分解。由于小肠的蠕动，可使食糜在肠道内移动，同时还可使已消化的营养物质与肠壁接触，以便于吸收。

(六)大肠

大肠分为盲肠、结肠和直肠三个部分，长 4～4.5 m，大部分位于腹腔右侧，前接回肠，后通肛门。结肠位于腹部左侧、胃的下方，形成圆锥状双重螺旋盘曲，肠袢直径逐渐缩小，后与直肠相通。大肠主要是吸收液体和排泄残渣。

(七)肝脏

肝脏是猪体内最大的具有内、外分泌两种功能的腺体，参与消化、排泄、解毒和代谢等多种功能。猪肝脏呈暗红色，中央厚，边缘薄，重 1 500～2 000 g，大部分在腹腔右侧，与十二指肠接触。分叶明显，由相连的四个主叶(左内侧叶、左外侧叶、右内侧叶和右外侧叶)和脏面中央的方叶组成。胆囊位于肝右内侧叶，胆囊管与肝管合并形成胆总管，开口于距幽门 2.5～5.0 cm 的十二指肠乳头。

(八)胰脏

胰脏分为外分泌部和内分泌部。外分泌部是胰腺的主体，属消化腺，分泌胰液，对蛋白质、脂肪和糖类的消化有重要作用。内分泌部是一些散在的细胞群，称为胰岛，分泌胰岛素，维持血糖浓度的正常水平。猪胰腺呈灰黄色、不规则的三角形，位于胸、腰椎交界处的门静脉和腹腔静脉的腹侧面，其左叶在右肾腹侧，右叶位于十二指肠系膜中。副胰管开口于十二指肠的总胆管开口处的后方。

六、呼吸系统

呼吸系统包括鼻腔、咽、喉、气管、支气管和肺脏等器官。鼻腔、咽、喉、气管、支气管是气体进入肺的通道，称为呼吸道，主要起保障气流畅通的作用；肺是呼吸的核心器官，其主要作用是发生气体交换，吸收猪体所需的 O_2，排出机体生命活动产生的 CO_2。

(一)鼻腔

鼻腔是呼吸系统的起始部，由面骨为支架构成。鼻又是嗅觉器官，鼻的尖端活动部分为猪特有的吻突，外口是鼻孔。

鼻腔正中有鼻中隔，把鼻腔分为左右两半。鼻腔被上、下鼻甲骨分为上、中、下3个鼻道，最后至喉头和气管。鼻腔内有嗅神经能辨别气味，鼻腔内黏膜呈粉红色，鼻腔前部有短毛，鼻黏膜分泌黏液，可净化、湿润和温暖吸入的空气。

（二）喉

喉位于下颌间隙的后方，头颈交界的腹侧，咽和气管之间，是由喉软骨、韧带和肌肉连结而成的一短管状结构，能够调节出入肺的空气和发音，也是发音器官。猪的喉头比较大，喉头的软骨包括环状软骨、甲状软骨、会厌软骨和勺状软骨。

喉头内有声带可以发音，喉黏膜有丰富的感觉神经末梢，受异物刺激时产生咳嗽，以阻止异物进入气管。

（三）气管和支气管

气管位于颈、胸椎腹侧，从喉向后伸入胸腔，由32～36个软骨环构成，呈圆柱状。气管内附有纤毛上皮、黏膜及腺细胞，能分泌黏液，把吸入的灰尘粒粘住，并借纤毛不断向外推出。气管在心脏上方分出支气管。猪的支气管有3个，除左、右肺主支气管外，另有一个由气管直接进入右肺的尖叶。支气管分为无数小支气管、毛细气管，其末端形成肺泡。

（四）肺脏

肺脏位于胸腔内的纵隔两侧，左、右各一，占据胸腔的大部分，右肺通常大于左肺。肺由许多肺泡组成，肺泡壁内有丰富的血管网，O_2 和 CO_2 的在肺泡里进行交换。左肺分尖叶、心叶、膈叶共3叶，右肺多一个中间的小叶共4叶。肺为淡红色，富有弹性，心切迹上方有肺门，是支气管和血管、神经等出入肺脏的通道。肺脏和气管占猪胴体重的1.25%～1.5%。

七、循环系统

循环系统又称心血管系统，包括心脏、血管和充满其中的血液。血液以心脏为起点，沿动脉、毛细血管、静脉流动，再返回心脏。血液将消化系统吸收的营养物质和呼吸系统吸入的氧输送给各组织，又将各组织的代谢产物输送到肺、肾等排出体外，使猪体不断地进行新陈代谢，维持其生命活动。

（一）心脏

心脏位于胸腔两肺之间，偏于左侧，呈圆锥形，基部在上叫心基，尖部向下叫心尖，在靠近心基处，有围绕心脏的冠状沟。猪心重量占猪胴体重的0.25%～0.5%。

心脏由心壁和心腔构成。心壁由心肌构成，外有心外膜，内有心内膜。中隔把心腔分为左、右两部分，互不相通。二尖瓣把左心腔分为上、下两腔，上腔叫左心房，下腔叫左心室；三尖瓣把右心腔分为上、下两腔，上腔叫右心房，下腔叫右心室。

右心房构成心基的右前部，有前腔静脉和后腔静脉入口。右心室位于右心房的下方，室壁较薄，有肺动脉口。肺动脉口有半月状瓣。

左心房构成心基的左后部，有5个肺静脉入口。左心室位于左心房的下方，有主动脉口。主动脉口有半月状瓣。心脏的瓣膜有防止血液倒流的作用。

心包为包围心脏的浆膜囊，与心外膜之间有心包液，有防止摩擦、保护心脏的作用。

(二)血管

血管分为动脉、静脉和毛细血管。动脉的作用是运送心脏血液到全身组织中。动脉管壁厚而有弹性，起自心室，逐渐分支，最后成为毛细血管。毛细血管分布于全身各部，管壁很薄，仅由一层内皮细胞构成，具有较大的通透性，有助于组织与血液间的物质交换。毛细血管逐渐联合，最后成为静脉，静脉是引导血液回流心脏的血管，管壁薄且弹性弱，静脉内存在瓣膜，可以阻止血液逆向流动。

血液循环路线有：

1. 小循环　右心室→肺动脉→肺毛细血管→肺静脉→左心房。

2. 大循环　左心室→主动脉→毛细血管→前、后腔静脉→右心房。

3. 门脉循环　在循环中，胃、肠、胰、脾的静脉汇合成门静脉→肝门→肝脏内毛细血管网→肝静脉→后腔静脉。

(三)血液

血液由血浆、血细胞和血小板组成。动脉血含氧多，呈鲜红色；静脉血含氧少，呈暗红色。猪体血液黏稠而有腥味，含量占猪胴体重的5%～8%，屠宰时的放血量只占胴体重的3%～3.5%。

血细胞分为红细胞和白细胞两种。白细胞分为嗜中性白细胞、嗜酸性白细胞、嗜碱性白细胞，以及淋巴细胞、单核细胞等。

血液的机能为：①运输营养及废物；②运输内分泌素；③保持体内的水分、电解质、酸碱度和渗透压的平衡；④抵御外来病菌侵入。

八、淋巴系统

淋巴系统由淋巴管、淋巴器官和淋巴组织三部分构成，与循环系统有密切联系。

（一）淋巴

淋巴（也称淋巴液）为无色或微黄色的液体，由淋巴浆和淋巴细胞组成。淋巴只有通过淋巴结后才含有淋巴细胞，淋巴是体液的重要组成部分，具有调节血浆和组织细胞之间的体液平衡以及免疫、屏障、防御作用。

（二）淋巴管

淋巴管的构造与血管相似，分为毛细淋巴管、集合淋巴管、淋巴干和淋巴导管，共同组成一整套管道系统。淋巴导管与前腔静脉相连，将淋巴液运送到静脉血管中。

（三）淋巴结

淋巴结位于淋巴管的通路上，多为豆状，呈乳白色，大小不一。凹陷处为淋巴结门，有血管、神经出入和输入淋巴管通入；凸面有输出淋巴管，由淋巴结的表面向各处分出。淋巴结是淋巴的滤过装置，具有防御和吞噬侵入体内的有害物质的作用。体内各组织器官都在淋巴结的“监控”之下，某淋巴结出现病变表明相应的组织器官受到有害因子的侵害。

（四）脾

脾的结构基础是淋巴组织。位于腹前部，胃的左侧。猪脾为狭长弧形，呈镰刀状，紫红色，质较软。在腹腔左侧以宽松的胃脾韧带连于胃大弯。上端稍宽，下端稍窄。壁面平，靠近左腹壁；脏面凸，有一纵嵴，为脾门。

九、泌尿系统

泌尿系统是猪体进行新陈代谢的重要环节之一。猪体在新陈代谢中所产生的有害物质，一部分由肺、皮肤和肛门排出体外；另一部分由泌尿系统排出体外。

泌尿系统由肾、输尿管、膀胱、尿道组成。

（一）肾

肾成对，为泌尿器官，呈红褐色，似蚕豆形。肾位于腹膜外的脂肪囊内，在前4个腰椎横突的下面。肾的内侧缘上的深凹部是血管、神经、淋巴管、输尿管出入的地方，叫肾门。肾脏分为皮质和髓质。皮质在外层，呈棕红色；髓质在内层，颜色较淡。髓质的深部与肾盂相连接，肾盂是输尿管的起始部。皮质和髓质由许多肾小球和肾小管构成，流经肾脏的血液中的废物及有毒物质，经肾小球的滤过和肾小管的再吸收后，便形成尿液，通过肾盂经输尿管进入膀胱，经尿道排出体外。

（二）输尿管

输尿管从肾盂开始，进入骨盆腔，开口于膀胱壁背侧。

(三)膀胱

膀胱呈梨形,位于骨盆腔内耻骨的上面,积尿时其前段伸入腹腔。膀胱通向尿道,在连接处有膀胱括约肌。公猪膀胱背侧靠近直肠,母猪膀胱背侧靠近子宫。

(四)尿道

尿道分为骨盆部和阴茎部。骨盆部起于膀胱颈,沿骨盆腔的底壁向后伸延至坐骨弓。阴茎部由坐骨弓纵贯尿道海绵体,至尿道的外口。

十、生殖系统

(一)公猪生殖系统

公猪生殖系统主要包括睾丸、附睾、阴囊、输精管、副性腺、阴茎、包皮、尿生殖道。

(二)母猪生殖系统

母猪生殖系统包括卵巢、输卵管、子宫、阴道和尿生殖前庭(包括雌性尿道、阴道前庭、阴门和阴蒂等器官)。

十一、神经系统

神经系统是动物机体的重要调节系统,广泛分布于动物脏器、皮肤、肌肉和感觉器官等,神经系统包括中枢神经、外周神经、植物性神经三部分。

(一)中枢神经

中枢神经控制机体所有的生理活动:一方面使机体内部器官互相协调,成为一个统一的整体;另一方面使机体适应周围的环境条件,以实现与环境的统一。

中枢神经包括脑和脊髓,都是由被膜和实质构成的。脑位于颅腔内,脊髓位于椎管内。脑和脊髓的被膜分为硬膜、蛛网膜和软膜三层,实质由神经细胞(神经元)和神经胶质细胞构成。根据神经元在脑和脊髓的位置不同,又分为灰质和白质。

1.脑 脑分为延脑、后脑(脑桥和小脑)、中脑、间脑和顶脑(又称端脑,包括大脑和嗅脑)。

2.脊髓 脊髓自枕骨大孔与延脑相连处起,可区分为颈部、胸部、腰部和荐部。脊髓发出脊神经,分布于颈、躯干和前、后肢。

(二)外周神经

外周神经包括由脑发出的脑神经和由脊髓发出的脊神经,根据其机能性质不同分为三类:一类为感觉神经,是由外周向中枢传导的神经纤维;一类为运动神经,是由中枢向外周传导的神经纤维;再一类为混合神经,包括以上两种神经纤维。

1.脑神经 脑神经由脑底伸出，共有12对，自前到后依次为嗅神经、视神经、动眼神经、滑车神经、三叉神经、外展神经、面神经、前庭耳蜗神经、舌咽神经、迷走神经、副神经和舌下神经。

中枢神经借外周神经的传导与身体各部分发生联系。

2.脊神经 脊神经为混合性神经，含有感觉和运动两种纤维。它由椎间孔或椎外侧孔伸出，分为背侧支和腹侧支两支，分别分布于脊柱背侧和腹侧的肌肉和皮肤内。脊神经由前向后按从脊髓发出的部位，分为颈神经、胸神经、腰神经、荐神经和尾神经。

(三)植物性神经

植物性神经主要分布于平滑肌、心肌及腺体，与新陈代谢及繁殖有直接关系。其传出神经纤维，自脑和脊髓发出的叫节前纤维，自植物神经的神经节发出的叫节后纤维。根据结构和机能，自胸腰部脊髓发出的节前纤维，叫交感神经；自中脑、桥脑、延脑和荐部脊髓发出的节前纤维及其连接的节后纤维，叫副交感神经。这两种神经对各个器官的作用一般带有拮抗性，但这种拮抗正是为了保证各器官的机能统一，因为只有两种神经共同对某一器官发生作用，才能保证器官活动得到最精确的调节。

十二、内分泌系统

内分泌系统由内分泌腺组成。内分泌腺是很多种无分泌导管的腺体的总称。其分泌物叫做激素，直接进入血液、淋巴，随循环系统至全身各有关的器官和组织，对猪体的代谢、生长、发育、生殖等生理机能具有重要的作用。猪体内各器官的机能受神经与内分泌的共同调节，而内分泌受植物性神经支配，各个内分泌器官之间的协作、拮抗通过神经调节取得平衡。

内分泌腺主要有脑垂体、甲状腺、肾上腺、性腺等。

(一)脑垂体

脑垂体位于颅底蝶骨垂体窝内，是卵圆形、暗红色小腺体，分为前叶和后叶。脑垂体分泌的激素分为垂体前叶激素(包括生长激素、促性腺激素、催乳素、促肾上腺皮质激素和促甲状腺激素)和垂体后叶激素(包括催产素、血管加压素和抗利尿激素)。

(二)甲状腺

甲状腺位于颈后部胸骨柄前上方与气管腹侧面之间，两叶合一，呈红褐色。它分泌甲状腺素(一种含碘的氨基酸)，其作用是调节蛋白质、脂肪、糖、盐、水的代谢，保证机体的正常发育。

(三)肾上腺

肾上腺位于左、右肾脏内侧，棕红色，分为皮质和髓质。皮质分泌皮质激素。皮质激素可促进蛋白质、肝糖原的分解，抗刺激、抗过敏，促进钠、氯和水的重吸收，抑制钾的重吸收。髓质分泌肾上腺素和去甲肾上腺素，在作用上两者有共性(类似交感神经兴奋的作用)，也有不同的特性。肾上腺素能使心跳加强、加快，使小血管特别是外周血管收缩，血压上升；去甲肾上腺素也能使心跳增强(频率并不加快)，同时有收缩血管的作用(冠状动脉除外)。两者都可使胃肠道和支气管的平滑肌松弛。此外，还能促进肝糖原、肌糖原和体脂分解，提高代谢功能。

甲状腺和肾上腺是不可食用的腺体，屠宰加工时必须摘除。

(四)性腺

睾丸和卵巢除了产生精子和卵子以外，还有内分泌的作用，分别产生雄性激素和雌性激素。

第三章　生猪屠宰厂(场)的要求

第一节　屠宰厂(场)的设置原则

根据国务院《生猪屠宰管理条例》(下称《条例》)的第四条和第五条的规定要求,生猪屠宰厂(场)的设置应当遵守“合理布局、适当集中、有利流通、方便群众、便于检疫和管理”的原则。各省、自治区、直辖市人民政府根据这个原则,结合本地实际情况制定定点屠宰厂(场)的规划。同时,根据规划,由市、县人民政府组织商品流通行政主管部门和农牧部门以及其他部门依照《条例》规定的条件审查、确定。未经定点,任何单位和个人不得屠宰生猪,但农村地区个人自宰自食的除外。

屠宰厂(场)的设置,不仅涉及肉品的卫生质量问题,而且对保护环境,减少疫病传播也有很大关系,所以,国家有关部门要求在城市(含县城)设置的屠宰厂(场)应严格控制,定点的数量应该少一些,但有些农村地区居住分散,交通又不便,可以根据实际需要适当多一点。

据了解,世界上一些经济发达的国家制定的屠宰法律、法规对屠宰厂(场)的设立是严格控制的。而目前我国一些地方设点较多,要求不高,既造成重复建设,浪费资金,浪费能源,又存在诸多弊端。我们应该从规模和技术上提高屠宰厂(场)的水平,充分利用现有肉联厂的屠宰加工设施和检验设备,向工厂化、规模化、机械化的方向发展。

第二节　屠宰厂(场)选址的要求

根据《条例》第六条和《生猪屠宰管理条例实施办法》第十二条的规定,以及国家标准《畜类屠宰加工通用技术条件》(GB/T 17237)的要求,归纳起来,屠宰厂(场)的选址主要有下列要求:

(1)根据城市(含县城)、乡镇建设发展规划,必须符合国家,省、自治区、直辖市和当地政府的环境保护、卫生和防疫等要求。

(2)应选择地势较高、干燥的地方,并在城市(含县城)、乡镇所在地常年主导风向的下风侧,还应远离水源保护区和饮用水取水口,远离居民住宅区、风景旅游点、公共场所以及畜禽饲养场。

(3)应设在交通运输方便,电源供应稳定可靠,水源供给充足,水质要符合国家规定的《生活饮用水标准》(GB 5749),周围无有害气体、粉尘、污浊水和其他污染源,以及便于排放污水的地方。

第三节 屠宰厂(场)应具备的条件

根据《条例》第八条和《生猪屠宰管理条例实施办法》第十三条至第十八条的规定,定点屠宰厂(场)应当具备下列条件:

(1)有与屠宰规模相适应、水质符合国家规定的《生活饮用水标准》的水源。

(2)有符合国家规定要求的待宰间、屠宰间、急宰间以及生猪屠宰设备和运载工具。其建筑和布局要符合国家和行业规定的设计规范和卫生规定。

(3)有依法取得健康证明的屠宰技术人员。定点屠宰厂(场)必须配备与屠宰规模相适应的屠宰技术人员。屠宰技术人员必须持有县级以上医疗机构开具的健康证明,并持有市、县人民政府商品流通行政主管部门核发的专业培训合格证书。

(4)有经考核合格的专职或者兼职的肉品品质检验人员。定点屠宰厂(场)必须配备与屠宰规模相适应的肉品品质检验人员。肉品品质检验人员必须具备中专以上专业技术水平,并持有经省、自治区、直辖市人民政府商品流通行政主管部门考核合格后颁发的肉品品质检验人员证书。

(5)有必要的检验设备、消毒设施和消毒药品及污染物处理设施。定点屠宰厂(场)应配备理化、微生物等常规检验的检测仪器,备有适用的消毒设施、消毒药品,建立健全卫生消毒制度。屠宰厂(场)的污染物处理设施,应当达到排放的废水、废气、废物和噪声等符合国家环境保护规定的要求。

(6)有生猪及生猪产品无害化处理设施。定点屠宰厂(场)应设置有不影响人体、动物健康和污染环境的处理病猪及其产品的无害化处理设施。

(7)有符合《中华人民共和国动物防疫法》规定的防疫条件。根据国家标准《畜类屠宰加工通用技术条件》(GB/T 17237)、《肉类加工厂卫生规范》(GB 12694)的规定和行业规定的设计规范等规定要求,屠宰厂(场)的建筑和布局应符合下列几个方面的要求:

①生产作业区与生活区分开。

②运进生猪与运出猪产品不得共用一个大门,厂内不得共用一个通道。

③厂区主要道路应铺设坚硬的路面,且应平坦、无积水,厂区应有良好的给、

排水系统，周围环境要绿化、美化。

④各生产车间的位置以及工艺流程必须符合卫生要求。屠宰厂(场)要设有生猪验收间、待宰圈、病猪隔离圈和运载生猪车辆的冲洗设施。圈内应当设有通风、饮水、淋浴等设施，地面要求有坡度，不渗水，易清洗。

屠宰工艺流程应按：致昏—刺杀放血—脱毛或剥皮—开膛净腔—劈半—整修分级的顺序来排列设置。同时要求猪体与内脏做到同步检验或对号检验。

在生猪进厂(场)门口，病猪隔离圈、急宰间、无害化处理间门口应设有消毒池。

⑤屠宰车间内的地面应使用防水、防滑、不吸潮、可冲洗、无毒、耐腐蚀的材料，表面无裂缝、无积水，明地沟应呈弧形，排水口须设网罩，墙裙和墙柱应贴 2 m 以上的白色瓷砖，墙角、地角、顶角应呈弧形，天花板表面要光滑，不易脱落。门窗装配应严密，并便于拆卸和清洗，内窗台下须呈 45°坡度。

⑥应设有与职工人数相适应的更衣室、淋浴室和厕所。更衣室内须有个人衣物存放柜。车间内厕所应与车间走廊相连，门窗不得直接开向生产操作间，便池必须是水冲式，粪便排放管不得与车间内污水排放管混用。

⑦应设有洗手、清洗、消毒设施。屠宰车间内的放血、开膛、卫生检验、剥皮、劈半等工序位置应设有洗手和刀具消毒器等设施，并应有充足的冷热水源。

⑧屠宰车间至少应配备麻电器、浸烫池、吊轨、挂钩、副产品整理操作台以及符合卫生标准的盛装猪产品专用器具，禁止使用竹木工具和容器。车间内照明设施要齐备，屠宰车间照度不少于 75 lx，屠宰操作面照度不少于 150 lx，检验操作面照度不少于 300 lx。吊轨的高度是：放血线轨道面距地面 3～3.5 m；胴体加工线轨道面距地面，单滑轮 2.5～2.8 m，双滑轮 2.8～3 m。自动悬挂传送带的输送速度，每分钟不超过 6 头，挂猪间距应大于 0.8 m。

运送片猪肉必须使用有防尘或者设有吊挂设施的专用车辆。

思考题：

1. 屠宰厂(场)的设置原则是什么？

2. 简述屠宰工艺流程。

第四章 生猪屠宰加工工艺

第一节 宰前管理和生产准备

生猪在运往屠宰厂(场)过程中,由于外界环境和生活条件发生了变化,同时往往缺乏饮水,因而生理上受到了较大的扰乱,身体处于疲惫状态,抵抗疾病能力下降,势必影响肉的品质。因此,生猪进厂(场)后到宰前这段时间的管理是十分重要的,是屠宰加工过程中全面质量管理的重要一环。

一、宰前管理

(一)卸猪验收

生猪应来自非疫区,健康良好,并有经产地动物防疫监督机构检疫开具的合格证明。生猪进厂(场)后,检验人员要问清送猪单位或个人有关猪源情况,并收验其产地检疫合格证明。经清点头数、称重后,用轻拍等方式(严禁用粗暴方式)驱赶生猪到待宰间,避免生猪受损伤和减少应激反应。经检验人员的检验后,分别送到健康猪圈或病猪猪圈存放,并开始宰前的管理,即休息、停食、饮水和淋浴。

(二)休息

让生猪在栏圈中休息 12~24 h。休息的作用如下:一是可以消除途中的疲劳,恢复正常的生理状态;二是可以增强机体的抵抗力,减少微生物的含量,提高肉的耐藏性;三是可以恢复和增加肌肉中糖原的数量,提高肉的风味;四是有利于充分放血;五是可以降低生猪的抗电压性,有利于麻电;六是可以在休息期间进一步观察生猪是否有病,若有病,则可采取措施进行处理,达到病猪、健康猪分开宰杀。

(三)停食

生猪在休息期间要停止喂食。停食既可节省饲料,又有利于屠宰加工。停食可以使胃肠排空,有利于开膛净腔,避免胃肠内容物对胴体的污染,保证猪产品的卫生质量,同时可以减少内容物的处理量。

(四)饮水

在停食期间要给生猪充分饮水。饮水的作用如下:一是可以使猪照常进行新陈代谢，并将新陈代谢的碳酸等酸性产物和胃肠内容物排出体外；二是可以适当冲淡血液，保证放血良好；三是可以促使肝糖原分解为乳糖、葡萄糖，分布全身，有利于宰后肉的成熟；四是能使机体中的硬脂肪和高级脂肪酸分解为可溶性脂肪酸和低级脂肪酸，使肉味道鲜美；五是有助于提高出肉率；六是有利于开剥猪皮。但在屠宰前 3 h，必须停止饮水，因为猪吊挂开膛净腔时，胃中大量的水有可能把胃内容物向下流出，使肉尸受到污染，再则尿液过多会使膀胱膨胀，容易割破膀胱，造成尿液污染肉尸，使肉有不良气味，又降低了膀胱的使用价值。

(五)淋浴

生猪临宰前，须经检验人员进行检验，对合格的健康猪签发“宰前合格证”，由有关人员轻拍慢赶将猪送到待宰间，屠宰车间人员要根据车间生产情况，查验“宰前合格证”后分批次进行点数接收。在待宰间的生猪要进行淋浴，以洗掉猪体上的污垢和微生物；增强猪的导电性能，有利于麻电；加速血液循环，有利于放血。

淋浴的水温应根据季节的变化和猪种情况进行调节，淋浴的时间不得少于 2 min，要求把生猪清洗干净。淋浴时要保持一定的水压，水流不宜过急，以免生猪过度紧张。喷水应是上下左右交错喷向猪体，每批淋浴的生猪不宜过多，避免拥挤而造成互相撞击或挤压，出现过多的外伤。

淋浴后让生猪休息 5～10 min，再进行致昏刺杀为好。因为生猪在淋浴时，由于水压的关系，对生猪是一种突然的刺激，从而引起机体的应激反应，表现为精神异常兴奋，心跳加快，呼吸增强，肌肉紧张，体温上升，又由于毛细管收缩从而引起毛细血管中的血液量暂时减少，皮肤上的毛孔扩张，胃肠蠕动加快，排粪便多等。如这时致昏刺杀，则会造成肉尸放血不全、内脏淤血等。所以，淋浴后让生猪休息一下，以使上述症状逐渐消失，毛细血管扩张及暂时的生理性充血，全身血液循环通畅，肌肉放松，血液中含氧量增加，这有利于放血和提高肉品质量。

二、生产准备

(1)根据市场需求和猪源情况，合理安排人员进行屠宰加工。

(2)对屠宰加工设备和电源进行检查，使其处于正常状态。

(3)对刀具和其他器具要做好清洗、消毒，刀具要磨好。

(4)把浸烫池(锅)的水加热到适宜的温度。

(5)屠宰加工人员要穿戴好干净的工作服、鞋和帽，接触电动工具的人员要穿戴绝缘的手套和鞋。

第二节　屠宰加工工艺

在不同类型的屠宰厂(场),生猪的屠宰有手工操作、半机械化和机械化生产三种方式。目前,小型屠宰厂和大、中型屠宰厂的急宰车间大多是手工宰杀,而大、中型屠宰厂则采用半机械化、机械化生产。半机械化、机械化屠宰厂的生猪屠宰加工过程,都是采取流水作业,用吊轨和传送带移动猪屠体和胴体,这不仅减轻了生产人员的劳动强度,提高了生产效率,而且可以减少污染,保证猪产品的卫生质量。但是,由于我国幅员广大,各地对生猪屠宰加工都形成了自己的传统习惯操作方法,故各地的屠宰工艺流程和操作方法不尽相同。本节屠宰加工工艺是按照国家标准《生猪屠宰操作规程》(GB/T 17236)的要求编写的。有关屠宰加工设备详见第五章。

生猪屠宰工艺流程为:致昏—刺杀放血—脱毛或剥皮—开膛净腔—劈半—整修分级。

一、致昏

致昏是指采用一些方法使生猪暂时失去知觉,处于昏迷状态,以便于刺杀放血。生猪致昏,可以保证宰杀操作者安全,减轻劳动强度,提高劳动生产效率,保持周围环境的安静,同时可以防止生猪屠宰时因恐惧、痛苦和过度挣扎而消耗体内过多的糖原,以及引起内血管收缩,血液充在肌肉毛血管内,使放血不全,降低肉的质量。

生猪的致昏方法有麻电法和二氧化碳麻醉法等,国内目前广泛使用的是麻电法。

(一)麻电法

麻电法是让电流通过猪体,使其中枢神经麻痹而昏倒。要求被麻电的猪体肌肉强烈收缩,四肢僵直,呈昏迷状态,但心脏还跳动,不能致死。

目前,国内使用的麻电设备有手握式麻电器、光电麻电机、自动麻电机和翻板麻电箱。现主要介绍目前广泛使用的手握式麻电器和光电麻电机。

1. 手握式麻电器　使用前,操作者必须穿戴绝缘的长筒胶鞋和橡皮手套,以避免触电。同时要检查电源设备和线路是否接好,有无漏电。使用时,应将麻电器的两电极先后分别浸入盐水容器中浸吸盐水(注意:两电极切不可同时浸入盐水容器中,以免因电源短路而烧毁变压器),以提高导电性能。然后将麻电器按揿在猪头颞颥区(俗称太阳穴)额骨与枕骨附近(猪眼与耳根交界处)进行麻电,即将一端的电极按揿在颞颥区，另一电极按揿在肩胛骨附近。当猪昏倒时，即将麻电器移开。麻电使用的电压是70～90 V，电流0.5～1.0 A，麻电时间1～3 s，盐水浓度为5%。如果电压或电流过大，时间过长，则会使生猪呼吸和心跳停止，宰杀后会导致放血不全，影响肉品质量。如果电压或电流过小，时间过短，则达不到使生猪呈昏迷状态，影响刺杀放血。因此，必须正确掌握麻电技术。

2. 光电麻电机　它可使猪体自动触及带电的极板而致昏，生产效率较高，为大型屠宰厂普遍采用。使用前，要先检查电源、线路和气泵等，两电极板应保持清洁，以免影响导电效果。使用的电压不超过90 V，电流应不大于1.5 A，麻电时间1～2 s，要求电压和麻电时间应较稳定。麻电后的猪自动滚落到传送带上进入下道工序。如果机器发生故障，不能麻电或麻电效果不好时，可用手握式麻电器作主麻或补麻。

（二）二氧化碳麻醉法

二氧化碳麻醉法是利用一定浓度的二氧化碳使生猪大脑组织缺氧而窒息，以呈昏迷状态的方法。即将生猪通过用干冰发生二氧化碳的密闭室或隧道，使其吸收二氧化碳而窒息。二氧化碳浓度在50%～70%，经10～15 s就可使猪窒息。浓度不能过大、时间不宜过长，否则会造成放血不全，猪身的体表颜色欠佳。

二氧化碳麻醉法有一些优点：由于猪不受惊恐，即进入昏迷状态，可减少体内糖原的分解，保证了肉的鲜味；血液循环正常，有利于放血；肌肉没有痉挛，不产生肌肉和器官出血等。所以，有些国家如丹麦、美国等的屠宰厂采用这种方法。但由于设备费用较高，我国目前尚未使用。

（三）套脚提升

当麻电致昏的生猪倒地或落入传送带时，必须立即用链钩套住猪左（或右）后脚跗骨节，由毛猪提升机或自动传送带将其提升到轨道上进行刺杀放血。

由于各屠宰厂（场）使用的屠宰设备不同，套脚提升的器件和方法也不同，基本上分为以下两种。

1. 活动式滚轮链钩　操作者一手拿链，用链钩套住致昏生猪的左（或右）后脚跗骨节，将拴好链的猪拉紧，挂在轨道滑轮链上。

2. 固定式链钩（钢丝绳套）　操作者将自动线链条上的挂钩用手把套钩松开，把致昏生猪的左（或右）后脚塞进套内，由于传送带向前移动，猪的重力向后向下，此套即卡紧猪脚提升。

要求套脚时，链钩要扎紧，防止坠落，损伤猪体，砸伤人员。同时要求一钩只挂一头猪，不能多挂。必要时可临时停机或倒转，待猪挂起时再启动。

二、刺杀放血

致昏的猪经过套脚提升上轨道后，即到了刺杀放血的工序。刺杀放血就是用刀切断猪颈部动脉和静脉，使猪全身的血液迅速排出体外。刺杀放血有吊挂刺杀和卧式刺杀两种方法。此外，目前国内外一些屠宰厂采用真空刀刺杀放血装置。由于采血不受外界污染，使血液符合食用卫生质量要求。

(一)吊挂刺杀

即猪在轨道上倒挂时进行刺杀放血。操作者一手抓住猪前脚，另一手握刀，刀尖向上，刀锋向前，对准第一肋骨咽喉正中偏右 0.5～1 cm 处，向心脏方向刺入，出刀时，再侧刀下拖切断颈部动脉和静脉，不得刺破心脏，不得割断气管、食道，以免血液流进肺部和胸腔，造成呛膈和胸腔积血。刺杀放血刀口长约 5 cm。此法放血快，流血净，从进刀到出刀时间 1～1.5 s，沥血时间不得短于 5 min。

(二)卧式刺杀

即猪在侧卧状态下刺杀放血。操作者将致昏后的猪或活猪抬至台凳上，使猪的右侧躯干体贴着台凳面，左侧躯干体向上，头和颈部伸出台凳外，这时，一个操作者的一手握住猪的右前腿腕部，其肘部压在猪的左侧面的肩胛部，另一手握住猪的左前腿的腕部，其肘部压在猪的软档。刺杀放血操作者一手将猪的头、颈扳直，使猪嘴不能动弹，另一手持刀，从胸前口刺入，刀口长 5～6 cm，放血时间 2～3 min。而后，将猪抬下，送到下一工序。

生猪致昏至刺杀放血时间不得超过 30 s。如超过 30 s，则会导致猪苏醒、挣扎、口咬伤人，增加刺杀放血操作的难度。刺杀放血刀口过小，则血流量小，出血量不足，会造成放血不全；刺杀放血刀口过大，则猪屠体在浸烫和清水池中受微生物和污物污染的程度增大。

(三)猪放血不全的原因

在生猪屠宰过程中，往往会出现猪放血不全的现象。造成放血不全的主要原因是：

(1)宰前未能给生猪适当的休息和饮水，特别是在运输过程中，生猪过度疲劳，并缺乏饮水，影响新陈代谢，猪体内水分减少，血液循环缓慢，心力减弱，于是刺杀放血时，血液流出缓慢，体内血液不能完全排出。

(2)宰前未对生猪进行淋浴，或由于麻电时间过长和电压过高，致使生猪衰竭而死亡，宰杀时血液流出受阻而引起放血不全。

(3)宰前漏检的病猪或高温猪，由于机体受病理的影响脱水，血液浓度增高，致使刺杀放血时血流缓慢，造成放血不全。

(4)麻电致死或者刺伤心脏,使心脏停止跳动,血流不能进行循环,在刺杀后血液只能依靠自身重力流出,流速慢,血量少,部分血液仍淤积在肌肉和组织器官中,造成放血不全。

(5)刺杀时进刀部位不准,未能切断颈部动脉和静脉,引起放血不全。

(6)刺杀后马上进行浸烫刮毛或剥皮,未能达到足够的沥血时间,造成放血不全。

猪放血不全,既减少猪血的产量,又影响肉的外观,而且不利于久藏。

三、清洗

在麻电、刺杀放血后,猪屠体表面上带了一些血污和粪便等,为了避免在热水池(锅)中或在剥皮时猪屠体互相污染,影响肉品的卫生质量,在浸烫脱毛或剥皮之前,必须对猪屠体再进行一次清洗。清洗的方法有人工冲洗和机械冲洗两种。

(一)人工冲洗

由操作者用胶皮水管将猪屠体的臀部、背部、夹裆、腹、颈圈等部位冲洗干净。

(二)机械冲洗

猪屠体从自动传送轨道上传入洗猪机内,在机内的水喷淋和刷子的作用下,将猪屠体冲洗干净后又自动传出,进入下道工序。

不论是人工或是机械冲洗猪屠体,要求清洗干净,但清洗时间不能过长,以免猪屠体僵硬,不利于脱毛和剥皮。

四、浸烫脱毛

浸烫脱毛是猪屠宰加工的一个主要工序。在浸烫脱毛之前,有的还进行拔鬃。

(一)拔鬃

猪鬃有较好的利用价值。它长在猪脊背至尾根上。拔鬃有手工拔和机械拔两种方法。

1. 手工拔　有两种操作方法:一是“冷”拔,操作人员带上手套,在放血后的猪屠体脊背上用手从腰椎部拔至颈部;二是“热”拔,将浸烫在热水池(锅)中的猪屠体背朝上,操作人员戴上手套,拔时用手指螺纹部分与手掌接触,不能用指甲盖与手掌接触。由于是在热水池(锅)中拔鬃,因此要求拔的速度要快,另外身边放置一盆冷水,以“冷却”双手,拔后的鬃放入能漏水的容器内。手工拔鬃生产效率低,劳动强度大,而且操作人员的手指常常受到伤害。

2. 机械拔　有些较大的屠宰厂使用拔鬃机拔鬃。操作方法如下：猪屠体吊挂在轨道上传送过来时，即启动拔鬃机，用一只手扶正猪屠体，使其背部对着机器，再以双手扶好机器，并对准猪脊背，从腰椎部开始拔至颈部。操作时，操作人员不准戴手套，拔鬃时，手指不得超过机轴，以防止发生工伤事故。

不论是手工或是机械拔鬃，其鬃毛要按黑、白色分开存放，不要混淆，拔后的鬃毛要晾晒干贮存或进行初加工。

(二)浸烫

浸烫是将刺杀放血和清洗后的猪屠体放进有一定温度的热水池(锅)中，经过一定时间后，使其皮肤的主要成分——胶原蛋白受热吸水膨润变软，毛孔扩张，有利于脱毛。

清洗后的猪屠体可由摇臂式卸猪机、机械下猪装置或液压下猪装置等机械降落装置将其落放到热水池(锅)中，或是人工将猪屠体抬放到热水池(锅)中。池(锅)中的水温和浸烫时间要根据季节、猪种、产区、大小等不同灵活掌握，一般水温 58～63℃，浸烫时间 3～6 min，要求猪屠体浸烫均匀，特别要注意头部和四肢内侧是否浸烫好。目前，国内采用手工浸烫和机械浸烫两种方法。

1. 手工浸烫　由人工将在热水池(锅)内的猪屠体上下翻动，使之全身烫匀，对于沉在池底的猪屠体，要勤打捞上来，以免烫老、烫熟。浸烫好的猪屠体由人工推送至轴式刮毛机捞耙或抬出来进行刮毛。

2. 机械浸烫　采用烫猪机浸烫猪屠体。烫猪机是一种安放在热水池里的水下传送装置，装有许多蝶形架，靠其机械动作，一边将猪屠体往返拨动，一边将猪屠体向前推进。当猪屠体落到热水池时，由人工将猪屠体拨进两个蝶形架中，每两个蝶形架之中只允许拨进一头猪屠体，切不可拨进两头，对特大的猪屠体也不能拨进，而应在浸烫池一侧留下的一条狭道中浸烫，以免损坏机器。当有些猪屠体被蝶形架卡住时，则应从烫猪机右侧的栅门中拖出，以免烫老、烫熟。烫好的猪屠体由人工将其拨进轴式刮毛机捞耙，以送进刮毛机。

3. 自动降落、浸烫、刮毛装置　目前，国内有一种猪屠体自动降落、浸烫、刮毛的装置，可连续作业，自动化程度高，生产量大，同时可以节省两个劳动力，浸烫过程不会出现猪屠体被卡住或沉底，但其浸烫和刮毛的时间是固定的，不能因猪种、大小等调控时间。

4. 立式蒸汽喷淋装置　目前部分生猪屠宰厂采用立式蒸汽喷淋装置。当吊挂在自动传送轨道的猪屠体进入一个密闭的箱体时，由管道喷出蒸汽，对猪屠体起到“浸烫”的作用。这种方法避免了猪屠体在热水池(锅)中受到脏水、微生物等污染，保证了肉品卫生质量。

5. 水的温度和浸烫时间对猪屠体脱毛和肉品品质的影响　浸烫猪屠体的水温和时间对脱毛和肉品质量有较大的影响。猪的皮肤及其衍生物——毛，主要由胶原蛋白组成，在温度70℃以上时，蛋白发生变性（凝固），毛孔收缩，增加脱毛的难度，如果浸烫时间再长，则猪屠体体表发黄，皮层发黏（开始水解为明胶），则更难于脱毛，俗称“烫老”。如果水温度更高，时间过长，则会造成部分肌肉“烫熟”现象，俗称“烫熟”。如果水温度较低，浸烫时间短，则毛孔尚未扩张，也造成脱毛困难，俗称“烫生”。由于浸烫不好，以致脱毛不净、刮断毛根或者“烫熟”了，则影响到片猪肉的卫生质量。因此，必须掌握好水的温度和浸烫的时间，要根据季节、猪种和大小等情况适时调控好。夏天浸烫池（锅）的水温可比冬天略低些，因为夏天气温高，猪毛孔较为扩张，冬天气温低，毛孔较紧缩；在生猪每年两次换毛的季节里，猪也难于脱毛，所以水温应略高些，浸烫时间可以略长些；对于皮厚、皱皮、粗皮和特大的猪，水温应略高些，浸烫时间可以略长些；对于猪体较小、皮薄、毛根浅的，一般南方猪，水温可以略低些，浸烫时间可以略短些。

为了浸烫好猪屠体，在浸烫池里必须放置有温度计，操作者要随时注意浸烫池里水的温度，温度低时，通入蒸汽加热，温度高时，要加入冷水，以调节控制浸烫池里的水温在适宜的范围内，以免出现“烫生”、“烫老”和“烫熟”情况。再则，烫猪机有两种推送速度，可以根据季节、猪种和大小等调控浸烫时间，对换毛季节、大猪、皮厚的猪可以减慢推送速度，以延长其浸烫时间，对于个体小、皮薄等的猪，可以调快其推送速度，以缩短其浸烫时间。

如果烫猪机发生故障，可暂不放落猪屠体，并关掉蒸汽或者放入冷水以防猪屠体“烫老”、“烫熟”。在猪屠体浸烫后进入刮毛机之前，操作者用手在鬃毛部或前腿部试拶一下毛，如拶毛即脱，表明浸烫适度，可以进入下道工序——刮毛。否则，还需要再浸烫一下。对于“烫老”、“烫熟”的猪屠体，不可进入刮毛机刮毛，而要用手工轻刮。

为了减少猪屠体在浸烫池中受到的污染，要保持池中的水相对“清洁”，在上午和下午生产后把脏水放掉并清洗浸烫池，放入新的水，通入蒸汽加热。

（三）脱毛

脱毛就是将猪皮表面的毛连同毛根以及退化的表皮（角化层，俗称黑皮、脏皮）刮除干净。脱毛分为手工刮毛和机械刮毛两种基本方法，另外还须辅以其他方法脱毛，谓之辅助脱毛。

1. 手工刮毛　手工刮毛由操作者把浸烫好的猪屠体借水的浮力拉到池（锅）边，用刮刨进行刮毛。按猪各部位皮毛浸烫好的先后进行操作：

（1）拶耳鼻毛　先拶左耳，后拶右耳，拶净耳毛及表皮，然后手提着猪耳，一手捋去鼻毛。

(2)捋尾毛 一手拽住猪尾,从尾根起向尾梢用力捋起,将毛和表皮捋净。接着拉住尾巴,将猪屠体稍稍提起,使臀部稍微露出水面,再用手抓去臀、尾及其附近的毛,然后用刮刨刮去“黑气”。在夏季毛较稀短时,可在下述捋脚刮脚工序后,直接用刮刨从臀部、尾脊至尾根将这些部位的毛刮净。

(3)捋脚刮脚 先捋左后脚,再依次捋右后脚、右前脚和左前脚。也可先捋前脚,再捋后脚。捋脚时,双手紧握猪脚,从小腿起用力捋至脚爪。每捋一只脚,应用手抓后以手的虎口推的办法,将小脚周围捋不着的部位抓光推净。然后,再拉住脚爪,用刮刨将小脚及脚爪上的“黑气”刮净。在刮后腿时,应提起脚爪,使臀部露出水面,用刮刨由外向里将左右侧大腿后半部的毛和表皮刮净。刮前腿时,操作者紧靠池边,让猪屠体臀部贴于池壁,用手提起其前脚,使胸颈露出水面,然后用刮刨从夹裆处向前推刮至颈部戳刀放血处;再从猪下颌起向后拖刮,将下颌及颈鬃毛全部刮净,再从猪耳根拖刮至肩胛处;最后提起前腿,使夹裆露出水面,将其中的毛刮净。

(4)刮腹部 刮好四肢后,两手各捏住一只脚,将猪拖起,把腰部搁在池边沿上,使腹部向上,四肢摊开。操作者立于猪屠体两腿之间,使其侧卧,然后用刮刨从前腿夹裆拖刮至后腿夹裆,由左向右刮净腹毛、表皮和“黑气”。

(5)刮左右侧身 将猪屠体左侧朝上,使其侧卧池边沿,头朝前,尾靠操作者。双手握住刮刨,从肩部起,沿脊椎刮至臀部。在刮除左面的毛、表皮、“黑气”后,再将猪屠体翻转,使右侧朝上,以上述同样方法刮毛。但刮至腰窝处,由于表面凹陷,不易刮尽,应一手拉紧后腿,使其表面绷直,再进行刮毛。

(6)拔鬃毛 将猪屠体背部朝上,四肢朝下,腹部搁在池边沿上。操作者压住猪屠体臀部,用手将猪脊背上的鬃毛从颈部起至尾根全部拔下,放在规定的地方。

(7)刮头背 用手拉住猪右耳,将猪拖起,使之横跨池边沿;操作者用身体顶住,以防滑落,然后将眼、额毛刮净,再刮背毛、表皮和“黑气”。

手工刮毛劳动强度大,生产效率低,劳动条件较差,操作者的双手长时间接触温度较高的水,为此每个操作者身旁应放置一盆冷水,以便随时降低手的温度。但刮毛效果较好。现在,小型屠宰厂和急宰车间大都采用手工刮毛方法。

2.机械刮毛 采用二轴的、三轴的、大型的刮毛机,螺旋式刮毛机,拉式刮毛机等机械对猪屠体进行刮毛。刮毛前,先开启装在机器上的冷、热水管,水温调控在30℃左右(在刮毛过程中,温水喷淋在猪屠体上,有利于刮毛),然后将浸烫好的猪屠体由人工或机械送进刮毛机内进行刮毛。在猪和硬软刨片的摩擦下,猪屠体上的毛被刮掉。使用轴式刮毛机,要按照刮毛机的负荷要求送进猪屠体,超负荷将损坏机器,负荷太小则毛刮不净。使用螺旋式或拉式刮毛机,要注意不要把特大的或太小的猪屠体送进刮毛机,以免损坏机器和打伤猪体或刮不净毛。使用轴式刮毛机时,操作者还可视刮毛情况灵活掌握刮毛的时间,若基本刮净,则可提前结束,若还刮不净,则可延长一些时间,但要注意浸烫池里猪屠体的多少,猪多时还应"按时"结束刮毛。

3. 辅助脱毛 不论是使用手工或机械刮毛,都难于将猪屠体上的毛、毛根和表皮完全刮干净,总会有一些残毛、浮毛和"黑气"留在猪身上,如果猪屠体浸烫不好,或是在换毛季节里,就会有更多的毛难以刮去。为了保证肉品卫生质量,还需要进行辅助脱毛,包括清水池修刮、火焰燎毛等方法。

(1)清水池修刮 猪屠体从刮毛机落入清水池后,操作者将猪屠体拖到池边修刮其残余的毛,特别注意脖头、腋窝、腿内侧的毛(修刮方法同手工刮毛)。如有密集的片毛,则须用刮刨去除,以免毛根断在皮内。清水池应设有进水管、蒸汽管和溢水口,以保持水的流动和清洁,冬天池里的水应加温至30℃左右,以免水温低使毛孔收缩,影响修刮。猪屠体进入清水池后,应做到先来先刮,并勤加打捞,以防猪屠体沉底。如果后面工序的机械等发生故障,应及时将池里的屠体捞出来,进行开膛净腔等操作,以免影响肉的质量。

(2)火焰燎毛 利用火焰烧掉猪屠体上的残毛,俗称燎毛。猪屠体从清水池提升到轨道后,由人工用喷灯烧去猪屠体上的残毛,然后用刀刮去烧焦的毛灰和黑皮,并冲洗干净。目前,国内大多数屠宰厂采用喷灯燎毛,喷灯用汽油或煤油做燃料。国外一些屠宰厂采用燎毛炉,它由两个半圆形的炉壁组成,炉壁由耐热材料或防火砖砌成,炉中心装有丙烷燃烧器,炉体能自动开闭。猪屠体从清水池提升到轨道后,随自动传送带进入炉内,炉体自动闭合。猪屠体在1 000℃左右炉体内停留7 s左右,在此高温下猪屠体上的残毛被烧掉,然后炉体自动开启,猪屠体从炉内移出,进入刮黑机,在刷子和水的喷淋下,将猪屠体上烧焦的毛灰和黑皮刮洗干净。使用火焰燎毛,要注意安全,以免发生火灾,烧伤人员。

(四)挂猪提升

在清水池里修刮好的猪屠体或将直接进入燎毛炉的猪屠体,由操作者一手抓猪后腿,一手握刀,在胫、腓骨与跗骨构成的凹陷处,进刀戳进5 cm左右,其后,以同样方法戳割另一后腿。要求不得割断胫、跗关节韧带,刀口处不露肌肉。然后用扁挡(扁担)从后腿戳刀处穿过,把猪的两腿分别拉开至扁挡两端的凹口处,挂在提升机链钩上提升到轨道上,进入下道工序。

(五)编号

为了做好对号检验,在猪的屠体和耳朵上编号。

五、剥皮

随着皮革业日益增长的需要和一些地区群众吃无皮肉的习惯要求，对猪屠宰剥皮日益增多。因此，剥皮也是猪屠宰加工的一个主要工序。剥皮分手工剥皮和机械剥皮两种方法。在剥皮之前，还需进行燎毛、塞肛门，开耻骨、雕圈、割尾，割头、蹄等操作。

(一)燎毛、塞肛门

为了减少对猪屠体的污染，在刺杀放血之后、洗猪之前，要用喷灯对猪屠体四肢内侧及胸腹部中线进行燎毛，烧去这些部位的毛，以免开剥时猪屠体受到污染。为了减少猪粪便流出，污染屠体和器械，操作人员要用长夹子将 8 cm^2 左右的浸有 0.3%过氧乙酸或新洁尔灭溶液的海绵从肛门塞进直肠 8～10 cm 处。

(二)开耻骨、雕圈、割尾

将洗净的猪屠体置于剥皮的传送带上，操作人员一手抓住猪右后蹄，一手持刀，从颈部起沿腹部正中线切开皮层(不可切穿腹腔)至肛门处(生殖器应留在剥皮机不夹皮的一面)，然后随手用刀把耻骨中缝切开，双手将两蹄朝下一按，掰开耻骨，并用刀以分划两个半圈的方式雕开肛圈，一手捏住肛圈，一手用刀伸进直肠黏膜与腹腔交界处，将直肠下半段与腹腔分离，并向上轻拉，使之脱离，最后齐尾根割下猪尾。割尾时，刀口应割圈、割平，不带缺口，以免上剥皮机后将皮撕裂。

(三)割头、蹄

1. 割头　带皮猪和剥皮猪割头的部位不同。带皮猪因割头前经过浸烫，割成“平头”后，皮肉不会再收缩，猪头能保持原来形状，而剥皮猪的头在割后还须进行脱毛，经浸烫后其皮肉会收缩，外形不整齐。为此剥皮猪割头应从猪下颌支向颈头延伸约 4 cm 下刀，割至左右嘴角和两眼之外各 4 cm，齐两耳根止，成一弧线，割至脑顶时，将脑顶肉留在头上。割头时，将食管和气管齐颈部割断，再割断颈寰关节上的韧带，并将寰椎与枢椎之间划一刀，再稍用力把头向下一按，然后进刀割下。

2. 割蹄

(1)割前蹄　用刀沿前蹄腕关节处割开周围皮层，割断腕背侧韧带和腕掌侧韧带，使关节分离，同时从腕关节内侧中间用刀尖挑开前肢内侧皮层至胸部中线的胸骨柄处止，然后割下前蹄。

(2)割后蹄　用刀在后蹄跗关节处进刀，割开跗关节周围皮层，同时割断关节两侧的韧带，使关节分离，同时从跗关节内侧用刀尖挑开后肢内侧皮层，挑至腹部中线耻骨上，然后割下后蹄。

(四)编号

剥皮猪编号与脱毛猪有所不同。剥皮猪编号分两次进行,第一次是对头、蹄编号,将已写好号码的纸塞入已割下的头的咽喉部,蹄和头盛在同一容器内。第二次是对猪屠体和猪皮的编号,当剥开猪体一侧面的皮时,对猪屠体和猪皮写上与猪头相同的号码。

(五)剥皮

1.机械剥皮　用剥皮机对屠体进行剥皮。由于机械性能的关系,猪屠体上有些部位的皮和上机时须夹住皮的部位先用手工预剥,以解决剥皮机不能剥到的部位。所以,机械剥皮仍包含手工剥皮的工序。

(1)手工预剥　一般是在剥皮传送带上进行,猪屠体从轨道上落到传送带上后,使其腹部朝上,传送带两侧各有人开剥。

①剥夹皮一侧(以猪屠体左侧为例):一手捏住左侧颈部割头后边缘皮的三角尖端,由前向后剥通前肢腕部的前侧皮,而后从前腋窝处已挑开的三角形皮的尖端捏住,剥离胸腹部皮层,并顺势剥通前肢,要求胸腹部皮剥至 35 cm 左右,同时剥开后肢的前侧皮。然后再从后肢腹股沟处(后夹裆)开始剥离臀部皮层至尾椎骨部位上,并剥通后肢,使臀部、肩部和颈部剥离而形成一直线,以便于夹皮和剥皮时进刀。

②剥猪屠体右侧:操作者从臀部开始剥离至后肢后侧皮,再从腹部剥至胸部,并剥离前肢后侧皮,同时剥通前肢。

手工预剥时,为防止皮张刀伤、次品、带脂肪过多和出现“鱼鳞”刀痕等,要求操作者必须掌握四个要点,即“通、平、紧、挺”。

“通”就是在剥皮时猪屠体的前段必须剥通颈下部皮(槽头部分),猪屠体的后段必须剥通尾根部,否则机械剥皮时,容易使皮破裂,并使破皮留在猪屠体上。

“平”就是刀身必须前后平贴触皮进刀,不可有一端翘起,否则易破皮,并使皮上带脂肪多。

“紧和挺”就是在进刀时,必须将皮拉紧,使皮张绷紧平整,不能有一处松软或打皱,否则容易发生刀伤破皮、“描刀”、“破洞”等。

同时要求在挑胸腹部皮层时不得挑破腹壁及内膜,挑四肢内侧皮时不得割伤肌肉和肌膜。

(2)机械剥皮　目前,我国使用的剥皮机主要是卧式滚筒剥皮机,还有立式滚筒剥皮机和坡式剥皮机。下面介绍卧式滚筒剥皮机的操作。

两个操作者分立于剥皮机夹皮台的两端,其中一人开启预剥皮传送带的行进开关,使预剥好的猪屠体传送到夹皮台前,并在限位开关的作用下,传送带自动停止运转，猪屠体也自动翻落在夹皮台上。操作者分别扯住预剥好夹皮一侧的前后两端，并将皮拉紧拉平，当剥皮机上的自动夹具来到夹皮台的下端时，操作者将其平直放入夹具内夹紧，随着机器的运转，剥皮刀将猪屠体腰背上的皮剥开。操作时，要注意：

①夹皮的一侧不可过多地放入夹具内，以免夹具运转进入刀具时，猪皮带脂肪，再则，多夹的部分皮易被垫在刀下的那层皮下面，形成隆起的重叠皮，以致被切成破洞。

②预剥夹皮侧的两端必须以同样幅度平直进入夹具，猪屠体与刀口平行，以使猪屠体在剥皮机行进时前后两端受力均匀，剥的皮张平整光洁，否则，皮张打皱，发生破洞。

③如果预剥夹皮一侧刀口未拉平，可将进刀较多的一部分皮推下一些，以使皮夹齐，否则，易造成皮张破洞。

2. *手工剥皮* 手工剥皮的操作基本上与机械剥皮的手工预剥一样。将猪屠体仰卧在操作台上［一些屠宰厂（场）使用“V”形剥皮凳，下面装有小轮］，在割头、尾、前后蹄后进行操作。

（1）挑腹皮 从颈部起沿腹部正中线切开皮层至肛门处，挑腹皮不要挑得太深，不得挑破腹壁及内脏。

（2）剥臀皮 先从后臀部皮层尖端处割开一小块皮，用手拉紧，顺序下刀再将两侧臀部皮和尾根皮剥下。

（3）剥腹皮 左右两侧分别剥：剥右侧，一手拉紧、拉平后裆肚皮，按顺序剥下后腿皮、腹皮和前腿皮；剥左侧时，一手拉紧脖头皮，按顺序剥下脖头皮、前腿皮。

（4）剥脊背皮 左右两侧分别剥：剥右侧，一手拉紧、拉平腹皮，按顺序剥后腿、腹部和前腿部位的皮；剥左侧，一手拉紧皮，从脖头处按顺序剥前腿、腹部、后腿部位的皮。

总的要求是：不得剥破皮张，保持猪皮的完整，皮上少带脂肪，鱼鳞刀痕少。

六、开膛净腔

开膛净腔就是剖开胸腹，取出心、肝、肺、胆、肠、胃、脾、胰、膀胱、生殖器和系膜组织等内脏。

猪经刺杀放血后虽然生命已经终结，呼吸等活动的热量消耗也随之停止，但体内还进行着一些新陈代谢作用，并释放出热量，所以在宰杀后 1 h 内，猪屠体温度非但不会下降，反而会略微升高，这最适宜于细菌的生长繁殖。加之刺杀放血后，猪屠体对细菌的抵抗力已经消失，使细菌活动更为加剧，特别是在肠胃内容物中含有的细菌最多，如不及时将内脏取出，极易引起变质，影响肉品、内脏质量。因此，要求活猪从刺杀放血到摘取内脏的时间不得超过 30 min。

开膛净腔有两种方式，一是仰卧开膛，一是吊挂开膛。前者简便易行，适用于小型屠宰厂和病猪急宰间，后者污染少，为宰杀量较大的大、中型屠宰厂所采用。

(一)仰卧开膛

(1)猪屠体四肢朝天，仰卧在特制的剖腹架上。操作者站在猪头左侧，从第一对乳头处下刀，划开胸皮，至放血刀口处为止。然后刀尖朝下，刀刃朝右侧，从胸骨与肋骨相连的最末一节下方刺入。此时，刀尖应斜对猪头方向，斜度以刀背与腹部成 50°角为宜，使刀尖到达心脏附近，以免刺破猪胃及胆囊。然后手握刀柄，用力地向右边偏斜约 5 cm，向后扳开胸骨旁的关节，并顺手从咽喉下端割断气管与食管。

(2)操作者绕到尾端，用刀在两后腿跗关节后上方戳个洞，以便穿上铁钩，倒挂在肉架上。这道工序有的在剖腹工作全部完成后进行。

(3)从挑胸处下刀，拖割至肛门附近。腹部入刀宜浅，以割开腹皮露膘为限；两腿中间，刀应深入，直至割开肌肉，露出骨为止。

(4)紧握刀柄，刀刃斜向前方，从耻骨后方插入，对准中缝的白色软骨，向前推去，撬去耻骨。应防止刀尖刺破直肠及膀胱。

(5)用刀沿上述刀痕剖开腹部，随手割开直肠两旁系膜，并将连在直肠上的肛门圈雕离猪屠体，使直肠尾梢松离。要使系膜组织、膀胱、睾丸或卵巢带在肠上。

(6)左手伸入猪屠体腹腔，将胃肠向后扳开一些，然后将刀伸入胃、肝之间，割断食管(但应保留食管 0.5～2 cm 在胃上，以免粪污从胃中流出)，并顺势深入腰脊处，割断系膜组织，将之连同肠胃一起取出。

(7)一手扳开肝叶，另一手以划刀的方式，将心、肝、肺同横膈膜、护心油、肝筋、腰肌与脊动脉割断。应注意将腰肌尽量留在猪屠体上，脊动脉及白色的横膈膜应尽量随同心、肝、肺从猪屠体上割除。然后，取出心、肝、肺送到副产品整理工序。

(二)吊挂开膛

在规模较大的屠宰厂(场)，吊挂开膛一般实行流水作业。

1. 雕圈　刀刺入肛门外围，雕成圆圈，掏开大肠头垂直放入骨盆内。操作人员面对猪屠体背面，刀尖向下，从尾根下面落刀，轻轻划开该部皮肉；再以一手的食指伸入肛门口，拉紧下刀部位的皮层，沿肛门毛圈外围绕刀，将之雕成圆形；然后刀尖稍向外，割开肛圈四周的皮肉，割断尿梗和筋，使直肠头脱离屠体。操作时须注意：刀尖不要戳破里面的直肠和后腿，伸入肛门的手指指甲不能抠破肠壁；直肠内粪便多而稀时，下刀前应先将之挤出，以免雕开肛圈后粪便随直肠落入腹腔，沾污屠体。

2. 撬胸剖腹 撬胸剖腹就是自放血刀口沿胸部正中撬开胸骨，沿腹部正中线自上而下剖腹，将生殖器从脂肪中拉出，连同输尿管全部割除，不得刺伤内脏。

(1)雄性猪屠体应先将骨盆正中的皮层从上而下划开，拉出生殖器，连同输尿管一起割去，然后再划开盆腔肌肉；雌性猪屠体只要用刀对准骨盆正中，将这部分皮肉从上而下划开即可，但刀尖不可伸入腹腔，以免刺破膀胱。

(2)撬胸剖腹。操作者将刀刃向上，刀尖向前，将刀的一半伸入放血刀口处，直至颈椎处，刀根部紧贴第一对肋骨，运用腕力，向右偏 1.5 cm，使劲向上撬去，撬开胸骨，注意刀尖向下，勿离颈椎，撬到最后两对胸骨处，用力不宜过猛，只需将手腕轻轻向上一抬，否则会割破胆囊、心和胃。随后用刀(上海使用环形剖腹刀)插入上一道生殖器工种划开的刀口，向下轻拖，使刀口与撬胸骨的刀刃对齐，做到放血刀口、撬胸刀口、剖腹口三口连成一线，不出现“三角肉”。如万一将胆捅破，立即用温水将胆汁冲洗干净。

3. 拉直肠、割膀胱 先用刀割开直肠两旁的系膜组织，一手的食指拔出和拉住直肠头。然后另一手下刀将直肠连同系膜组织一齐割离肾脏，随手捋出直肠头内的粪便，再用刀将膀胱连同尿梗割下，但睾丸和卵巢不可留在胴体上。要求不刺破直肠。

4. 取肠胃(肚) 一手将小肠与胃的大弯头及脾脏一把抓住，另一手在靠近肾脏处下刀(肾脏暂留在屠体上)，将系膜组织同肠胃等割离猪屠体，割断肝筋及食道，但食道应保留 2 cm 左右在胃上，以防粪污流出。要求不破肠、胃、胆囊，不带肝、不带肾。

5. 取心、肝、肺 一手将肝抓住，一手持刀，割下两边横膈膜，再将连在肺上的腰肌割断，一手顺势将肝下按，一手用刀将连接胸腔和颈部的韧带割断，然后割断食管和气管，取出心、肝、肺，要求不破损，腰肌尽量留在胴体上。

开膛净腔时应注意，刀尖不可刺破肠、胃、胆这些容易造成污染的内脏。如不慎刺破，必须及时冲洗干净。因胸骨较硬，不可直接用刀去割，而应使刀稍稍偏右，以撬的方法，把胸骨与右肋骨之间的骨节撬开。不论是仰卧或吊挂开膛，在取出内脏后，应及时用有足够压力的水冲洗胸腔和腹腔，冲水时应从上向下，以洗净腔内淤血、浮毛、污物，并摘除两侧肾上腺。开膛净腔拉出来的内脏与猪胴体进行同步检验或对号检验，后送到副产品整理间去整理。

七、劈半

将开膛净腔、冲洗干净后的猪胴体劈成两半，以便于贮存、运输和销售。

(一)去头、尾和甲状腺

劈半前,除剥皮猪外,必须先对猪屠体割去头、尾和甲状腺。

1.割头　有手工和机械割头两种方式。手工割头大多在宰杀量较少的小型屠宰厂或病猪急宰间采用,机械割头大多在宰杀量较大的大、中型屠宰厂采用。不论是手工还是机械操作,割头必须先进行"割颈",具体操作是:

带皮猪割头应按"平头"操作(割下的猪头鼻朝上平置台面时,四周颈肉正好接触台面)。操作时,操作者站在猪胴体右侧,左手伸到左侧的放血刀口处,反手抓住颈肉,右手持刀,从放血刀口起,沿颈头与左耳根横割成直线,将右侧颈部肉横断切开,然后左手抓住猪右耳,右手从耳根处下刀,直线横割至与左耳根刀口吻合为止,并将后颈肉切开,最后将下颌骨下的颈部连结切断。如是手工操作,则操作者一手握住铁钩钩住内侧肌肉,另一只手用刀向露出的寰枕关节砍去,猪头即落;如是机械操作,目前使用的主要机械有割猪头机,将切割好颈肉的猪头卡入拉头架"八"字形的卡板里,卡住猪头的颈部和下颌,当猪体在自动传送带带动下前进时,因拉力的作用,使寰枕关节分离而猪头落下。

2.割尾　操作者一手拉住猪尾,一手持刀平行臀部割去猪尾,要求臀部不能有凸出或凹进。

3.摘除甲状腺　甲状腺人食后可导致中毒,所以必须摘除。甲状腺位于颈部上中部,分别在喉头气管交接处的两侧,附着在喉头上。操作时,在看清腺体部位后用手拉住撕下,要保持其完整。

(二)劈半

劈半有手工劈半和机械劈半两种方式。

1.手工劈半　首先应"描脊",即操作者用刀尖在猪胴体背面从尾至头部正中线,切开皮肤和皮下脂肪层(要求骨节分开)形成一条直线,以保证劈半时不劈歪斜。然后劈半操作者站在猪胴体右侧,一手持斩刀劈破荐椎,一手握住右边荐椎游离部分,再对准"描脊"线往下从腰椎、胸椎、颈椎、最后一节寰椎劈下,分成两片。操作时,要求下刀轻中有重、重而不偏;不能将脊椎、肉和皮下脂肪劈烂成肉末,尾骨留在左半片上。手工劈半劳动强度大。

2.机械劈半　目前使用的机械有往复式劈半电锯和桥式电锯两种,都是将猪胴体吊挂在轨道上进行。

(1)往复式劈半电锯　劈半前,也须对猪胴体进行"描脊"。劈半时需要操锯工和挡锯工两人操作。操锯工面向猪胴体腹部,一手握紧电锯把手,以拇指按动电钮,开动电锯,将锯弓搁在骨盆中央,然后一手拉开奶头,将锯齿对准脊背中央的"描脊"线,用力下按。挡锯工立于猪胴体背面,先用一手将猪胴体扶上锯架,让操锯工将锯弓搁上骨盆后，即握住锯头，协助将电锯往下压，将猪胴体锯成两片。要求两人密切配合，不要锯歪或成锯齿形。使用往复式电锯，虽然比手工劈半省些力气，但振动厉害。使用电锯操作者必须穿带好橡皮靴和手套，以防触电。

(2)桥式电锯　圆盘式电锯置于轨道之下，操作者坐于电锯的半坡处，当猪胴体被自动传送带拖上斜坡进至“桥”上倒“八”字形挡板槽时，即被圆锯片从上到下锯成两片。使用桥式电锯不用事先“描脊”，但在劈半前操作者必须把猪胴体扶正，使脊背中心对准锯刀。劈半时，如发现猪胴体没挂正，应立即停机校正。锯半后，要冲水将机上的骨屑、肉末和血水洗净。

(三)摘取肾脏，剥取板油

1.摘取肾脏(腰子)　劈半后，由人工将位于片猪肉脊柱中段两侧的肾脏，用刀齐肾脏边沿割下，要求尽量不带脂肪。

2.剥取板油

(1)手工剥　操作者一手的拇指插入第五肋骨下肌膜内(插入板油内)，然后五指将板油捏紧，另一手抓住腹壁，两手向相反方向同时用力将板油剥离下来。再用同样的方法剥离另一片猪肉的板油。剥离时，要注意检查腰肌、软裆、第五肋骨处是否还有残留的板油，要求尽量剥净。手工剥劳动强度大。

(2)机械剥　在轨道上安装一台电动机，带动两只剥板油的钳子，轮流上下升降。两个操作者分立于两片猪肉的两侧，当片猪肉到达时，即将板油下端撕开一角，将之夹在下降的钳子中，随即钳子上升，板油即被剥下。机械剥板油虽然省力，但剥得不净，有时还剥碎，仍需人工补剥。

(四)冲洗

用水对片猪肉从上到下冲洗，洗掉残血、粪污、胆污、骨屑、肉末等。

八、整修、分级

整修包括修割和整理两个部分。修割就是把残留在片猪肉上的病变组织、有害腺体、血污、毛等修割掉；整理就是根据加工要求或合同规定要求对片猪肉进行必要的整理。整修的目的是保证肉品卫生质量达到有关标准规定要求。主要项目内容有：

(一)修割

(1)刮残毛。片猪肉上的残毛或毛根应尽量刮干净。

(2)割横膈膜。横膈膜在胸腔与腹腔之间的横膈肌上，用刀紧贴肋骨将其割净。

(3)修割放血刀口。放血刀口有大量淤血块、淋巴管、黏膜、血管等，要用刀割掉，要求下刀时要平，既要割净，又不带好肉。

(4)割奶头。用手或夹子夹住奶头,用刀割下,要求割成圆形,不留奶根,不带黄汁。

(5)洗刷槽头。洗刷掉在槽头上的残留血污、污物,有人工和机械两种洗刷方法。人工洗刷就是由操作者用刷子在水的冲淋下进行;机械洗刷即使用槽头冲洗机进行。操作时,要根据片猪肉大小适当调整刷子高度,使刷子对准槽头。

(6)割槽头。先将内侧的血管和各种内分泌腺割去,后沿第一颈椎直线平行割下,不得过高或过低。

(7)割去护心油。

(8)割暗伤、脓疮、伤斑、病变淋巴结、烂肉、脓疱等。除显露出来者外,还有很多隐藏在皮下或肌肉组织内,故应仔细观察。凡皮肤上有明显或不明显的凸块,或虽无凸块,而皮色微青,或在各刀口断面有充血黏膜,均应割开皮面检查。对于伤斑及其引起的皮下出血或胸腔内大量化脓,以及皮癣、湿疹、血痂、毛囊炎等病变部分,均应用刀修割。

修割操作,要求用刀和进刀方法一定要从上面轻轻地薄削,由浅入深,由小到大,修割要平整,割净为止。

(二)割前、后蹄(爪)

整修复验合格后,割除前、后蹄。有的厂(场)将割蹄工序放在割头、尾这道工序中。割蹄有人工割蹄和机械割蹄两种方式。

1.人工割蹄　从后蹄割起,一手握住蹄尖,呈向下扳的姿势,另一手持刀,拇指摁紧刀背,割左蹄时,刀在跗关节处,从右向左划成半圆形裂口,割右蹄时,则反其方向进行,并割断血管和韧带,一手用力将蹄向下扳,另一手沿关节将其割下。接着割前蹄。一手握住蹄尖,手背向下,将前腿提起托直,使韧带从关节中突出,另一手持刀在腕关节突起部下端 0.4 cm 左右处下刀,从左向右划成半圆形裂口,一手下扳,一手用刀割下。

2.机械割蹄　利用割前蹄、割后蹄的机械进行割蹄。后蹄从跗关节割下,前蹄从腕关节割下。要求刀口平整,不能割成锯齿形。

(三)复验

经复验合格后,加盖检验印章。从对猪屠体编号到加盖合格印章,不得超过 15 min。

(四)分级

根据国家标准《带皮鲜、冻片猪肉》(GB 9959.1)和《无皮鲜、冻片猪肉》(GB 9959.2)的规定,带皮和无皮鲜片猪肉的分级如下:带皮和无皮鲜片猪肉均分为三个等级,即一级、二级、三级。分级的规格,是以鲜片猪肉的第六、第七肋骨中间平行至第六胸椎棘突前下方，除皮后的脂肪层厚度为准。一级猪肉除规定脂肪层厚度外，还有重量要求。

1. 带皮鲜片猪肉的分级规格 见表4-1。

表4-1 带皮鲜片猪肉的分级规格

项目	等级		
	一级	二级	三级
脂肪层厚度/cm	1.0～2.5	1.0～3.0	<1.0 >3.0
片肉重量/kg	≥23	不限	不限

2. 无皮鲜片猪肉的分级规格 见表4-2。

表4-2 无皮鲜片猪肉的分级规格

项目	等级		
	一级	二级	三级
脂肪层厚度/cm	1.0～2.5	1.0～3.0	<1.0 >3.0
片肉重量/kg	≥21	不限	不限

整个屠宰过程不得超过45 min。

在整个屠宰过程中，必须在合适的工序位置上设头部、内脏、旋毛虫、胴体、生猪肉的初检和复验等检验点，按规定项目进行检验。

九、副产品整理加工

猪副产品整理加工是屠宰加工的一部分。猪副产品包括内脏和头、蹄、尾等。由于副产品在未加工前有血腥和一些异味，或带有粪污、杂物、黏膜，所以整理加工副产品，不应与白条肉放在同一场地。

猪副产品整理加工包括整理直肠、胃脾、大肠、小肠，分离心、肝、肺，整理头、蹄、尾及整理其他脏器等，现分述如下。

（一）整理直肠

直肠大都作出口原料，其规格要求很严，除病理上不许带有充血斑点等病灶外，还规定不得有破伤，所以必须仔细操作，防止造成次品。

直肠整理加工工序是：拔直肠、套直肠、剪毛圈、修油、灌水检查、刮毛圈、去糠屑、翻肠、去黏膜、盐腌、复擦盐、分规格。

(1)拔直肠(俗称拔圈子、扯直肠) 操作时先将肠胃在台面上摊开,大肠的一面朝上,将露在外面的直肠脂肪剥去,然后将进入大肠圈处的系膜同直肠管扯离,使直肠松动,一手拉住穿越肠圈的直肠,一手用撕扯和捋开系膜的方法将埋在脂肪里的直肠拉出来,使其长度达 1.2～1.5 m 时,将肠摘断,抹去断口的粪汁(防止粪汁外流,污染肠胃系统),转入直肠冲洗工序。

(2)套直肠(直肠冲洗) 先将直肠的肛门一端套在自来水龙头上,将水灌入肠内,用手轻捏肠管轻轻抖动,将粪便从另一断口冲出,直至将粪汁冲净为止。水冲不宜过急,手捏不宜过紧,防止损伤直肠,肠壁破损或胀裂。

(3)剪毛圈 操作时,用两个或三个手指伸入肛门并撑开,然后用剪刀从肛门上最大的一块肉剪起,沿肛门外朝同一方向一剪到底,将附着的肌肉、油垢剪净,肛门口毛圈必须保留 2～3 mm,毛圈的肉要修得整齐干净,厚薄均匀。剪刀要放平,防止剪破肠壁。

(4)修油 将直肠头挂在工作台的修油架上,用锋利的刀或剪从上往下修去附在肠壁上的油脂,刮掉杂质。直肠的肠壁脆嫩,修油时应小心,用力要均匀,下刀要平稳,以防止割破肠壁,造成"隔气",影响品质。

(5)灌水检查 向直肠肛门灌水,将肠身撑大,以便检查品质,按下列标准挑选和剔除次品:

①长度:0.6 m 以上的加以利用,不足 0.6 m 的作市销。

②针伤:有些直肠擦伤发炎或形成充血红点,如伤处已发紫、起硬块或已有脓疱,剪除后发生破口的应予剔除,倘剪除后留有两层组织,而面积不超过 1 cm^2,无硬块脓疱的,仍可视为合格,但剪除的针伤只能带一个。

③红斑点:如发现红斑点,颜色较深,估计出厂交接时,斑点将发黑、发紫、发硬,或红斑较多,集中起来面积超过 5 cm^2 者应剔除。如红斑点较淡,估计经漂洗盐渍后,痕迹不明显者仍算合格。

④刀伤:虽有刀伤,但仍留有两层组织,刀伤面积在 1 cm^2 以内者,每根可带一个,超过者剔除。

⑤隔气:肠身破伤两层以上,灌水或打气后,发现水或空气进入肠壁,形成大小不等的水泡或气泡者应剔除。

⑥脱节:在操作时因拉挤用力过重,造成纵横裂痕,有两层组织未损坏漏水,仍视为合格品。脱节长度超过 5 mm 而位置从肛门起至 0.6 m 以外的结肠上者,可带两个;超过两个或位置在 0.6 m 以内者应剔除;位置在 1.15 m 以外的脱节不受限制。

以上刀伤、脱节、被剪除的针伤部分不属单项剔除的缺点,但在同一直肠上只准有两种,超过者剔除。直肠须逐条灌水检查,找出次品原因,人为的应及时改进。

(6)去糠屑、翻肠　如发现肠壁上留有糠屑，应将直肠平放台上，一边用自来水冲，一边用软硬适中的刷子将之刷去，然后在清水中将直肠翻转，使黏膜层向外。

(7)去黏膜　去黏膜对保持直肠品质有一定作用。黏膜不干净，会使肠子泛黄发酸变质。将直肠及时送入“去黏膜机”内进行转动冲洗，一般去黏膜时间为60～90 s，严防清洗时间过长造成直肠壁层积水。去黏膜机电动机转速一般为1 400 r/s。要求黏膜去净，以手摸上去肠壁光滑，呈乳白和粉红色为宜。

(8)盐腌　直肠洗净后抹干生水，放在台板上，逐根在腌制台上翻出40～50 cm，用干燥精盐搅拌揉擦后，随即将翻出的直肠带盐翻回。外面再用盐将整条直肠揉擦一遍。然后整理平直，放在竹筛内，上面撒一层精盐，盖上白布。将筛放在木架上沥卤(不要堆叠)，勿放在闷热或日光照射处。待肠壁收缩，血水沥尽即可擦盐，一般沥卤一昼夜。

(9)复擦盐(吸气检查)　开动气泵，借助风力将盐吹入肠内，将肠子缓缓提起，盐粒即均匀地附在肠壁上。此时肠内充气，可趁机再检查品质，将破损的和直径不足50 mm的剔除。

(10)分规格　将已复擦盐的直肠，分成0.6 m和15 m两种规格，分别以5根为一扎，用其中最长的一根尾梢打把扣紧，整齐地摆在衬有白布的竹筛中，每筛装80扎(400根)。

直肠有的加工出口，利用价值很高，所以各地都很重视对直肠的利用。要提高直肠合格率就要认真检查和消除工作中的不良因素，分析次品原因，做好记录。容易造成直肠不合格的因素有：①铁钩扎伤；②刮毛机脱钩扎伤；③剥皮挂白肉扎伤；④雕圈子破伤；⑤挑胸剖腹破伤；⑥肠系膜检验破伤；⑦拉直肠破伤；⑧割小肚刀伤；⑨取内脏破伤；⑩滑槽破伤；⑪直肠被拔断；⑫拔直肠脱节；⑬套直肠损伤；⑭剪口破伤；⑮扯油损伤；⑯修油刀伤；⑰修油脱节；⑱翻直肠损伤；⑲直肠病伤。

(二)整理胃脾

猪胃呈元宝形，前端通食道(剖腹时已将食道割离)，后端通十二指肠，全部被一层网状系膜(俗称“网油”)所包围。脾脏连接在胃大弯头处的网膜上。

1.胃脾分离　先将胃与上述网状系膜及小肠分离，然后将脾从网状系膜上割下。

(1)手工操作　先将胃上的网状系膜剥开，在胃与十二指肠相连处(俗称肚尖)下刀割断，并将胃底端的脂肪层用刀割离。脾脏连在网膜上，可将之齐根割离，尽量不带或少带脂肪。

(2)机器操作(用剥肚机和剪脾机操作)　剥肚机主要结构为一电动旋转的圆刀片,安装在工作台上,一半露出台面,上置一罩,靠近操作者的一面开口,露出圆刀片刀刃,刀刃面不宜过大,操作者将上述需要剥开的部位凑在圆刀刃上,将之割开。剪脾机由机架齿轮、圆刀片组成,齿轮和圆刀片在无底斜槽内的轨道上转动,将脾脏向前压送,脾的网状系膜通过旋转的刀片时即被割下,分别由出口槽滑出。操作时,脾脏在上,网状系膜在下,送入机器。

2.胃的翻洗(俗称"翻肚")　操作时,左手握住十二指肠断口处,在水管下冲去粪污,再用刀将胃的里面弯头距断口 10～13 cm(肚梗)处割开,即两手握住胃的两端,拇指插入刀口内,将胃翻转,抖出粪便,用水冲洗干净投入洗肚机内。洗肚机内有卧式圆筒,螺旋形,内有毛刷转动,机身半浸入水中,肚子边清洗边转出。

(三)整理大肠

猪的大肠(包括结肠和盲肠,但不包括直肠和随同直肠扯去的一小部分结肠),全长约 3 m,表面包裹着一层附有脂肪的肠系膜,将全部大肠连接成螺旋形,并覆盖了肠管的半周,使肠管之间相互连接。

1.大肠的分离(俗称扯大肠或扯油头)　将黏结大肠的系膜扯开,使原来盘成一团的大肠分离成条形,便于翻洗。大肠的肠壁很嫩,比较肥壮的猪更为薄嫩,稍不小心,一触即破,使粪汁流出污染肠系膜,影响品质,所以应先将肠摆正,使大肠管正面裸露,并使盲肠部分在右方,将大肠与系膜正面扯开后,用左手拉住肠管同时右手用力将系膜往下推,尽量将系膜脂肪扯净。再用刀使盲肠与系膜及小肠分离,做到盲肠不破,带油少。

如果不慎将肠扯破、扯断,应立即采取下列补救措施,防止粪汁流出,扩大污染面。

(1)发现大肠已被前道工序弄破,可用夹子将破口夹住,不使粪汁流出,再继续操作。

(2)扯肠管脂肪时,不慎将肠扯破,应立即捏紧破口,将肠扯断,并使两个破口朝下,捋去破口粪汁,用水洗净破口。同时将扯断的肠管挂在翻肠池边上,断口挂出池外,以免沾污清水和其他大肠。

2.大肠的翻洗(翻大肠)　目的是将大肠的内容物清除干净。翻大肠操作应在温水池边进行,水温应在 25～30℃,以保持肠管柔软和弹性。操作时,将盲肠头部用手指戳破一大口,用水冲去破口处的粪便,然后将破口倒转,翻口朝下用左手的拇指、食指、中指成一三角形,将翻转的盲肠管套在该三角形上,右手不断将大肠外缘往翻口中送,边泼水,边捋洗,借肠体的滑力和重力,使肠体自然下滑翻转,粪汁从中流出。如果肠内容物过硬或积物过多,可将大肠轻轻抖动或用手轻轻捏挤，使内容物松动、下滑，要求翻肠时肠身平直，不能绞结。

(四)整理小肠

1. 小肠的分离(俗称“扯小肠”) 操作时，左手将已割离胃部的断口(俗称“大头”)拉出，并将之挂出台沿，使粪污流在地上。右手捏住小肠系膜，左手将小肠均匀用力扯离。如因膜衣较坚韧或皱在一起而不易扯开时，双手应边将膜衣摘离，边将小肠轻拉轻扯。至接近扯完时，将梢挂出台沿，防止粪污流在台上。扯小肠时，还应视猪的不同品种区别对待，一般脂肪较多的猪，系膜较嫩，小肠韧性较足，不易扯断；反之，脂肪较少的猪，系膜较坚，小肠较脆，容易扯断，尤其是“虫肠”(有寄生虫的肠)，肠管更易扯断，应特别小心。

2. 小肠内容物的清除(排粪) 为了便于排粪和清点，每扯完 5 根或 10 根，即合并一起，抹清肠梢的粪污，打成把，用手握着打结处，用另一手拇指将肠管夹在手掌内，由打结处向小肠的另一端抹去，以便送入排粪机，使肠内容物由另一端挤压出来。具体操作如下：将扯去肠油的小肠一端放入旋转的两个橡皮辊筒之间，每次均可放 30～40 根。操作者可先将打结成把的小肠理顺一下，使小肠排粪机正常顺利排粪，不使小肠绞转，同时也可顺便对长度、质量作检测。

(五)心、肝、肺的分离

1. 手工操作 将已扯去胆囊的心、肝、肺，用刀剪分别割下。即用刀把心脏从脉管连接处割下，割下的肺应与食道、气管连接一起。

2. 机械操作 为了提高生产效率、减轻劳动强度和适应大量屠宰的需要，一些肉联厂采用心、肝、肺分离机进行分离的操作。这种分离机有三个滑槽，中间滑槽两边装有圆刀片。一手握心、一手握肺，将心、肝、肺的相互连接处放入快速旋转的圆刀刃，通过刀刃，心、肝、肺即自动割离，并通过滑槽分别落入容器中，然后再进行整理和冲洗等。

(六)整理头、蹄、尾及其他脏器

脱毛猪的头、蹄、尾与胴体一起进行，而剥皮猪的头、蹄、尾是带毛割下，必须先经过浸烫、脱毛处理。

1. 猪头整理 猪头脱毛一般分为手工脱毛和机械脱毛两种。

(1)手工脱毛 烫池内装有在水面下 25 cm 左右的搁板架，烫池水温 62～65℃，将割下的猪头面部向下放在搁板上，这样既可达到将毛全部烫透的目的，又可防止颈部刀口被污染和烫熟。浸烫时间可根据猪的产区、品种、季节而定，一般可掌握在 2～3 min，先捋去鼻毛、耳毛，然后用刨刀从边沿开始向猪面部刨去，边刨边浸烫，直至将毛刨净为止。遇有皱纹多的猪头，可用刨刀角刨刮皱凹处，刨不净的残毛，应采用喷灯燎毛。

(2)机械脱毛 即用猪头刮毛机刮毛。先按上述手工操作法捋去耳毛,当猪头顶毛用手一捋即落时,表明猪头毛已烫好,即上机脱毛。操作时,将猪下颌部分朝上,猪嘴朝前,逐只插在机器传送带的钉齿上,传送带将猪头送进机内,经两边的软刨滚筒旋转刮刨,即将猪头毛刮掉,传送带又将猪头送出机外。如遇未刮净的残毛和皱凹处的毛再用手工刮刨或喷灯燎毛。

2.割猪舌 操作时,猪头面向下,嘴对人,插入"V"形木条并将其横放,一手抓住喉管,一手用刀齐舌根割下喉管。再一手捏住舌根,一手持刀,刀尖向下,刀刃向内,垂直插入,在左边猪舌根和下颌肌之间划开,再划开右面的一边,用一手拉出猪舌根,一手持刀齐猪舌和下颌肌肉连接处割下猪舌。

3.猪蹄(爪)整理 猪蹄脱毛一般采用机器脱毛。操作时,将割下的猪蹄装入铁丝笼等容器后一同浸入烫池内,烫池的水温应控制在 60～62℃,时间为 2～3 min。取一只猪蹄,用双手握住逆向旋转一周,若能轻松地旋掉毛和蹄壳,即已烫好,将铁丝笼等容器提出,把烫好的猪蹄倒入打蹄机内,猪蹄在机器内的旋转软刨的摩擦作用下,将蹄毛除尽,1～2 min 后打开机器出口,脱毛后的猪蹄即从出口滚出。对残留的蹄毛,可用喷灯燎毛。

4.猪尾整理 将猪尾装入容器内,放进浸烫池中浸烫,水温应控制在 58～60℃,因猪尾的皮薄,毛根浅,水温不宜过高,否则会出现"烫老"现象,影响脱毛效果。浸烫 2 min 左右取出,双手握住猪尾中部用力向两头捋,即将长毛捋掉,再用刮刨去掉少量残毛。有的加工厂将猪尾在池内浸烫 1 min 后,放入滚筒刮毛机内进行刮毛。若猪尾尚有残毛,可采用刮刨刮净。

5.采集猪胆 猪胆在肝脏中央许多脉管下面。操作者一手持肝,一手以食指和拇指捏住胆囊,将中指插入胆管后侧,将胆扯下。扯时勿用力过猛,以免把胆囊扯破。如将胆囊扯破要及时冲洗。

6.采集膀胱(小肚) 采集前,先挤掉膀胱内的尿液,剪去附油,保留尿道管(大筋管 7 cm,输尿管、小筋管 3 cm),膀胱本身不得戳破。

十、猪副产品的采集利用

猪全身是宝。猪身上很多东西是工业、农业、渔牧、医药和国防事业不可缺少的重要原料,故应努力开发利用,使之物尽其用。目前已采集利用的品种有甲状腺、胸腺、眼球、脑垂体、胰腺、蹄筋、胃黏膜、肠黏膜、苦胆、喉管片、鼻甲骨、脊髓、十二指肠、骨、肠衣、肾上腺等。

由于设备、技术、人力和市场等因素,相当一部分没有采集,有待我们进一步做好工作,变废为宝,增收创利,造福社会,为"四化"作贡献。

(一)甲状腺

猪的甲状腺是一种有害的腺体,不能附着在肉尸上直接出售,人超量食用甲状腺会引起中毒,所以在屠宰加工过程要求摘除。如将其采集利用,则是医疗上的重要制药原料。

形状:猪甲状腺位于喉头后方,附着在喉管上,呈深红色。腺体扁平,中部两侧逐渐变窄。长 4~4.5 cm,宽 2~2.5 cm,厚 1~1.5 cm,重约 8 g。

采集:操作时,要看清腺体部位,用手拉住撕下,并撕去上层包皮和剪去上面的碎油,并保持完整。

功用:甲状腺分泌的甲状腺素是含有碘的氨基酸,可加速人体生长发育,调节新陈代谢,促进蛋白质和脂肪的分解,调节人体内钙、磷代谢。药用可治疗甲状腺肿大、甲状腺炎等疾病。

(二)胸腺

形状:胸腺通常位于胸腔前部,并沿气管向前伸延,有时直到喉部,因此,可将之分为胸和颈两部分。胸腺柔软,呈灰黄或淡红色,具有明显的小叶结构,和胰很相似,幼猪的胸腺极为发达。

采集:将喉管割下,然后把附于其上的形似薄油的胸腺撕下,放在水里漂洗干净。

功用:胸腺是制造胸腺素的重要原料。胸腺素能刺激全身 T 淋巴细胞转化为具有免疫功能的 T 淋巴细胞,用于原发性细胞免疫缺陷病、肝炎、复发性口疮、活动性系统性红斑狼疮、干燥综合征、类风湿性关节炎以及其他一些重症的免疫治疗。

(三)眼球

形状:眼球呈前后略扁的圆球形,外壳由三层膜构成,里面藏有三种折光体,视神经从眼球后的下外方发出,因此整个眼球及视神经就像有柄的大蒜头一样。

采集:用小刀从眼球边缘插入,绕眼眶一圈,将眼球挖出后再修整。整理好的眼球及时送冷库,装盘贮藏。

功用:眼球是制造眼宁、眼生素、氨肽碘的主要原料。其浸出物含有谷、甘、丙等多种氨基酸,能增强新陈代谢,提高视觉能力,促进渗出物吸收和角膜上皮生长,对黄斑区病变、角膜上皮炎和脱落、早期原发性视网膜色素变性、早期原发性神经萎缩、玻璃体浑浊及视觉疲劳等眼病均有一定的疗效。当前制作的眼药氨肽碘,对治疗老年性白内障有效率为 60%,对治疗眼球玻璃体浑浊有效率为 70%。

(四)脑垂体

形状:位于头部蝶骨的蝶鞍内,在视束交叉后方和脑桥前方的垂体窝内。由腺垂体和神经垂体组成,分前后两叶:前叶又分前部及结节部,后叶分神经部及中间部。整个脑垂体大小如同一粒青豆,形似三角粽子,重0.2~0.3 g,是利用价值较高的制药原料之一。

采集:先将猪头面部朝下平放操作台上,用手按住,使之稳定,另一手持不锈钢勺子(柄长16 cm,勺口直径1 cm,呈椭圆形)从枕骨大孔伸进蝶鞍内3 cm左右,然后将勺口往上转1/4圈,脑垂体即落入勺内,接着把勺口靠上缓缓抽出。

脑垂体不可用水冲洗,要求完整不碎,放入瓶内用丙酮浸泡,脱水后再移入新鲜丙酮内,直至垂体质地坚实,方可放到冰箱里保存。

功用:脑垂体分泌的多种激素同动物生长发育、新陈代谢以及性活动能力等都有密切关系,其前叶可做促肾上腺皮质激素,后叶可做催产素等。

(五)胰腺

形状:呈三角形或三叉形,可分为中、右、左三部分,中叶又称胰头,位于十二指肠与S形弯曲之外;左叶又称胰尾,与脾脏和左肾相连。胰管只有一条,由左叶伸出,在距幽门10~12 cm处开口于十二指肠。

采集:将粘在肠管和肾脏之间的胰腺剥离下来(不能用水冲洗,以免水解),操作时一手持镊子,一手持刀(或剪刀)先将胰脏正面左右两旁的脉管、脂层切开,露出胰脏,再割去反面的脂层。采集胰腺不得用铁质容器,及时送使用单位或冷库保存。

功用:胰腺是制造胰岛素的重要原料。胰岛素的作用是调节体内碳水化合物的代谢,使血糖中的葡萄糖形成糖原,贮藏于肝脏和肌肉内。胰岛素有抑制糖原分解的机能,如果分泌失调,会得糖尿病,是治疗糖尿病的特效药。胰腺也是制造药用胰酶的原料,胰酶可助消化,用于缺乏胰液的消化不良症,有良好的疗效。胰腺还可做工业胰酶,是皮革工业中的重要鞣化剂。

(六)蹄筋

形状:猪蹄筋为无色透明或淡黄色透明体,表面光亮,无油脂,无肌肉,无血渍,顺直,干燥,带小筋,长度15 cm左右。

采集:将脚蹄的掌心朝上,蹄尖插入固定的铁圈架孔内,一手用钳子钳住蹄筋断口,并使之绷紧,另一手持刀,刀口稍微偏向蹄尖,先后将筋和小趾筋割断,用力拉出。要求蹄尖端带小白头。新鲜蹄筋加工要先用刀修净肌肉和脂肪,后用流动清水浸泡,将内部血水洗净,并逐条拉直,贴平晾干(不得在阳光下直接曝晒)。

功用:蹄筋是一种很好的滋补品,也是深受欢迎的副食品。

(七)胃黏膜

形状:胃黏膜即猪胃内壁一层带有黏液的膜皮,颜色较深的一部分可供药用。

采集:将新鲜猪胃洗净后,用小刀在胃中段深浅两种膜色交界处轻划一刀(以划开黏膜层，不伤胃壁为好)，用手或夹子夹着划开的这层黏膜裂口处，将颜色较深部分割下，割下的胃黏膜应立即送至制药企业或冷库保存。

功用：胃黏膜是加工胃蛋白酶、胃膜素、多酶片的原料，对消化不良、胃及十二指肠溃疡、胃酸过多等疾病有较好的疗效。

(八)喉管片(会厌软骨)

形状：位于甲状软骨体之上，像个浅弧形弯曲的叶片。

采集：将带舌的猪头稳住，一手拿着甲状软骨，一手持刀从其上小角状软骨处下刀，沿弯曲部位取下。

功用：喉管片是生产硫酸软骨素的主要原料。硫酸软骨素可以防治因使用链霉素而引起的听觉障碍，对于神经痛、偏头痛都有疗效。

(九)鼻甲骨(鼻充骨)

形状：位于鼻道处，长而扁，前窄后宽，为白色软骨。

采集：将猪头劈成两半，一手稳住半个猪头，一手用小刀(刀口扁形)在额骨的内段与筛骨之筛板处下刀，将鼻甲骨轻轻撬下。

功用：鼻甲骨是生产硫酸软骨素的主要原料。硫酸软骨素可以防治因使用链霉素而引起的听觉障碍；对于神经痛、偏头痛都有疗效。

(十)脊髓

形状：脊髓多采集自脊椎骨之内，自枕骨大孔伸展到延髓，再延伸到尾部，内部构造灰质和白质相连，白质在周围而灰质在中央，颈段脊髓比其他段粗。

采集：猪屠体劈半后成两片，操作者用小钩从荐椎的管内钩出脊髓，沿椎管向枕骨的方向划下，钩出脊髓，随后用小刀割断荐椎中的脊髓。

功用：脊髓营养极其丰富，是一种高级的滋补品。

(十一)十二指肠

形状：位于胃幽门与空肠之间，因其长度与十二根手指并排的长度相等而得名。从胃幽门出口，沿着肝的后面向右上升到右肾，像个完整的圆环。

采集：将具有腺体的猪小肠前段 40～60 cm 割下。

功用：十二指肠是生产冠心舒的原料。冠心舒对改善或消除气短、心悸、心绞痛、胸闷均有一定疗效，适用于冠状动脉粥样硬化性心脏病的治疗，临床证明，冠心舒对脑血管疾病也有较好的疗效。

(十二)骨

在加工分割猪肉时剔下的猪骨均可用以加工骨泥(糊)、蛋白胨、骨油、骨粉等。

1. 骨泥(糊)　新鲜的骨头(带肉)经机械加工，成为骨泥(糊)，可作为灌肠、面包等的添加剂。

2. 蛋白胨　原料加水高压蒸煮，其液体加入胰酶分解，加盐酸中和，再加热过滤后浓缩，喷成粉末，及时装瓶或用塑料袋密封。蛋白胨是淡黄或棕色粉末，是多种细菌、抗生素的培养基。

3. 骨油、骨粉　成品骨油呈白色或微黄色，可供食用或工业用。骨粉系以骨油加工后的残渣制成，可作动物饲料或农业肥料。

将新鲜骨洗净投入“蒸煮机”（湿化机），蒸煮 3 h，再焖 1 h，然后利用锅内压力，先压出骨汤，作蛋白胨原料，再将油压出，用加热法蒸去水分，再用离心机分离出水分即成骨油。残余骨渣用烘干设备烘干，再用粉碎机或石磨磨成粉，过筛即成为骨粉。

（十三）肠衣

猪小肠通过刮制加工除去脂肪杂质（黏膜层、肌层、浆膜层）后所剩下的一层透明的衣膜（黏膜下层）称为肠衣。

采集：将新鲜小肠抹去肠内粪便及内容物，经过刮制的加工工艺程序，灌水浸洗、刮肠、灌水检查、量码、腌肠、缠把、下缸、漂洗、分路、配码，再腌再缠，缠扎后为成品。

功用：肠衣是我国重要出口物资之一，在国际市场上声誉很高。以肠衣为外壳，灌制的各种灌肠、香肠是人们喜爱的肉食制品。

（十四）肾上腺

猪的肾上腺细而长，位于肾脏内侧脂肪层中，左、右各一个，颜色比肾脏稍淡，又称对称肾上体或副肾。

采集：用小刀轻轻将脂肪组织划破，然后取下肾上腺，将腺体上附着的脂肪全部修割干净，保持腺体完整无损。

功用：可制肾上腺素。肾上腺素有强心作用，可治气喘、急性过敏反应等。

（十五）猪蹄壳

猪蹄壳是猪蹄脚上的指甲，又称蹄甲。

采集：将脱毛猪屠体和剥皮猪蹄子脱毛后脱落下来的蹄壳用水洗净，烘干、粉碎加工。

功用：猪蹄壳是制作妇血宁的主要原料。妇血宁具有止血功能，用于功能性子宫出血症，对妇女更年期也有疗效。

（十六）颌下腺

形状：颌下腺位于腮腺的下面，为上尖下圆的扁卵圆形腺体，长 5～7.5 cm，淡红色。

采集：操作要慎重，不要将腮腺误为颌下腺，采后要修剪干净，不带其他结缔组织。

功用：颌下腺是制作血管舒缓素的原料。血管舒缓素能使小血管和毛细血管舒张，使冠状动脉、视网膜等处的血流供应量增加，适用于高血压、冠状血管及动脉血管的硬化等症，对心绞痛、心血管痉挛、肢端感觉异常、闭塞性血栓性脉管炎、冻疮等也有作用。

（十七）鬃毛

形状：猪鬃毛是猪脊背上的毛，这部分毛特别刚韧，弹性极强，受高压能立即伸直，受高温也不会影响，对干燥、潮湿的反应极小。

采集：从猪体背脊中心颈部至尾根止，宽 8～10 cm 的毛、长度在 7 cm 以上的脊毛。

猪鬃品质的排列为白、黑、花。毛受季节、加工方法的直接影响，冬、春两季好于夏、秋两季。干鬃（猪未浸烫前干拔）比湿鬃（浸烫后拔下）价值高。

功用：目前还没有任何化学纤维可以替代鬃毛，是制造毛刷等必不可少的工业原料，是我国重要的出口畜产品之一，在国际市场上享有很高的声誉。

（十八）猪胃内容物

胃内容物是胃内大部分未消化的饲料物。

采集：将胃内容物直接倒入专用的容器内，经整理、高温消毒灭菌，作胃内容物干粉。

功用：胃内容物干粉可作为鸡饲料，如添加骨粉、血粉、油渣等成混合饲料，也可作其他动物饲料。

（十九）猪阴茎（猪鞭）

形状：开膛净腔时割下猪阴茎，长约 30 cm，根部（靠尾部）粗，尖部细，外壁附有一层黏膜，茎头部附着一些脂肪组织（该组织内含很多尿泡）。

采集：将雄性的生殖器连根割下，修掉茎头周围附着的脂肪组织，剪去茎头，用剪刀从茎头眼孔顺根部方向剪开，用 70℃ 热水将尿道管中的内膜浸烫刮掉、晾干。

功用：可替代蹄筋食用，亦可加工三鞭酒，为营养补剂。

（二十）肠黏膜

猪小肠在加工肠衣时所刮下的黏液。

采集：肠衣加工时，将小肠的黏膜层刮净，所刮下的黏液即为肠黏膜。

功用：肠黏膜是医药工业的重要原料，可制成肝素（肝素钠）。肝素是抗凝血药，能阻抑血液的凝结过程，用于防止血栓的形成。

（二十一）猪苦胆

形状：位于肝脏右叶下前方，是贮存胆汁的囊状器官，胆汁通过胆管流入十二指肠，促进脂肪的分解、皂化和吸收。

采集：操作时，一手持猪肝，一手的拇指与食指捏住胆囊管，将胆囊扯离猪肝。胆囊扯下后用刀尖刺破胆皮，使胆汁流入专用容器内，以备制药原料之用，或将整个猪胆冻结保存起来。

功用：胆汁可制成多种药品，如猪脱氧胆酸、脱氢胆酸及胆酸、胆红素等，用于治疗多种疾病。胆汁与其他一些中药配制的药品有胆汁注射液、百咳灵、抗菌痢、胆黄素、复方胆龙片、胆汁黄连注射液等，对清热解毒、镇痉、止咳、促进代谢有作用，适用于百日咳、支气管炎等疾病，疗效良好。

（二十二）猪血

猪血是营养丰富的物质，其中蛋白质含量高达18%左右，有维生素A、维生素B_2、维生素B_6、维生素C以及矿物质铁、锌、磷、钙等。铁的含量为30 mg/100 g，是理想的补铁食物。除食用外，还可加固渔网，加工成黏合剂以及血粉等。因此，猪血利用是肉类加工厂应予重视的课题。

加工血粉用的血液，必须在新鲜的热血中加入少量的植物油，并及时送入搅拌机过滤，分离出血纤维，才可取得不会自然凝结的血浆，送入血粉车间加工。

食用猪血（血豆腐）必须采自非疫区健康无病，并经过宰前、宰后检验，符合卫生质量要求的猪体。为保证猪血的卫生质量，应采用真空刀放血工艺，灌装成盒后，经高温杀菌、冷却而成。

（二十三）病变组织

死猪和病猪修割下来的病变组织器官等，经无害化处理后，可制成肉骨粉，作为动物性饲料。

（二十四）屠宰水污染物

屠宰水污染物经发酵处理产生的沼气可做燃料，废渣可灌溉果菜等农田。

思考题：

1. 宰前为什么要让生猪休息、停食和饮水？其具体要求怎样？
2. 宰前为什么要对生猪进行淋浴？其具体要求是什么？
3. 宰前要做哪些生产准备？
4. 猪屠体浸烫的目的是什么？水温和浸烫时间要求多少？
5. 使用浸烫机要注意什么？
6. 简述浸烫水温和时间对猪屠体脱毛的影响。
7. 使用火焰燎毛应注意什么？
8. 开剥猪皮前要求做哪些工作？
9. 开剥猪皮的要求是什么？

10. 开膛净腔应注意什么？

11. 手工劈半要求如何操作？

12. 桥式电锯劈半要求怎样？

13. 整修包括哪些内容？

14. 鲜片猪肉如何分级？

15. 各种猪副产品如何整理加工？

16. 猪副产品有何用途？

17. 如何采集利用各种猪副产品？

第五章　生猪屠宰加工主要设备

猪屠宰加工设备是保证猪产品的卫生质量，提高劳动生产效率，降低劳动强度，保证安全生产、文明生产的重要生产工具。

第一节　致昏设备

致昏设备可使生猪暂时丧失知觉、处于昏迷状态，以便刺杀放血。它有利于提高劳动生产效率，降低劳动强度，保证生产人员安全，保持周围环境的安静，以及提高肉品的卫生质量。

目前，国内采用的致昏设备有手握式麻电器、光电自动麻电机等。国外有的还采用二氧化碳麻醉法。

一、手握式麻电器

(一)结构及工作原理

手握式麻电器(图 5-1)的中段为绝缘手柄，由绝缘性能良好的木质或塑料制成，两端各固定一紫铜片作为电极板，在电极板上包扎约 4 cm 厚的海绵(或纱布)，用以吸附盐水利于导电。经变压后的电流通过电极流经猪体时将猪麻昏。

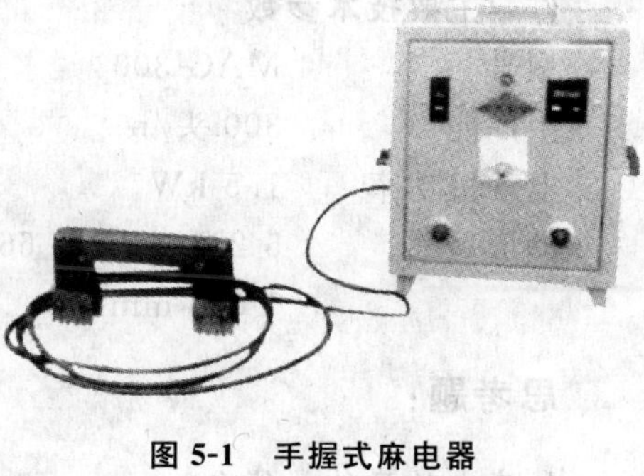

图 5-1　手握式麻电器

(二)主要技术参数

最大生产能力	1 000 头/h
工作电压	70～90 V
工作电流	0.5～1.0 A
麻电时间	1～3 s
盐水浓度	5%

(三)操作

操作者必须穿长筒橡胶鞋，戴橡胶手套，以免触电。使用前，要检查电路和开关是否完好，避免发生事故。使用时，将麻电器上的两电极先后分别浸入盐水盆(注意：切忌两电极同时浸入盐水中，以免电流短路)，使海绵(或纱布)蘸吸盐水，然后用力将一电极按在猪眼与耳根交界处，另一电极按在猪肩胛骨附近，当猪昏倒后，即将麻电器移开猪体。

二、托胸三点式自动麻电机

（一）结构及工作原理

托胸三点式自动麻电机（图 5-2）采用最新研发的高压高频击晕电源，PLC 模拟控制，可根据生猪品种、猪体大小实现击晕电压的调整，从而控制击晕电流、缓解猪体应激反应，大大减少断骨、淤血、PSE 肉等缺陷。

图 5-2 托胸三点式自动麻电机

（二）主要技术参数

型号	MAG-300	MAG-500
生产能力	300 头/h	500 头/h
电动机功率	1.5 kW	1.5 kW
外形尺寸	5 260 mm×1 660 mm×1 650 mm	6 800 mm×1 660 mm×1 750 mm

思考题：

1. 麻电的目的是什么？
2. 使用手握式麻电器应注意什么？致昏使用的电压、电流各是多少？
3. 托胸三点式自动麻电机的工作原理怎样？

第二节　升降设备

升降设备是将猪屠（胴）体提升和降落，以进入下道操作工序的设备，其中有倾斜式提升机、摇臂式卸猪机、气动卸猪器、机械下猪装置和液压下猪装置等。

一、倾斜式提升机

倾斜式提升机用于毛猪和白条肉的提升，故有毛猪提升机和白条肉提升机（图 5-3）之分。毛猪提升机用于致昏后猪屠体的提升，略长于白条肉提升机（用于在清水池修割残毛后猪屠体的提升）。按轨道形式又分单轨与双轨两种。

图 5-3　白条肉提升机

（一）结构及工作原理

倾斜式提升机由机架、电动机、传动链、推动臂、滚轮等组成。电动机装在呈35°倾斜的机架上部，推动链轮使传动链运转。链条上每隔 600 mm 处装有一推动臂，推动滚轮沿斜面轨道前进，从而将挂在滚轮钩子上的猪屠体提升。

（二）主要技术参数

生产能力	1 000 头/h
电动机功率	1.5～2.2 kW
链条运行速度	17 m/min
提升高度	1.7～2.4 m

（三）操作

提升毛猪，将链子套住致昏后猪屠体的一只后脚，提升白条肉，则将撑挡（扁挡）插进猪屠体两后脚戳刀处，然后将链子或撑挡挂到滚轮钩上，由推动臂推动滚轮前进将猪屠体提升。输送滚轮进入提升时应防止推动臂将滚轮卡死。

(四)维护

(1)电动机及电器部件要防止水淋浇。

(2)注意电动机、轴承、减速器等运转是否正常。减速器内润滑油要适量,并适时更换新油。

(3)各运转摩擦部件经常注油润滑。

(4)两链轮中心线要保持平行,链条松紧要适宜。

(5)每天生产后清洗干净。

(6)除经常检修外,每年要进行一次大检修,并重新涂漆以防锈蚀。

二、摇臂式卸猪机

(一)结构及工作原理

摇臂式卸猪机用于将放血后的猪屠体落放到浸烫池里。它由电动机、减速器、摇臂钢丝绳、夹钳等组成。由于摇臂的转动,带动夹钳上升下降,从而完成落放猪屠体的工作。

(二)主要技术参数

生产能力	10～14 头/min
电动机功率	2.2 kW
升降高度	1.2～1.6 m

(三)操作

当夹钳上升至适当高度时,钳口张开,夹住猪屠体的一只后脚,当猪屠体重心移到钳上,松开另一只脚的套脚链。夹钳下行时,即可将猪屠体落下,夹钳自动松脱。

(四)维护

注意电动机、减速器等运转是否正常。减速器内润滑油要适量。检查钢丝绳有无断丝,防止事故发生。

三、气动卸猪器

卸猪器用于将猪体从自动控血线的挂钩上卸下转入下道工序作业,卸猪器分为机械卸猪器和气动式卸猪器。机械式卸猪器由弯轨、托猪架等组成。气动卸猪器由机架、汽缸、托猪架、气动元件组成。

四、机械下猪装置

机械下猪装置能与在垂直平面内作曲线运行的牵引链相配合,使放血后的猪屠体落入浸烫池内。

(一)结构及工作原理

机械下猪装置(图 5-4)由运行梁、牵引链、吊脚器、下猪托板等组成。当套筒扎脚链的套筒自动落在托板上时活套放大,在猪屠体的重量作用下,猪脚脱出活套自行落入浸烫池中。

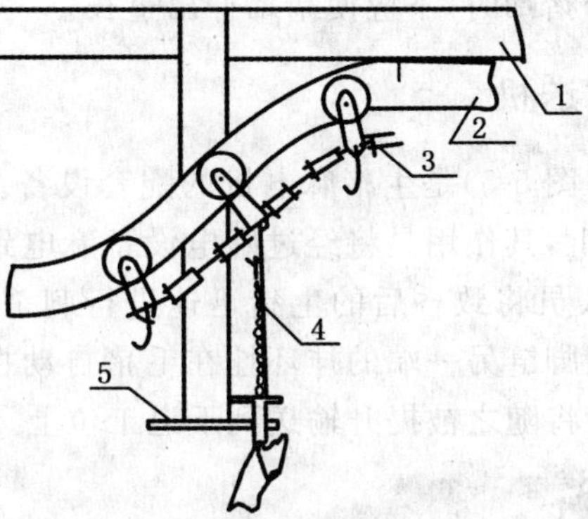

图 5-4　机械下猪装置结构示意图

1.工艺梁　2.运行梁　3.牵引链　4.吊脚器　5.下猪托板

(二)主要技术参数

牵引链倾角	30°～45°
下猪左右托板间距	40～60 mm

(三)注意事项

套筒扎脚链长度要一致,本装置进口处应开成一大喇叭口,防止链条摆动拉坏此装置。

五、液压下猪装置

液压下猪装置用于将致昏后的猪屠体落放到浸烫池内。

(一)结构及工作原理

液压下猪装置由液压站、提升机构、电控部分等组成。电动机驱动油泵,通过换向阀使缸的活塞杆带动提升机构上下运动。当刺杀放血后的猪屠体由传动带传送到提升门架时,电控装置发出信号,提升门架即提动吊挂着猪屠体的吊脚器圆盘,猪屠体即自动落入浸烫池中。猪屠体降落后,提升门架即自动恢复原位。

(二)主要技术参数

降落能力	600 头/h

降落重量　　　　≤180 kg

油缸工作压力　　18～20 kg/cm^2

(三)操作

安装液压下猪装置的油缸时,应保证油缸的垂直,活塞杆上、下运动时提升门架能上、下自如,无卡阻现象。生产时,应调节好活塞杆速度与油缸工作压力,并保持稳定;用套脚器套猪蹄时,不应使猪蹄伸出过长。

六、卧式放血输送机

卧式放血输送机(图 5-5)是生猪麻电机的配套设备。应根据不同型号的麻电机安装在不同的位置上,其作用是将经过麻电设备麻电致昏后的生猪输送到一定的工位上,便于操作人员将致昏后的生猪迅速进行刺杀放血、并用锁脚链套入猪的一后蹄蹄爪后,将锁脚链另一端的挂环挂在毛猪自动控血线的重载滑架的挂钩上,刺杀放血后的生猪将随之被提升输送到下道工位上。

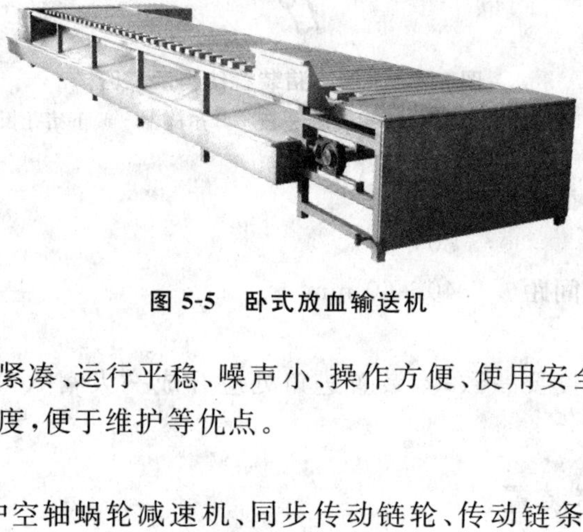

图 5-5　卧式放血输送机

该机具有结构紧凑、运行平稳、噪声小、操作方便、使用安全、生产效率高,降低操作人员劳动强度,便于维护等优点。

(一)结构

该机由机架、中空轴蜗轮减速机、同步传动链轮、传动链条、电控系统等部件组成。

(二)主要技术参数

型号　　　　WFXJ-500

生产能力　　420～450 头/h

电动机功率　2.2 kW

输送速度　　5.8 m/min

外形尺寸　　7.3 m×1.27 m×0.99 m

思考题：

1. 猪屠体提升机怎样维护？
2. 了解三种落放猪屠体装置的结构及工作原理。

第三节　浸烫、刮毛设备

在手工屠宰生猪过程中，浸烫、刮毛是一道劳动强度最大、工作条件最差和耗费时间最长的工序。随着科学技术的发展，根据屠宰量和猪的大小等的不同，先后研制出各种类型的猪浸烫和刮毛设备，如螺旋猪蹄脱毛机、蒸汽烫毛隧道、燎毛机、自动刨毛机。

一、螺旋猪蹄脱毛机

(一)结构及工作原理

螺旋猪蹄脱毛机(图 5-6)是为大、中型屠宰厂设计的猪蹄脱毛专用设备，机架采用热镀锌处理，外壳为不锈钢制作。它具有自动化程度高，使用安全、方便，效率高等特点，特别适用于大批量连续操作。

图 5-6　螺旋猪蹄脱毛机

(二)主要技术参数

型号	LTD-500
生产能力	500 kg/h
螺旋轴转速	130 r/min
电动机功率	4 kW
外形尺寸(长×宽×高)	3.81 m×0.87 m×1.24 m
整机重量	约 1 500 kg

二、蒸汽烫毛隧道

(一)结构特点

(1)整个烫毛隧道(图 5-7)采用双面不锈钢聚氨酯保温扣板，保温效果好，能源消耗小，符合食品卫生要求。

(2)全自动化控制，自动显示烫毛隧道内控制点的温度和湿度，准确控制烫毛参数，达到最佳烫毛效果。

(3)烫毛工艺在悬挂输送机上完成，消除了交叉感染，一般病原微生物在此蒸汽温度下可被杀死，达到自然消毒的目的。

(4)猪体在自动输送中完成烫毛全过程，减少了摘钩上猪时间，可节省人工和时间。

图 5-7　蒸汽烫毛隧道

(二)主要技术参数

蒸汽烫毛隧道的技术参数见表 5-1。

表 5-1　蒸汽烫毛隧道的技术参数

规格型号	生产能力/(头/h)	外形尺寸/mm	电动机		用汽参数		用水参数		净重/kg	毛重/kg	体积/m^3
			功率/kW	转速/(r/min)	接口处/mm	消耗/(kg/头)	接口处/mm	消耗/(kg/头)			
LZTM-240	200～240	L=24 000 W=950 H=4 000	5.5×5	2 900	D=50	2	D=40	10	5 280	9 693	91.2
LZTM-300	260～300	L=32 000 W=950 H=4 000	5.5×7	2 900	D=50	2	D=40	10	7 040	12 879	121.6
LZTM-400	360～400	L=40 000 W=950 H=4 000	5.5×9	2 900	D=50	2	D=40	10	8 800	16 064	152

三、燎毛机

(一)结构特点

除燃气系统外，燎毛机(图 5-8)全部采用不锈钢制造，符合食品卫生要求。

图 5-8　燎毛机

胴体在燎毛过程中，高达 1 000～1 100℃的火焰温度，对胴体表面的细菌起到杀伤作用，减少了胴体表面的细菌含量。

(二)主要技术参数

燃气压力　0.06～0.07 MPa

燃气流量　35 NMc/h

工作电压　220 V/50 Hz

工作电流　使用时 1.6 A，待机时 0.2 A

燎毛机的其他技术参数见表 5-2。

表 5-2　燎毛机的其他技术参数

规格型号	外形尺寸/mm	燃气种类	用气参数		用水参数		净重/kg	毛重/kg	体积/m^3
			接口处/mm	消耗/(kg/头)	接口处/mm	消耗/(kg/h)			
ZLM-500	L=1 450 W=1 400 H=2 700	液化石油气	D=50	0.2	D=25	1 500	650	1 000	5.48

四、自动刨毛机

(一)结构特点

(1)自动刨毛机(图 5-9)刨毛空间开阔，适合大小、体重不同的猪体，可对 50～300 kg 的猪体进行刨毛。

(2)自动化程度高，变频调速可根据季节、品种、人工调刨毛滚筒转速，达到理想的刨毛效果。

(3)一边进猪一边刨毛、一边出白条,比传统方式刨毛机节省人工1～2人。

(4)采用空心轴蜗轮减速机,直接装入输入轴,结构简单,安装维修方便,故障率低。

(5)根据生产量大小,可选择单机刨毛、双机正反刨毛机型,满足不同客户的要求。

图5-9 自动刨毛机

(二)主要技术参数

型号	ZDBM-300	ZDBM-500
最大容量	3头(300 kg)	5头(500 kg)

思考题:

1. 浸烫机的结构和工作原理怎样?操作与维护应注意哪些事项?
2. 刮毛设备有几种类型?其适用范围怎样?
3. 螺旋式刮毛机的结构和工作原理怎样?

第四节 剥皮设备

随着制革工业对皮张的需求不断增长,和适应消费者爱吃无皮猪肉的习惯,加工剥皮猪日益增多。为了减轻开剥猪皮的劳动强度,先后研制出多种类型的猪剥皮机。对剥皮机的要求是:①剥下的猪皮带脂肪少,破皮少;②符合卫生条件要求,猪屠体的污染要少;③机械化、自动化程度高,劳动强度低,对操作者安全。本节介绍一种目前国内使用较普遍的机型——卧式滚筒剥皮机。

一、预剥皮传送带

它是剥皮机的配套设备，是一种由操作者在传送带两侧边用刀开剥机器剥不到部位的皮和将预剥好的猪屠体传送到剥皮机前的设备。

（一）结构

它由动力装置、机架、张紧装置、传送平台带所组成。

（二）主要技术参数

输送速度　5～10 m/min

电动机功率　2.2～3 kW

传送带长度　14～22 m

预剥皮传送带的其他技术参数见表 5-3。

表 5-3　预剥皮传送带的其他技术参数

规格型号	生产能力/（头/h）	外形尺寸/mm	电动机		用水参数		净重/kg	毛重/kg	体积/m^3
			功率/kW	转速/（r/min）	接口处/mm	消耗/（kg/h）			
ZDBM-300	200～300	L=5 400 W=1 800 H=2 200	11/15	1 440	D=32	3 000	5 000	5 920	21.38
ZDBM 500	400～500	L=6 440 W=2 120 H=2 800	22.5	1 440	D=40	4 000	8 800	10 150	38.23

（三）操作

将猪屠体从轨道上落下，仰卧在呈“V”形的托链板上，摆线减速机带动链条牵动“V”形架，由尾架朝头架的方向匀速运动，站在两侧的剥皮人员按手工剥皮的要求完成各部位的预制工作，当猪移到头架时，便可送到剥皮机滚筒夹口位置剥皮。

（四）维护

每次生产后要清洗干净，机械运转部位要注入润滑油。

二、卧式滚筒剥皮机

（一）结构及工作原理

卧式滚筒剥皮机（图 5-10）主要由机架、滚筒震荡刀、变速箱、电控柜等组成。经过预剥皮的猪屠体被传送到夹皮口，将猪腹皮理齐顺平放入开口处，启动滚筒开关，滚筒完成夹皮并转动，当猪屠体被卷到震荡刀部位时，开动刀具电动机，剥皮刀即在猪皮与脂肪层之间快速往复运动，在剥皮刀的切割和滚筒的拉皮作用下实现剥皮。滚筒转动一周后停止、夹皮口张开，剥下的猪皮落到机器下方，猪屠体滚入滑槽，滑至提升机处提升。

图 5-10 卧式滚筒剥皮机

(二)主要技术参数

生产能力	300 头/h
滚筒电动机	Y112m-4Bs
震荡刀电动机	Y90L-4Bs
震荡刀(有效长×宽×厚)	1 800 mm×100 mm×1.25 mm
进刀量	±12 mm
滚筒直径	650 mm
滚筒转速	8.47 r/min

(三)操作

(1)操作前应先清洁机器，排除滚筒内和机身上的异物，在各润滑处加润滑油。

(2)开剥前，先把预剥开猪腹部的一侧皮(需剥开 300 mm 左右)放入滚筒卡口内，使卡紧线与猪的对称中心线平行，并卡紧，然后开动机器剥皮。如出现卡皮不紧时，必须调整滚筒两面的制动器，使滚筒钳口停车位置准确。

(3)在剥皮过程中视猪皮厚薄情况适当转动导杠，使刀与滚筒的间隙随之变化，以减少皮带脂肪量。

(4)由于机器有卡口和刀口，必须随时注意安全操作，电器失灵不能操作，剥下的猪皮没有脱开机器不能操作，必须把皮取下来，以免发生重皮。发现机器有其他异常现象时，也应停机检查。

(四)维护

(1)每天生产完毕后,要用水清洗机器,将震荡刀间隙处的脂肪、肉屑等异物清除后,在震荡刀上涂机油,空运转使机油进入震荡刀摩擦处。

(2)震荡刀定期进行磨口。

(3)应定期进行检修,检修时对各滚动轴承处均应更换黄油,变速箱内机油应定期更换和补充。

(4)机器长期不用,应加油封好。

除了卧式滚筒剥皮机外,还有立式和坡式两种剥皮机。

思考题:

卧式滚筒剥皮机应如何操作和维护?

第五节　劈、割设备

为了便于运输、贮存、加工和销售,经过开膛净腔后的脱毛或剥皮的猪胴体,必须进行劈半和割下头、蹄、尾。过去和现在的一部分小型屠宰厂(场)是采用手工劈半和切割的,其劳动强度大,而一些大、中型屠宰厂(场)已采用机械代替手工操作,以减轻劳动强度、提高生产效率。下面介绍目前普遍使用的几种设备。

一、劈半设备

劈半是将猪胴体开劈成两片,以利于运输、贮存和销售。目前国内使用的劈半设备有手扶式电锯和桥式电锯两种。

(一)手扶式电锯

1.结构及工作原理　手扶式电锯(图 5-11)主要由偏心块、连杆、十字头、锯弓、锯条等组成。工作时电动机带动偏心块,通过连杆、十字头推动锯条作快速往复运动,并在人工操作下使电锯自上而下移动,从而达到劈半目的。电锯用钢丝绳悬在梁上,由于电锯操作需作上下移动,故在梁上安装两个滑轮在钢丝绳的另一端,配置有与电锯相适应的平衡锤,以便电锯劈半后恢复原位时减轻电锯移动时的负重。两滑轮的距离,视安装地点及工作情况而定,但平衡锤的位置以不妨碍操作为宜。

2.主要技术参数

生产能力	500～600 头/班
电动机	Y1006,42.2 kW
电锯重量	56 kg

图 5-11 手扶式电锯

3. 操作 猪胴体的劈半有两种操作方式，一种是腹向式(操锯工面向猪胴体腹部)，另一种是背向式(操锯工面向猪胴体背部)，由操作者根据自己的习惯和方便而定。此电锯需要两人操作，一人抓握机身，双手分别握住前后手柄，另一人握电锯锯弓前端，对准猪胴体的脊背中央的"描脊线"用力下按，即可将猪胴体劈成两半。在连续使用 20 min 后，应在滑槽及其连接部位加一次润滑油。此机震动较大。

4. 维护 每天使用后应清洗干净，电动机要防止水淋浇，锯条要保持锋利，如有缺口应予更换，各运转摩擦部件要经常注油润滑，每年要进行一次大检修，并重新涂漆以防锈蚀。

(二)桥式电锯

桥式电锯是我国研制的，它有较高的生产效率。

1. 结构及工作原理 它主要由圆锯片、"V"形引进槽、"U"形引出槽、带推进器的快速传送带等组成。锯片前端设的"V"形倾斜引进槽，能使猪胴体在被送进时脊背正对锯片中心，同时倾斜的"V"形槽还可将胴体由直立变成仰卧状态，以利于劈半。锯片后端设置的较宽"U"形斜槽，可使猪胴体劈半后恢复立挂状态，以利于下一工序的整修。当猪胴体沿着轨道被送到一定位置时，快速传送带上的推进器即将挂着猪胴体的滚轮推动，使猪胴体沿"V"形引进槽前进，当通过圆锯片时即被锯成两半。桥式电锯连续工作，传送带上有 6 个推进器可连续不断地作推进运动。

2. 主要技术参数

生产能力	600 头/h
电动机	Y132m，47.5 kW
圆锯片直径	700 mm

3. 操作 生产前，须先检查锯片和其他紧固件是否紧固，防护罩是否可靠。

生产时，操作者坐在“V”形引进槽一侧，扶正猪胴体，使其脊背正中对准锯口，猪胴体通过旋转的圆锯时即被劈成两半。使用时，要连续用冷水冲淋锯齿：一是让锯片降温，延长其使用寿命；二是给胴体劈半处降温，避免“干锯”引发出一种“焦煳”味。

4. 维护　电动机要防止水淋浇，传送带链轮中心线要保持平行，链条松紧要适度，圆锯片要保持锋利，如有缺口应更换，如发现偏摆应及时调整，每天生产完毕后要清洗干净。

二、割猪前爪(蹄)机

本机用于割去猪的前爪。

(一)结构及工作原理

它主要由机架、轧爪履带、圆刀片、传动装置等组成。此机安放在吊轨下，由人工将从轨道传送来的片猪前爪嵌入轧爪履带上，通过旋转圆刀片时即被割下。轧爪履带机的结构特点是，在两节板链上锚固上一副夹子，当板链在直线上运行时，夹子就夹紧，当板链进入链轮作圆弧运动时，夹子就会自己张开。

(二)主要技术参数

生产能力	650～750 头/h
电动机	功率 1.7 kW，转速 960 r/min
履带转速	38 r/min
履带节距	85 mm

(三)操作

生产前必须检查锯片、防护罩是否紧固，以及传动链运转情况，注意链轮的磨损、链条的松动、防护罩与锯片的间隙，履带夹子的张夹是否正常。生产时，操作者坐在机体一端，抓住片猪的前爪嵌入夹子内，并根据猪爪大小调节好嵌入的尺寸，使其从腕关节割下，并自动落入机器另一端容器内。

(四)维护

每天生产后要清洗干净，电动机要防止水淋浇，锯片要保持锋利和无偏摆现象，如有缺口应及时更换，每年要进行一次大检修，并重新涂漆，以防锈蚀。

三、割猪后爪(蹄)机

本机用于割去猪的后爪。

(一)结构及工作原理

它主要由圆锯片、猪胴体传送带、电动机、托板等组成。此机跨装在吊轨上，左右各有一组锯片，在进片猪处有一挡板及固定撑板，使割下的后爪规格一致。片猪从轨道上进入割后爪工序，传送带将挂片猪的撑挡(扁挡)推入上、下保定装置之间，片猪的两只后爪通过旋转的锯片，从跗关节处割下，落入容器内。片猪通过弹簧弹出档稳定器，进入下道工序。圆锯片直接装在电机轴上，由于一般电机轴轴颈较短，所以要重新配套轴颈较长的电机轴。托板的作用是使片猪倾斜，后爪在进入锯口时和锯片垂直，以保证切口截面的圆整。

(二)主要技术参数

生产能力	300～1 500 头/h
传送带电动机	功率 1.5 kW，转速 940 r/min
传送带速度	43 m/min
锯片电动机(2 台)	功率 1.7 kW，转速 1 450 r/min
锯片直径	400 mm

(三)操作

生产前，先检查锯片、防护罩是否可靠，调整锯片与轨道吊挂垂面的垂直度，保持锯片与防护罩的工作间隙。生产时，操作者必须将吊挂片猪的滑轮逐一平稳推入传送带，挂片猪的撑挡不能倾斜，然后抓住后爪对准圆锯，让其从跗关节处割下。

(四)维护

每天生产后要清洗干净，电动机要防止水淋浇，锯片要保持锋利和无偏摆现象，如有缺口应及时更换，每年要进行一次大检修，并重新涂漆，以防锈蚀。

四、割猪头机

本机用于割下猪头。

(一)结构及工作原理

它主要由安装在地面上的卡头架和安装在轨道上部的推进装置两部分组成。将切割好颈肉的猪头卡入卡头架里，猪胴体在自动传送带推进下，由于拉力的作用，把连接头骨与寰椎的韧带拉断，从而使猪头落下。

(二)主要技术参数

生产能力	600 头/h
推动链线速度	15～20 m/min
推进器间距	1.2～1.5 m

(三)操作

由操作者将切割好颈肉的猪头卡入卡头架“八”字形的卡板里，卡板卡住猪头的颈部和下颌，猪胴体在推进装置的推进下前进，猪头卡在拉头器内不动，产生拉力，在拉力的作用，使猪头与躯体分离而脱落下来。

思考题：

1. 手扶式电锯如何维护？
2. 使用桥式电锯时应注意什么？
3. 如何维护好割猪前爪机、后爪机？

五、同步卫检机

（一）结构及工作原理

XJY-100 型悬挂式同步卫检线安装在解剖自动线的一侧，用于将摘下的白脏、红脏分别放在与胴体对应的盘、钩上，以便与胴体一起进行同步检验作业。

同步卫检机主要由动力装置、张紧装置、工字钢轨道、滑架、可拆链、吊挂盘、吊挂钩和翻盘、摘钩机等组成。

（二）主要技术参数

型号	XJY-100
电动机功率	1.5～2.2 kW
输送速度	根据工艺
链条节距	100 mm
轨道型号	工 10#
长度	30～40 m

第六节　传送装置

传送装置是联系各个生产工序的纽带，可节省人工、减轻劳动强度、保证肉品卫生质量，在屠宰加工中起着重要作用。传送装置分为空中传送轨道和地面传送带。空中传送轨道又可分为自动传送轨道和手动推送轨道。

一、自动传送轨道

它由电动机驱动传送带运行，有利于实现屠宰生产传送的自动化。目前有下列 5 种传送带。

（一）链片传送带

1. 结构及工作原理　链片传送带用于传送猪屠体和片猪肉。它主要由电动机、减速器、主动链轮、被动链轮、链条、推动板等组成。通过电动机驱动使其链条运转，其上的推动板即推动轨道上的猪屠体或片猪肉运行到下道工序。此种传送带只能水平输送;可以左右转弯,不能上下爬坡,每个推动板只许推动一个挂猪滚轮,即只能推动一头猪,不可超负荷运行。但造价低,零配件加工比较方便,维修比较容易。

2. 主要技术参数

传送速度 7~10 m/min

链片节距 150 mm

推动板间距 900 mm

电动机 功率 4.5 kW,转速 960 r/min

(二)链环传送带

1. 结构及工作原理 链环传送带又称屠宰 1# 链,用于猪致昏后猪屠体的提升、放血。它主要由电动机、套筒滚子链推进器、链轮、滚轮飞链环、张紧装置等组成。由于节与节之间由链环连接,且每节两端的滚轮交叉分装,因此它既可实现左右运行,又可上下运行。

2. 主要技术参数

传送速度 5~9 m/min

链环节距 210 mm

链钩距 s=630 mm、840 mm

电动机功率 3 kW

张紧行程 ≤250 mm

3. 操作及维护 使用前先张紧环链使其松紧适度,预紧推进器套筒滚子链,点动传送带无异常阻碍方能启动使用。应常检查销轴滚轮有无松脱,并及时维修或更换。对各运行轴注润滑油。

(三)链板传送带

1. 结构及工作原理 链板传送带又称屠宰 2# 链,从链片传送带改进而成,用于猪屠体开膛工序。它主要由链板传送带(由推板、链板、销轴组成)、链板推进器(由电机减速器、滚轮、套筒滚子链、推进器组成)、张紧装置所组成。由于节与节之间用链板连接,因此它只能在水平面内运行。

2. 主要技术参数

传送速度 5~9 m/min

链板节距 t=150 mm

推板间距 s=600 mm

电动机功率 2.2~3 kW

张紧行程 s=150 mm

3. 操作及维护 使用前，应先调整张紧装置使链板传送带松紧适度，然后调整链板推进器的张紧使套筒滚子链松紧适度，点动传送带无异常阻碍方可启动使用。

注意：每个推板只能推动一个猪滚轮，不可能超负荷运行，应经常检查销轴、滚轮等活动部件有无松脱，并注润滑油。

(四)钢丝绳传送带

1. 结构及工作原理 钢丝绳传送带用于传送猪屠体和片猪肉。它主要由电动机、减速器、主动轮、被动轮、钢丝绳、吊架等组成。吊架固定在钢丝绳上，用于悬挂猪屠体或片猪肉，通过电动机的驱动，使钢丝绳带动吊架一起运转，从而将猪屠体或片猪肉传送到下道工序。

2. 主要技术参数

传送速度	7～10 m/min
钢丝绳规格	D＝13 mm
挂猪间距	610 mm

3. 操作及维护 由于钢丝绳的柔软性，用它制作的传送带不仅能作水平传送，还可作左右转弯、上下运行，而且造价较低。但由于它是由多根钢丝组成的，运行一段时间后会有部分钢丝断裂，同时由于长期受拉力后，钢丝会变长，从而改变吊架的间距，因此，运行一段时间后若有钢丝断裂，则必须更换整条钢丝绳，同时利用张紧装置将钢丝绳张紧，并检查和调整吊架的间距，以保证正常生产。

(五)可拆链传送带

1. 结构及工作原理 可拆链传送带用于猪屠体放血和开膛工序段上的传送。它主要由驱动装置、回转装置、张紧装置、轨道、可拆链条飞滑架、电控装置等组成。可拆式链条是用优质碳素钢或合金钢制作的，其良好的材质和带凸形的结构使其有较好的性能；可实现左右、上下运行；可作悬挂式，又可作推式；承载能力大，运行可靠；安装和维修方便。

2. 主要技术参数

传送速度	5～15 m/min
电动机功率	1.5～3 kW
挂猪间距	800 mm 或 1 200 mm
链节距	100 mm

注意：使用时应将减速器中注入充足的润滑油，保证轨道上润滑良好，链条的张紧度适中。

二、手动推送轨道

它是由人工来推动吊挂在轨道上的猪屠体。由于是由人工来推送，需要增加人员和加大劳动强度，但可省去传动装置，减少投资和维修。同时，在生产过程中可“灵活”操作，故它广泛用于小型屠宰厂（场）以及各屠宰厂（场）片猪肉的分级轨、疑病猪轨、晾肉间的存货轨、滑轮的存放轨、放血轨、解剖轨和一些设备连接等工序上。手动推送轨道可分为单扁钢轨道、双角钢轨道和管轨三种形式，前两种使用较多。

（一）单扁钢轨道

它主要由单轨吊架、65×12 扁钢、单轨滑轮等组成。此轨道简单，投资少，运行“灵活”轻便，但稳定性差，需加护板，以防滑轮掉下伤人。

（二）双角钢轨道

它主要由双轨吊架、40×4 角钢、双轨滑轮等组成。滑轮内装滚动轴承，运行灵活。因是双轨、双滑轮，运行时滑轮不可能脱轨掉下，故安全可靠，但投资略高于单轨。

三、平板输送机

平板输送机（图 5-12）用于对经刨毛后的猪胴体进行人工修刮整理。该机主要由中空轴蜗轮减速机、机架、传磅链条、输送板、电控系统等部分组成。

图 5-12 平板输送机

（一）结构及工作原理

平板输送机又名扎脚传送带，用于生猪麻电致昏后扎起猪后脚传送到下道工序。它与“V”形麻电装置、梯形麻电装置及悬挂式传送带配套使用。它主要由机架、驱动装置、链板传送带及张紧装置等组成。

（二）主要技术参数

型号　　XGS-360

生产能力　　360 头/h

电动机功率　2.2 kW
输送速度　5.83 m/min

(三)操作

先启动放血工序的悬挂式传送带，然后启动平板传送带。被麻电致昏后的猪落入此输送带后，由人工用套脚器套住猪后脚并挂于悬挂式传送带的钩体上，传送带将猪悬吊起来进行刺杀放血。

(四)维护

经常检查链板传送带托轨是否有异物阻塞，并注入润滑剂，经常检查电动机、轴承、减速器等运转是否正常，减速器内润滑油要适量，并适时更换新油及易损件。

四、传送装置的作用与维护

上述各种传送装置，生产前应空车运转，观察运转是否流畅，有无卡、轧、碰现象，检查滚轮、链片、轴销等有无松动与脱落，并及时加以清除与调整。生产时，自动传送轨道应按规定的要求，每个推动板或每个吊架只许挂一头猪屠(胴)体，不可超负荷运行。要定期检查驱动与工作机构以及各紧固零部件，尤其要注意安装位置是否移动，零部件是否磨损，并要及时更换、修正。运动部件要保持润滑，定期检查传送线张紧情况及保险装置，轨道及设备要定期涂漆，以防锈蚀。

五、废弃物气动输送机

(一)结构及工作原理

废弃物气动输送机(图 5-13)是牲畜屠宰加工工艺中不可缺少的辅助设备，适用于大中型屠宰厂牲畜的胃、肠、毛等及废弃物的输送。该机采用气动输送，避免牲畜在屠宰过程中的交叉污染，改善工人脏、累、差的工作环境，使车间卫生条件得到改善。该设备噪声低，安全可靠，是目前先进的屠宰辅助设备之一。

该设备由不锈钢下料斗、不锈钢闸板阀、汽缸、不锈钢废弃物料罐、输送管道等组成。

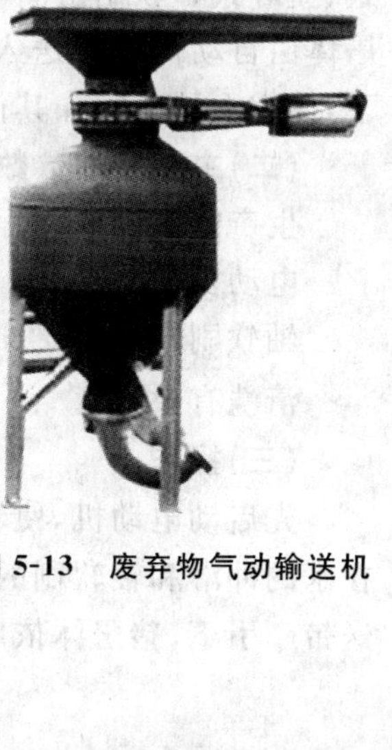

图 5-13　废弃物气动输送机

(二)主要技术参数

配用气源气量　3 m^3
外接气源压力　0.6 MPa
废弃物料罐体积　0.5 m^3
闸板阀汽缸压力　10 Pa

闸板阀汽缸行程 280 mm
生产能力 3 m^3
整机重量 约 314 kg

思考题:

1. 在五种自动传送轨道中,哪一种综合性能最好? 为什么?
2. 手动推送轨道为何被较广泛使用?
3. 如何使用和维护传送装置?

第七节 冲洗设备

为了清洗猪在麻电、刺杀放血后体表上带有的血污和粪便,以及开膛后猪胴体内的血污和体表上的其他污物,以减少污染和提高片猪肉的卫生质量,在屠宰加工过程中装置了一些冲洗设备,代替手工冲洗,节省劳力,提高冲洗效果。现介绍几种冲洗设备。

一、立式洗猪机

(一)结构及工作原理

立式洗猪机(图 5-14)装在刺杀放血后,浸烫或剥皮之前的自动传送轨道线上。它主要由机架、轴软刷、喷水管、电动机等组成。轴软刷有 5 轴、7 轴,安装形式有立式、立斜式、立卧式。软刷由旧车胎、橡胶等材料制成。放血后的猪屠体由自动传送带送入该机后,在水冲淋和轴软刷的洗刷下,体表上的血污和其他污物被洗掉。

图 5-14 立式洗猪机

(二)主要技术参数

生产能力 350～500 头/h
电动机功率 4.4～7.7 kW
轴软刷转速 240～320 r/min
清洗有效高度 ≥1 500 mm

(三)操作

先启动电动机,使轴软刷转动,当放血后猪屠体将进入该机时,开启喷水管,在水的冲淋和轴软刷的刷洗下,猪屠体表面的血污和其他污物被洗掉。在自动传送带牵引下,猪屠体依序进出此机。

(四)维护

避免水淋浇电动机、轴承,定期对轴承加注润滑油,并及时更换损坏的软刷、轴承等。

二、冲淋装置

(一)结构及工作原理

此装置安装在劈半工序之后,用于冲洗猪体腔内的血污、骨屑、肉屑,并可使片猪肉降温。它主要由2个配不锈钢面板的角钢框架和4根喷水管组成。当片猪肉由自动传送轨道送入此装置时,在有一定压力的水喷淋下,冲洗掉血污、肉屑、骨屑等。

(二)主要技术参数

耗水量　3 t/h

(三)操作

先打开进水阀,调好水压,经劈半后的片猪肉随自动传送带的牵引依序进入此装置,经冲淋后又自动离开此装置。

(四)维护

要经常检查喷水管孔是否堵塞,并疏通之。每年要对锈蚀部位进行涂漆。

三、槽头冲洗机

(一)结构及工作原理

槽头冲洗机是一种可移动的清洗槽头血污的设备,放置于传送片猪肉的轨道之下。它主要由机架、水管、尼龙刷、水槽、挡水板、弹簧推架等组成。弹簧推架推挡待洗槽头的两片猪肉,使其分别靠近装在机身两侧轴上旋转的尼龙刷,槽头在水的喷射和尼龙刷作用下,可使血污洗刷干净。

(二)主要技术参数

生产能力　800头/h

电动机功率　1.7 kW

尼龙刷数量　24个

尼龙刷转速　276 r/min

(三)操作

先启动电动机,使尼龙刷转动,再开启水阀,让水喷出,由人工将两片片猪肉分别靠近装在机身两侧的尼龙刷,槽头在水的喷射和尼龙刷的作用下被刷洗干净。

四、自动冲洗装置

目前，国内一些大中型屠宰厂（场）在猪屠体脱毛或剥皮后的工序上安装有自动冲洗装置，以代替上述的冲洗设备，有利于节约用水、节省劳力。自动冲洗装置有压杆式、拨杆式和光电自控式三种。

（一）压杆式

在轨道顶部安装一个弹簧水阀（用截止阀改装），通过连杆连接安装在轨道上的滚轮压杆，当悬挂猪胴体的滚轮经过压杆时，压杆下降，水阀打开，水从喷管射到猪胴体上，达到冲洗目的。当滚轮脱离压杆后，控制阀杆的弹簧复位，水阀门关闭。

（二）拨杆式

它由快速排污阀、拨动杆、弹簧、挡水箱、喷水管等组成。当挂猪滚轮或链钩沿轨道前进压住拨杆往前移动时，水阀打开，水从喷管射向猪胴体的各部位，当拨杆移动到极限时即与滚轮或挂钩脱离，在弹簧的拉力作用下，拨杆复位，水阀关闭。

（三）光电自控式

它由光电管、电磁阀、光电自控电路、喷水管、挡水板等组成。当挂猪滚轮通过光电管的位置时，光电管的光源被遮住，瞬间即发出信号，自控电路自令电磁阀打开，水源接通，水从喷管喷射到猪胴体上。当滚轮通过后，光电管光源接通，电磁阀关闭，水源切断。

五、胴体拍打机

（一）结构特点

胴体拍打机（图 5-15）又称胴体拍打清洗机，是生猪屠宰加工线燎毛工序的必备设备，可对自动或手动燎毛后的猪胴体进行喷淋、拍打，去除毛、血等污物，同时使猪胴体处于原始放松状态，纹理和肉质得到理顺和改善，提高肉品质量和档次。

该机主要由机架、电机传动系统、拍打滚、拍打鞭条、喷淋装置组成。

图 5-15　胴体拍打机

（二）主要技术参数

型号　　　XPD-500

拍打滚数量　　5 个（斜向拍打滚 2 个，纵向拍打滚 3 个）

拍打滚转速　129 r/min

电动机功率　2.2 kW×2

外形尺寸　3.18 m×1.85 m×3.5 m

思考题：

1. 冲洗猪体的目的是什么？

2. 掌握各种冲洗设备（装置）的使用方法。

第八节　副产品整理设备

猪副产品种类较多，包括内脏（心、肝、肺、脾、胃、肾、大肠、小肠）、腺体和头、蹄、尾等。有些供人们食用，有些可供做工业原料。因此，要求副产品达到清洁、卫生，不带毛、粪污，无病害等。为此，必须对副产品进行整理和清洗，但由于副产品大小不一、软硬不同，因此一些副产品的整理和清洗设备较难制造。本节介绍的是目前较广泛使用的一些设备。

一、立式洗肚机

（一）结构及工作原理

立式洗肚机（图 5-16）是对猪肚、肠、心和经脱毛后的蹄、尾等耐摩擦的副产品进行清洗的设备，也可对牛、羊耐摩擦的副产品进行清洗，以达到卫生、鲜嫩、洁白的效果。该设备具有结构紧凑，运行平稳，噪声小，操作方便，使用安全，生产效率高，降低操作人员的劳动强度，便于维护等优点。

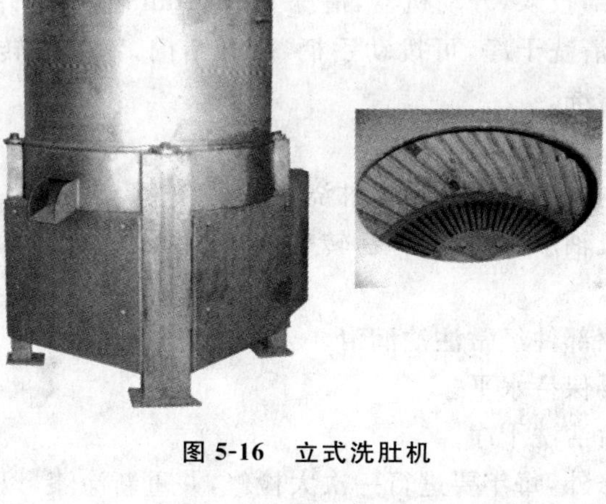

图 5-16　立式洗肚机

该设备由电动机、传动装置、机架、旋转盘、清洗筒、电控系统等部件组成。

(二)主要技术参数

型号	LXD-360
生产能力	50 kg/h
电动机功率	3 kW
主轴转速	192 r/min
外形尺寸(长×宽×高)	1.75 m×0.71 m×1.05 m

二、副产品清洗机

(一)结构及工作原理

副产品清洗机(图 5-17)主要用于刮洗猪蹄毛、清洗猪胃等副产品。它主要由机座、传动部分、带齿条纹的转盘、容料器、容料器内周围的角钢条、喷水管等组成。由于物料受转盘旋转的离心力和转盘表面齿条纹的作用,使贴附于容器壁的物料不断翻动并与角钢条相互摩擦,喷水管又不断喷水冲洗,从而将猪蹄毛或胃内脏物刮洗干净。

图 5-17 副产品清洗机

(二)主要技术参数

每次清洗量	<80 kg
电动机	Y112m,4 kW
转盘转速	84 r/min

(三)操作

物料由机身上部投入,开动机器,清洗 5～10 min 后可稍许打开卸料活门,取出一部分检查。如清洗干净,可拨动手柄,打开活门,物料被转盘甩出,然后关好活门,进行下一次清洗。

(四)维护

(1)电动机及电器部件要防止水淋浇。

(2)注意电动机轴承、减速器等运转是否正常。减速器内润滑油要适量,并适时更换新油。

(3)各运转摩擦部件经常注油润滑。

(4)转盘平面要保持水平。

(5)每天生产后清洗干净。

(6)除经常检修外,每年要进行一次大检修,并重新涂漆,以防锈蚀。

(7)工作半年后需要更换减速器内润滑油一次。

三、猪头刮毛机

(一)结构及工作原理

本机用于刮除剥皮猪的猪头上的毛。该机分主动传动部分和牵引传动部分。机内装有两根卧式轴,上面装着带有不锈钢刨片的橡胶块,两轴相对方向转动。另外,导轨内的拨动块,牵引猪头支承座自转的同时顺沿轨道方向移动。猪头在支撑座上转动和前进时,在两轴刨片的摩擦下,达到刮毛的目的。

(二)主要技术参数

生产能力　200～600 头/h

电动机功率　主机,7.5 kW;牵引机,1.1 kW

(三)操作

将浸烫好的猪头挂在支承座上,启动机器并打开水管开关,猪头在机内洗净,可重复进行一次。

(四)维护

要防止水淋浇电动机,传动部分要常加润滑油。

四、劈猪头机

(一)结构及工作原理

本机用于将猪头劈开,便于处理加工。它主要由劈刀、猪头保定传送带、电动机和传动装置组成。劈刀在凸轮和牵引杆的带动下上下移动,将猪头劈开。

(二)主要技术参数

生产能力　1 200 头/h

电动机　功率 2.8 kW,转速 960 r/min

减速器速比　1∶36

(三)操作

在机器尾端,开动机器,将猪头嘴向下逐个平整放入传送带的保定夹中,保定夹随着传送带向前运转到劈刀下面时作间歇停顿,此时劈刀铡下,将头劈开。当劈刀升起时,传送带即继续向前运动,至转弯处,猪头自动落到容器内。

(四)维护

要经常检查保定传送带的链条是否过松,凸轮装置等传动部位要勤加润滑油。

五、猪头去骨机

(一)结构及工作原理

该机用于去除头部上腭骨,便于进行加工。它分上、下两部分:上部分为劈头装置,由曲柄连杆带动砍刀将猪头劈开;下部分为分离装置,主要靠皮肉脱离转盘、弹簧销、弹簧卡子等的作用使皮肉与骨头分离。

(二)主要技术参数

生产能力　400 头/h

电动机　功率 3 kW,转速 1 450 r/min

(三)操作

将猪头上腭骨部位仰面放于工作台上,弹簧卡子压住嘴唇,拉制动销拉柄,使曲轴旋转将砍刀压下,劈开头骨,再向下按皮肉脱离制动销拉柄,皮肉脱离转盘立即回转,骨头即由脱骨器脱出,皮肉被弹簧卡子压住,转盘回转到 180°左右时皮肉脱落。此时即自动停车,各部件回复原位。生产时,如万一骨头被卡住,可下按脱骨器定位圆柱销手柄使脱骨器定位圆柱销升起,再将脱骨器连杆手柄向前推送,骨头即可脱落。

(四)维护

(1)电动机及电器部件要防止水淋浇。

(2)注意电动机、轴承等运转是否正常,各运转摩擦部件经常注意润滑。

(3)砍刀要保持锋利,如有损坏应及时更换。

(4)每天生产后清洗干净。

(5)除经常检修外,每年要进行一次大检修,并重新涂漆,以防锈蚀。

六、打蹄机

该机用于刮除剥皮猪猪蹄的毛和蹄壳。它由机架、减速装置、软刨轴等组成。猪蹄在旋转着的软刨轴的摩擦下,毛与蹄壳被刮掉。该机有螺旋式和旋转式两种。螺旋式可实现连续去毛和蹄壳,适用于大型屠宰厂,旋转式可根据需要掌握。

七、猪洗胃机

(一)结构及工作原理

该机用于清洗猪胃。它主要由棕绳擦洗推进器、电动机及机身等组成。机器的主轴上焊有扁钢制成的呈螺旋形的推进器,扁钢上扎有棕绳或螺纹钢。机壳为下半部分 45°焊有扁钢条,电动机带动主轴使螺旋推进器旋转,猪胃边推进边与推进器上的棕绳摩擦而洗去脏物,被不断推进的猪胃由扁钢斜条导至出料口,落入清水池内。

(二)主要技术参数

生产能力　　1 500 个/h

电动机功率　　1.7 kW

螺旋推进器　　直径 400 mm,转速 150 r/min

(三)操作

将已清除内容物的猪胃投入机内,因清水是不断地从右边的出料处流入,而污水则从左边的进料处底端流出,因此,猪胃在清洗过程中,不会受污水污染。生产时,要注意流水是否畅通,不能阻塞。

(四)维护

螺旋推进器的棕绳易磨损,应经常更换,以保证清洁质量。

八、脾脏去油机

(一)结构及工作原理

本机用以割去脾脏上的网油。它主要由机架、齿轮、圆片、圆刀片等组成。齿轮和圆片在无底斜槽内轨道上转动,将脾脏向前压送,脾脏上的网油通过旋转的刀片时即被割掉,网油和脾脏分别由出口滑出。

(二)主要技术参数

生产能力　　1 000 个/h

电动机　　功率 1.7 kW,转速 1 450 r/min

齿轮、圆片转速　　328 r/min

圆片刀转速　　678 r/min

(三)操作

将脾脏放在无底斜槽内,网油在槽下。由于圆片的拨动压送,使脾脏在轨道上向前移动,当网油通过旋转的圆刀片时即被割去。

(四)维护

(1)注意电动机、轴承等运转是否正常,各运转摩擦部件经常注油润滑。

(2)圆刀片要保持锋利,刀片平面要保持水平。

(3)每天生产后清洗干净。

(4)除经常检修外,每年要进行一次大检修,并重新涂漆,以防锈蚀。

九、心肝肺分离机

(一)结构及工作原理

该机用于将粘连在一起的心、肝、肺分割开来。它主要由机架、圆刀片、送料链条等组成。机架入口处分为三路。送料链条上的送料钩带动心、肝、肺向前运动，当通过旋转的两个圆刀片时即被割开。心、肝分别从左、右两路滑槽滑出，肺则随同送料钩继续向前运动从中路滑出。

(二)主要技术参数

生产能力	1 000 副/h
电动机	功率 1.7 kW，转速 1 450 r/(1 000 副 · min)
圆片刀	直径 300 mm，转速 948 r/min
送料链速度	18.9 m/min

(三)操作

操作者一手提肝，一手提心，肺在中间，找准心、肝、肺的连接肌腱后，放进滑槽，使之随送料链条前进，通过两片旋转圆刀片，三者即被分割，分离后的心、肝、肺各从不同的出口滑至容器内。

(四)维护

(1)注意电动机、轴承等运转是否正常，各运转摩擦部件经常注油润滑。

(2)送料链条松紧要适宜，两链轮中心线要保持平行。

(3)圆刀片要保持锋利，如有缺口要及时更换。

(4)每天生产后清洗干净。

(5)除经常检修外，每年要进行一次大检修，并重新涂漆，以防锈蚀。

十、扯小肠机

(一)结构及工作原理

该机用于分离小肠和肠系膜。它主要由机架、电动机、传动机构、大小两个扯肠机头和两个肠滚筒等组成。扯肠机头均由凸轮、转盘、升降器及弹簧销构成。在凸轮及弹簧销作用下，大小机头的升降器在随同转盘作顺时针旋转的同时，还沿一定轨迹不断上下跳动，在与工作台面接触时，使肠和系膜分别受到正压力和不同方向的切向力而使其分离。两个橡皮滚筒与此同时还起到拉肠和挤出肠内容物的作用。

(二)主要技术参数

生产能力	640 根/h
电动机	功率 1.5 kW，转速 960 r/min
机头转速	快速，327 r/min；慢速，256 r/min
橡皮滚筒转速	快速，489 r/min；慢速，383 r/min

(三)操作

开机前先用手将小肠与系膜用手扯开一段，随后将这段小肠通过大机头放进橡皮滚筒间夹住，再把扯出的系膜摆在小机头升降器轨迹内，然后开动机器，并用手指不断向大机头推送肠子，即可完成扯肠工作。

(四)维护

(1)注意电动机、轴承等运转是否正常，各运转摩擦部件经常注油润滑。

(2)大、小机头及升降器如有磨损应予更换。

(3)每天生产后清洗干净。

(4)除经常检修外，每年要进行一次大检修，并重新涂漆，以防锈蚀。

十一、小肠排粪机

(一)结构及工作原理

该机用于排除猪小肠内的粪便。它主要由机架、弓形槽钢架、橡胶辊筒、弹簧松紧校正器、啮合式离合器等组成。两个辊筒相对旋转，以挤出肠内粪便，辊筒之间的间隙可由弹簧松紧校正器调整。辊筒上下均装有带许多小孔的水管，不断喷出温水以洗去小肠及橡胶辊筒表面的粪便。机架上装有一个啮合式离合器，可使辊筒走空车，以便于操作。目前对该机作了简化，省去了弹簧松紧校正器和离合器等零部件。

(二)主要技术参数

生产能力　600～700 根/h

电动机　功率 1.5 kW，转速 960 r/min

橡胶辊筒　直径 152 mm，长 560 mm，转速 23 r/min

(三)操作

将扯去肠系膜后的小肠一端放入旋转的两橡胶辊筒之间，即可达到排粪的目的。一般一次可同时放进 40 根肠。

(四)维护

(1)注意电动机、轴承等运转是否正常，各运转摩擦部件经常注油润滑。

(2)每天生产后清洗干净。

(3)除经常检修外，每年要进行一次大检修，并重新涂漆，以防锈蚀。

十二、小肠刮黏膜机

(一)结构及工作原理

该机用于刮去小肠中的黏膜。它主要由机架、刮刀滚、大滚筒、橡皮滚等组成。通过转向相反的两个橡皮滚筒而受到拉扯的小肠，再在转向相反的大滚筒的刮刀滚之间通过，在其搓割下刮掉黏膜。

(二)主要技术参数

生产能力	400 根/h
电动机	功率 1.7 kW，转速 1 400 r/min
鼓轮转速	4 r/min
橡皮滚转速	4 r/min
刮刀滚转速	400 r/min

(三)操作

将已排出粪便的小肠，一头通过两橡皮滚筒中间，再拉扯到大滚筒和刮刀滚中间，在其作用下黏膜被刮掉。

(四)维护

(1)电动机要防止水淋浇。

(2)注意电动机、轴承等运转是否正常，各运转摩擦部件经常注油润滑。

(3)刮刀滚上各刮刀片口应保持呈圆角，橡皮滚圆周表面保持呈微锯齿形。

(4)每天生产后清洗干净。

(5)除经常检修外，每年要进行一次大检修，并重新涂漆，以防锈蚀。

思考题：

副产品整理有哪几种常用的设备？它们的工作原理怎样？如何操作与维护？

第九节　刀具及部件

一、刀具

屠宰厂(场)因生产工序的不同，所使用的刀具也不同，即使是同一工序操作，因操作的习惯不同，各地所使用的刀具也不一样。下面介绍上海使用的一些刀具及其开口、磨刀方法，供参考。

(一)刀具的种类和规格

1.*放血刀*　用于刺杀放血(图 5-18)。

2.*刮刨*　用于手工刮猪身的毛，用钢片弯成：一面弯成筒形，供作握柄，一面为刀口(图 5-19)。

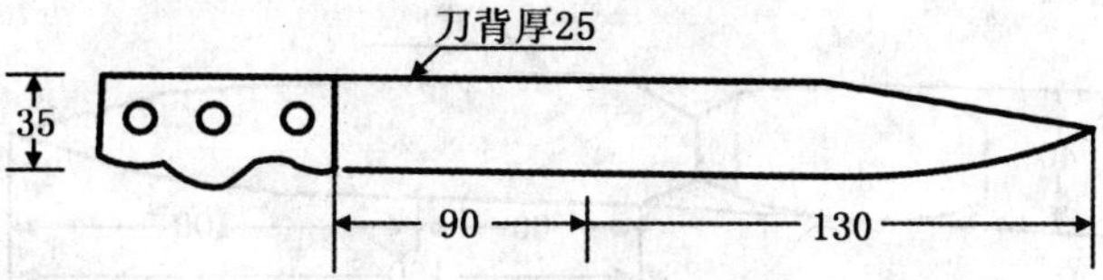

图 5-18　放血刀示意图

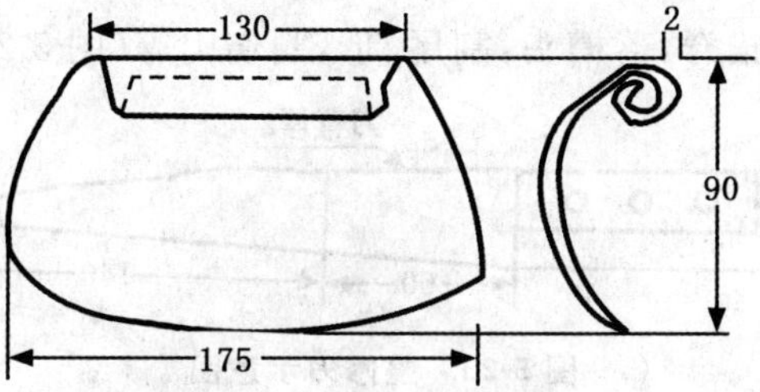

图 5-19　刮刨示意图

3. 修割刀　用以修刮猪身残毛(图 5-20)。

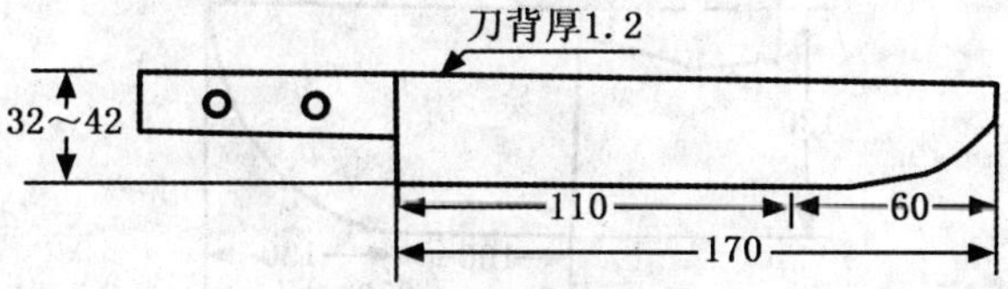

图 5-20　修割刀示意图

4. 撬胸骨刀　用于在开膛工序中撬开胸骨(图 5-21)。

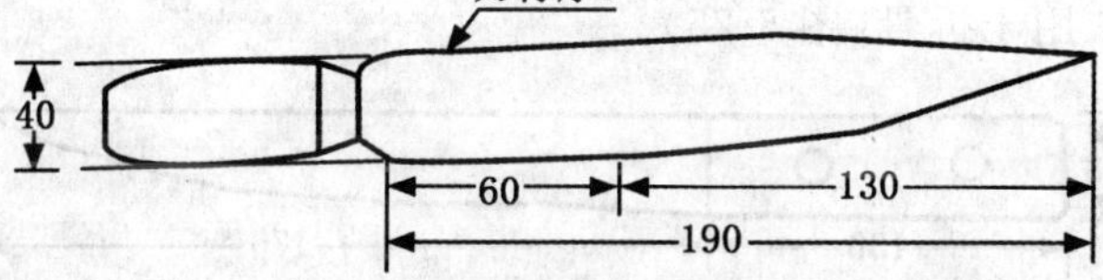

图 5-21　撬胸骨刀示意图

5. 直肠刀　用于在开膛工序中将直肠的肛门部分刁离臀部(图 5-22)。

6. 开剖刀　开膛专用刀具。把柄铝制，呈环形，前方有一鸭嘴形保险头。保险头与把柄的前端各开夹缝，内置刀片，用螺丝拧紧抵住。需要磨刀或调换刀片时，可拧开螺丝，将刀片取出。它的特点是，使用时，由于保险头抵开内脏，可防止刀口割伤内脏。

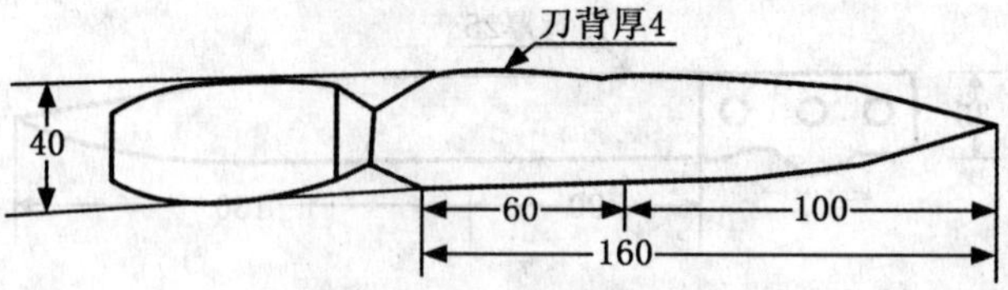

图 5-22　直肠刀示意图

7. *整修刀*　用于描脊，落槽头，割尾、爪，割伤肉等(图 5-23)。

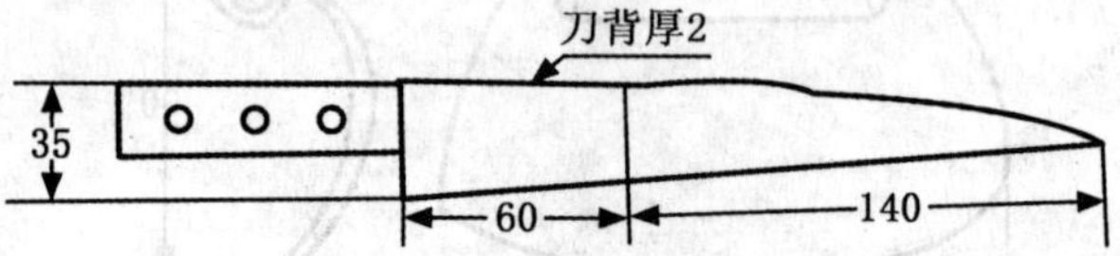

图 5-23　整修刀示意图

8. *斩刀*　手工劈半及斩猪头用(图 5-24)。

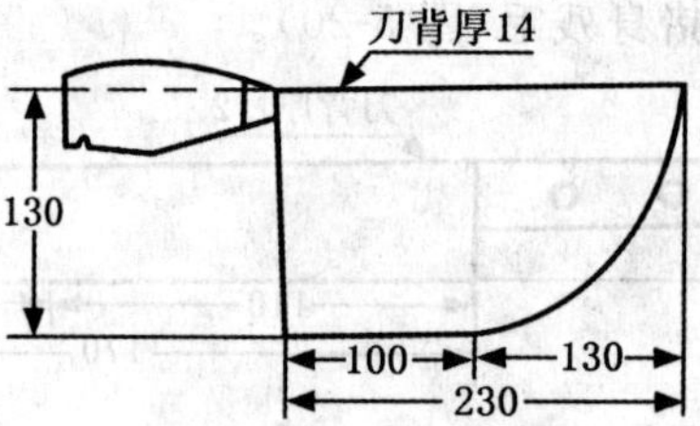

图 5-24　斩刀示意图

9. *小型剥皮刀*　目前普遍用于机器剥皮前的手工预剥工序。

10. *拆骨刀*　用于拆骨(图 5-25)。

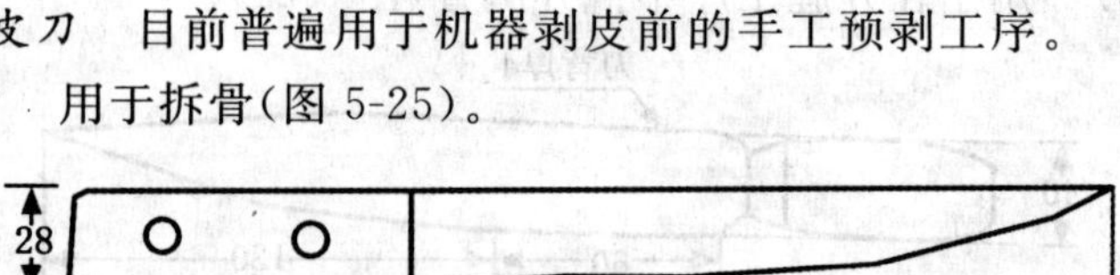

图 5-25　拆骨刀示意图

(二)刀的开口

刀店出售的刀均不开口，所以买到新刀后，必须把刀在磨刀砖上磨快，称为“开口”。

1. *放血刀、撬胸骨刀的开口法*　一般均将刀的左面磨成平面，刀锋的右面磨成斜面(刀柄靠人身，刀锋向下，在人的右面者称右面，在左面者称左面)。这样就可使接近刀锋处保持一定的厚度。否则，如采用两面平口的磨法，将使刀锋越磨越薄，操作时刀锋碰到滑部，容易发生卷边、缺口，甚至断刀尖等。

2. 修刮刀、整修刀、剥皮刀、直肠刀、取内脏刀等的开口法　刀的两面均磨成平面，以适应操作的特点。因这些刀不经常接触骨头，大都用于割肉、刮毛，磨成两个平面刀口，使用时间可比斜面刀口长，不需要经常磨刀。

3. 拆骨刀、斩刀(劈半刀)的开口法　其开口与一般刀子不同。因刀口经常接触骨头，故磨成斜口，刀锋斜度在5°左右。尤其是拆骨的刀尖不宜磨得太尖，宽约1 cm为宜(拆猪骨用)。磨斜口的作用，主要是操作时可防止断刀尖、缺刀口等事故的发生。

4. 刮刨的开口法　刮刨与其他刀不同，其开口只能用刀砖磨，不能使用磨刀棒锉。刀口的内面磨成平口，刀口的外面磨成斜口(斜度5°左右)，使刀口锋利，易于压住毛根刮毛。

总之，"工欲善其事，必先利其器"。要做好屠宰加工工作，必须要有合乎规格的刀具。上述几种刀具的开口方法，是根据各个工种的需要而定。各个工种可按照本身使用要求，特别可结合刀具的钢火软硬灵活掌握，例如：遇刀具钢火较软者，因磨平口容易使刀口卷边发毛，所以不需要使用斜口刀的工种，刀可采用一面平口，一面斜口的方法开口。反之，刀具钢火较硬者，磨斜口会使刀刃变钝，而增加磨刀的次数，所以可采用两面平口法开口。

(三)磨刀方法

1. 用刀砖磨刀　磨刀通常用砂石、青砖及青石三种刀砖。砂石的质地比较粗硬，类似粗砂皮，用于新刀开口。青砖与砌墙用的青砖相似，但质地较细软。青石即通常用于磨剃刀的一种刀砖，质地比青砖更为细软。

新刀经砂石开口后，即可使用青砖磨。磨刀时，必须不断在刀砖上加水，否则，在磨刀时，刀身因摩擦而产生的温度，使刀口的钢火硬度减低，影响刀的锋利。

刀口磨后，外观发亮，呈青色，用手指轻摸刀口，感觉没有发毛卷边现象者，即表明刀已磨快，然后再用青石刀砖磨，直至将刀口磨得锋利。这样磨好的刀口，可延长刀口的使用时间。具体的磨刀操作方法如下：

(1)放血刀、撬胸骨刀、直肠刀、修刮刀、剥皮刀、拆骨刀的磨法　一手握柄，一手大拇指揿在刀根部，食指与中指并紧揿在刀尖部，使拇指和食、中指分开成"八"字形。先磨左面刀口，磨时应将刀贴紧刀砖，"前推后拖"，磨好平口(图5-26a)；然后再磨右面，磨法同前，但一手握柄时，拇指必须稍微用力，使刀面保持原来的刀口斜度(图5-26b)。如需用两面平口或两面斜口刀，均可采用上述两种方式进行。

(2)刮刨磨法　磨时与其他刀子不同。一手虎口握卷筒形把柄，食指与大拇指紧握卷筒，其余三指斜揿住刮刨平面，一手紧握卷筒前端，使外面的刀口略带斜度磨之。磨内面刀口时，则用一手四指握住卷筒形把柄，大拇指揿刮刨平面，一手揿住刀砖，使刀口贴紧，刀砖稳定，磨快为度。

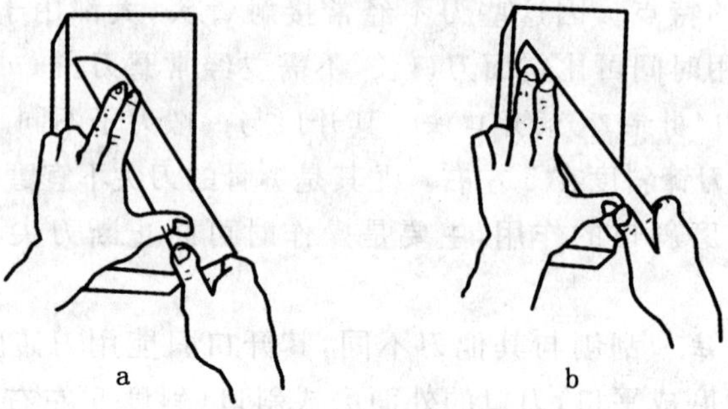

图 5-26　放血刀等磨刀法

(3)斩刀磨法　磨左面时，刀口向前，右手虎口骑夹刀背，大拇指在下，食指与中指压在刀面上，无名指与小指握刀柄。左手虎口骑夹刀背，大拇指在下，其余四指压住刀面，刀口紧贴刀砖，刀背抬高 3～5 cm。双臂用力均匀向前推出，同时顺势拉回。在一推一拉中，须防止刀背忽高忽低波动，影响磨刀效果。磨右面时，刀口仍向前，刀柄则换左手，握刀的方法按原来右手的姿势。原来左手的操作姿势则改用右手同样操作。推刀方法相同。

上述几种磨刀方法是比较简易通用的。在磨刀时应思想集中，一推一拉都不可拖势太长，以防伤及手指和磨坏刀口。

2. *用磨刀棒磨刀*　磨刀棒是一种快速磨刀的工具，主要由手柄、棒体、挡刀板等组成。棒体材料选用优质的铬钒钢，有齿部分齿纹明显，深度均匀，无显著接刀或毛刷。棒体表面整直，棒端呈现锥形，且有磁性。

主要参数：

棒体长度	423 mm
棒体直径	13.5 mm
棒体有齿部长度	280 mm
棒体圆周齿数	280 条
棒体表面硬度	HRC62～68

使用时，一手握棒柄，一手握刀，刀口朝向本人，以略带斜度将刀口贴在磨刀棒上，刀棒即斜向刀口方向不动，刀向下拖，使之与刀棒轻轻平贴摩擦。磨时，可两方面轮换磨，也可每面磨几下，但应使两面磨的次数基本相同，一般每次每面至

多磨10次左右，就可达锋利。应注意在磨平口一面时，角度要适当缩小，否则易磨伤刀口；在磨斜口一面时，可微带角度。磨刀时臂应稍弯曲，不宜伸直，两面用力要均匀，拖势不要太长，防止伤及手指和刀口。

(四)刀具维护

每次生产后，须将刀具上的油污等拭净，然后擦干水迹，即可放入木栅形的刀具箱中。如果在一段时间内不使用，除洗净擦干外，还应涂上机器油（最好是液体蜡），以防锈蚀。

1. 组合式刀具消毒器　用于刀具消毒（图5-27）。

图5-27　组合式刀具消毒器

2. 消毒洗手盆　见图5-28。

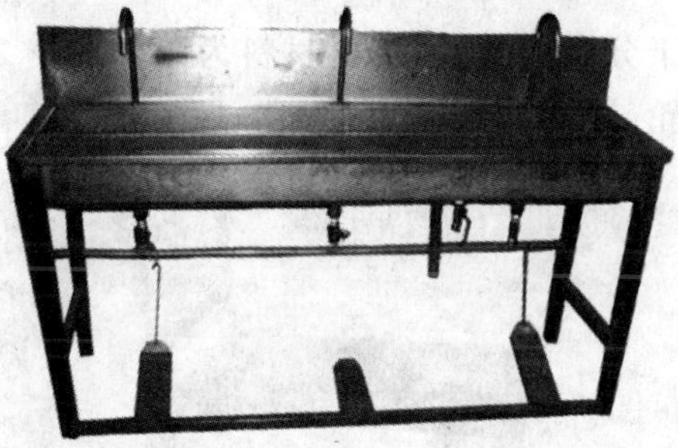

图5-28　消毒洗手盆

二、双轨滑轮

双轨滑轮是生猪屠宰加工中用于承载白条肉运动的悬挂输送工具之一。主要用于在推进输送机上和手推轨上。由轮架、滚轮、轴承、吊钩等组成。它较单轨滑轮平稳性好，具有使用维修方便，承载力大等特点。

三、撑挡（扁挡）

撑挡（图 5-29）是生猪屠宰加工中用于吊挂白条肉的专用设备，常用的有不锈钢撑挡和普通撑挡。使用时，将撑挡两端的挂钩插入猪后腿上扶正猪屠体即可。

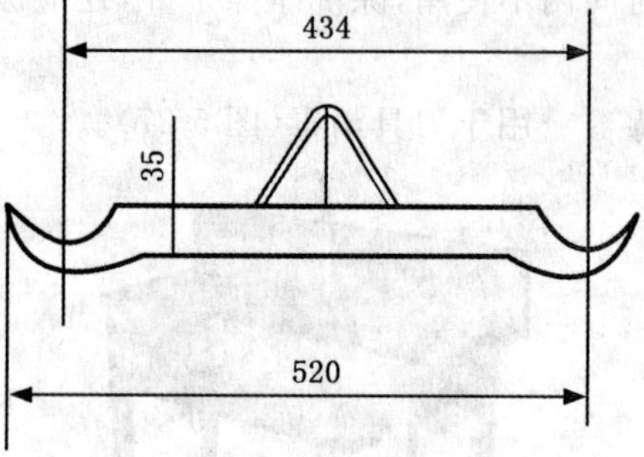

图 5-29 撑挡

四、吊脚器

吊脚器是生猪放血线上用于套、挂猪腿的专用器件，有链条式，也有钢丝绳式。链条式又分直链式和套筒式。

五、分割辅助设备

1. 平板推车 用于分割肉输送，主要材料为 40×25×2 不锈钢方管、1.5 不锈钢板和标准尼龙转向轮（图 5-30）。

图 5-30 平板推车

2. 标准肉斗车 用于分割肉输送，主要材料为 1.5 不锈钢板和标准尼龙转向轮（图 5-31）。

图 5-31 标准肉斗车

3. 预冷架车 用于分割肉预冷，主要材料为 40×25×2、40×25×1.5 不锈钢方管，1.5 不锈钢板和标准尼龙转向轮（图 5-32）。

图 5-32 预冷架车

六、滑槽

1. 烫池毛猪接收滑槽 用于毛猪体接收。机架材质分热镀锌和不锈钢，面板为不锈钢制（图 5-33）。

图 5-33 烫池毛猪接收滑槽

2. 预剥毛猪接收滑槽　用于剥皮猪体接收。机架材质分热镀锌和不锈钢，面板为不锈钢制(图 5-34)。

图 5-34　预剥毛猪接收滑槽

3. 内脏滑槽　用于红、白内脏接收。机架材质分热镀锌和不锈钢，面板为不锈钢制(图 5-35)。

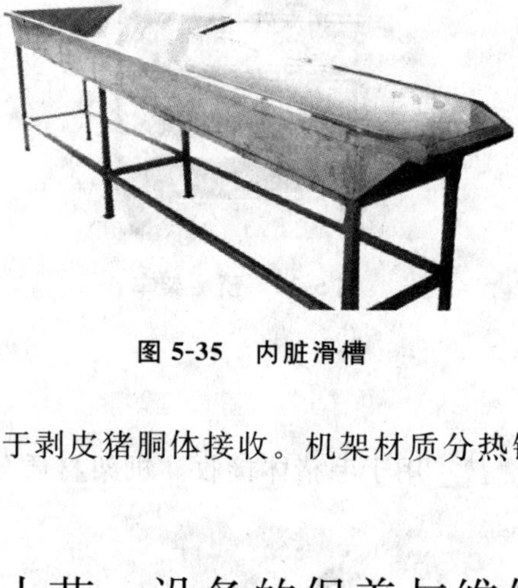

图 5-35　内脏滑槽

4. 胴体接收槽　用于剥皮猪胴体接收。机架材质分热镀锌和不锈钢，面板为不锈钢制。

第十节　设备的保养与维修

生猪放开经营以来，我国养猪业有了很大的发展，生猪上市均衡，淡旺季已不明显。另外，随着人民生活水平的提高，人们喜欢吃鲜肉，市场供应基本上是鲜肉。为了天天能有鲜肉上市，目前全国各地基本上是“夜里屠宰、拂晓上市”，而且要求必须按时上市，不能延误市场供应时间。因此，定点的屠宰厂(场)天天都必须按量、按时、按质进行屠宰。对半机械化、机械化屠宰厂(场)来说，设备的正确操作、保养和维修是保证屠宰生产正常运行的首要条件，必须贯彻正确使用、保养、维护为主，修理为辅的原则，在保养方面下大力气，使设备尽可能少出故障，故障一旦出现，能及时排除，确保生产任务的完成。

与其他机械设备一样，屠宰设备的保养与维修，首要一条是操作人员与维修人员要有高度的责任心与主人翁的工作态度，真正做到像爱护自己的眼睛一样爱护设备。要认真阅读与熟悉设备使用说明书，工作时要做到"勤听、勤看、勤摸、勤换"，有条件时应学习一些机械零件与原理的基本知识，掌握常用零部件的机械性能。

根据屠宰设备使用环境和结构上几个明显的特点，本节着重介绍在保养与维修时应重点注意的几个方面。

(1)屠宰设备从结构上来讲，较多地采用滚筒、偏心之类构件，回转半径大，转速也比较快，是机器中的震动源，能产生噪声，并容易使各部件的连接松动，造成事故。因此，设备保养的首要一条是对螺栓、螺钉等各种紧固件要勤检查、勤拧紧，特别是设备使用初期，由于连接件、紧固件的毛刺、粗糙度等因素，在震动的作用下已紧固好的接合处，有可能松动、移位，应规定定期全部拧紧，紧固数次，直到结合趋于稳定也不能疏忽，可以说，很多事故；整台机器损坏不能工作，就是一只螺丝松动造成的。如果等到重大事故产生后，再拧紧螺丝，就已付出了大的代价。

(2)屠宰设备转动件、移动件多磨损快。由于外部工作条件恶劣，所接触的介质是水、油、蒸汽等，大多有一定腐蚀性，另外，为了卫生要求，很多设备每使用一次后，要用水全面冲洗，因此设备的重要部件要有防水罩，电器箱、按钮应采用防水型，或移到不受水、汽侵袭的位置。更重要的是，要保持良好的润滑，减少磨损，降低温升，防止锈蚀。

对减速器，一定要灌足油到油标线，并保持在油标线上，不能少也不能太多。油的型号、标号应按减速器的类型、季节，按说明书的要求选用，并定期更换新油。

设备上配备的机油杯、黄油杯应灌足机油、黄油并保持，不能让油杯空着，成为一件摆设。设备上的加油孔都应按要求加油，如长期操作使用刮毛机的人就知道，离合器与凸轮轴配合部位，如果没有黄油保持润滑，很可能发热，离合器失灵，使刮毛机不能工作。但润滑处与油杯处是通过一个长 175 mm、直径 10 mm 且转过 90°的细长孔连接的，因此黄油杯里不但要有黄油，而且要通过细长孔真正压到润滑处。

(3)屠宰设备在使用过程中，载荷不稳定，经常容易受到冲击载荷的影响，以致造成机器的突然损坏。为此尽可能地为设备建立保险机构，有些设备如手握式麻电器的电器盒里设有保险管，一旦出现超负荷或短路就可熔断保护，可拆链传送带驱动轮上装有保险销，一旦出现故障或超载就会断掉，保护整体设备。这些保险机构成本低，易更换，不会影响生产，对设备的安全起着很大的作用。有经验的操作人员与维修人员都知道，如果设备的减速系统中有皮带传动，常常控制皮带的根数与张紧程度，一方面可保证设备正常生产，另一方面遇到冲击或意外阻力，皮带打滑，可保护整体设备。

(4)由于震动、冲击、磨损、锈蚀诸因素，屠宰设备的许多零部件使用周期较短，因此，零配件、易损件要备足、备够，设备说明书对零配件、易损件应专门列出清单。屠宰设备的零件，像电锯的偏心、十字头、圆盘锯片，刮毛机的刮片，还有链轮、轴承、轴承座等在市场上不是都容易买到的，要到生产厂或专门厂订购，因此，在购买、安装、使用设备的同时，要多订购零配件、易损件，以便随时更换。

设备的保养与维修，内容广泛，不可能一一涉及，有待操作人员、维修人员在实践中不断总结经验。

思考题：

1. 屠宰机械有哪些特点？针对这些特点，在保养、维修方面应注意什么？

2. 设备为什么要加润滑油？怎样加？

第六章　质量与管理

第一节　生猪屠宰加工的检验知识

进入屠宰厂(场)的生猪,都必须进行严格的宰前和宰后检验。《食品卫生法》第七条规定,未经兽医卫生检验的肉类及其产品禁止生产经营。兽医卫生检验人员应根据国家有关检验规程要求进行检验,其目的在于让消费者吃上“放心肉”,保障人民身体健康,防止疾病传播,促进畜牧业发展。

目前,有关肉品检验及处理方法,一些地方仍按 1959 年农业部、卫生部、对外贸易部、商业部颁布的《肉品卫生检验试行规程》(下称《四部规程》)执行。对于病害肉尸及其产品的处理,国家于 1996 年颁发了《畜禽病害肉尸及其产品无害化处理规程》(GB 16548),今后应按新标准的规定执行。

一、宰前检验

(一)检验方法

宰前检验的方法主要是:看、听、摸、检。

看——就是观察猪的精神状态、皮肤、呼吸、采食、饮水是否正常,再看眼、口、鼻分泌物及粪便是否异样。

听——就是听叫声、呼吸声、咳嗽声。

摸——就是触摸皮肤、耳朵、尾根、体表淋巴结等。

检——最简单的就是检查体温。必要时进行实验室诊断。

(二)检验程序

1. 验收检验　生猪进屠宰厂(场)后,检验人员应先向送猪人员索取产地动物防疫监督机构开具的检疫合格证明,经观察未发现猪群有可疑传染病症状,并验证证货相符时,才准予卸猪,赶入圈栏里。而后,检验人员再对其进行静态和动态观察:健康的猪赶入待宰圈休息、饮水;可疑病猪赶入隔离圈继续观察,如经休息和饮水后,精神恢复正常,没有发现病态的,则可赶入待宰圈;如发现有病状需要急宰的猪,则送急宰间宰杀;对运来或在圈里发生的死猪不得冷宰食用,要送至无害化处理间处理。如发现一类烈性传染性疫病时,应立即封锁现场,及时上报检验负责人进行会诊,并按有关规定处理。

2. 送宰检验 生猪在送宰前,检验人员还要进行一次全面检查,确认健康的,开具"宰前合格证",注明货主和头数,屠宰车间凭证屠宰。

通过宰前检验,可以及时检出有典型症状的口蹄疫、猪瘟、猪肺疫、猪丹毒等病猪,以便控制病猪进入屠宰车间污染肉品。

二、宰后检验

(一)检验方法

宰后检验方法以感官检查和剖检为主,必要时辅以实验室诊断。

感官检查和剖检是通过看、摸、剖、嗅来判断肉品及内脏的实用价值,以便作出正确的处理。

1. 视检 用眼睛观察猪屠(胴)体、皮肤、肌肉、胸腹膜、脂肪及各种脏器的外部色泽、大小、形态等有无异常。

2. 触检 用手触摸判断组织、脏器的硬度、弹性等方面的情况。

3. 剖检 用刀剖开规定部位的淋巴结、脏器、肌肉和脂肪,以观察其组织形态和色泽等有无异样。剖检时只能在规定部位切开,而且深浅要适度,以保持商品的美观,并避免破坏病变组织而造成误诊误判。

4. 嗅检 用嗅觉来判断猪胴体、内脏的气味有无异常。

5. 实验室诊断 有时症状不明显,或遇到不常见的疑难病症,单靠感官检验是难以判断的,必须通过实验室诊断来确定。常用的有微生物检验、病理诊断和理化检验。

(二)检验程序

同一屠体的胴体、内脏、头和皮应编为同一号码。

宰后检验穿插在屠宰加工流程中,屠体应进行下列各项检验。

1. 头部检验 在放血之后、浸烫之前进行,剖视颌下淋巴结(目前,有些国家将头部检验放在刮毛后进行。20 世纪 80 年代,我国对肉类出口厂也提出了此规定)、咬肌。主要检查炭疽、囊尾蚴。

2. 体表检验 在刮毛后进行,用肉眼检查屠体的体表和四肢,主要检查猪瘟、猪丹毒、猪肺疫、外伤、脓疱等。

3. 内脏检验

(1)肺脏检验 观察外表色泽、大小、弹性(必要时切开检查),并剖检支气管淋巴结和纵隔淋巴结。主要检查结核及其他炎症等。

(2)心脏检验 检查心包和心肌,并沿动脉管剖检心室及心内膜,同时注意血液的凝固状态。应特别注意二尖瓣。主要检查慢性猪丹毒、囊尾蚴等。

(3)肝脏检验　观察其表面及切面是否有病灶、水肿、变性、坏死,并触检弹性,剖检肝门淋巴结。必要时切开检查并剖检胆囊(注意胆汁污染肉尸)。

(4)脾脏检验　检查有无肿大及出血性梗死,触摸其弹性和硬度,必要时切开检验。主要检查炭疽。

(5)胃肠检验　切开检查胃淋巴结及肠系膜淋巴结,并观察胃、肠浆膜,必要时剖检胃、肠黏膜。主要检查肠炭疽、慢性猪瘟,有无充血、出血及溃疡等病变。

(6)肾脏检验　观察色泽、大小、有无出血点及其他病灶,触摸其弹性和硬度,必要时纵剖检验(须连在肉尸上一同检验)。主要检查猪瘟、弓形虫等。

(7)乳房检验　触检并切开观察乳房淋巴结有无病变。主要检查结核、化脓性乳房炎、放线菌病等。

必要时剖检公母猪的子宫、睾丸、膀胱等。

4.胴体检验　先查看体表、脂肪、肌肉、胸膜、腹膜等有无异状;剖检腹股沟浅淋巴结和腹股沟深淋巴结,必要时剖检颈浅淋巴结及颈深淋巴结。主要检查猪丹毒、猪肺疫、猪瘟、黄脂及毛囊炎等。

5.寄生虫检验

(1)旋毛虫　在横膈膜肌脚各取一小块肉(与肉尸同一号码),先撕去肌膜,肉眼观察,然后在肉样上剪取24个小片进行镜检。

(2)囊尾蚴　主要检验部位为咬肌、深腰肌和膈肌,还有心肌、肩胛外侧肌和股部内侧肌等。

(3)住肉孢子虫　镜检横膈膜肌脚(与旋毛虫一同检查)。

三、肉品品质检验

《生猪屠宰管理条例》第十三条规定,屠宰厂(场)应当建立严格的肉品品质检验管理制度,肉品品质检验必须与生猪屠宰同步进行。根据《生猪屠宰管理条例实施办法》第二十二条规定,肉品品质检验内容包括:

(1)除传染性疾病和寄生虫病以外的疾病,如黄疸、黄脂、全身性肿瘤、脓毒症、尿毒症和各类普通病引起的肉品病变。

(2)有害腺体:检查甲状腺、肾上腺和病变淋巴结是否摘除。

(3)屠宰加工质量:对照本章第二节猪产品等级质量要求中的《带皮鲜、冻片猪肉》和《无皮鲜、冻片猪肉》的屠宰加工要求进行检查。

(4)注水或者注入其他物质。

(5)有害物质:检查有无农药、有害化学物等。

(6)种公、母猪及晚阉猪。

肉品检验的部位、方法和处理办法,按照国家有关的标准和规定实施。

四、猪皮张的检验

(一)猪皮张的兽医卫生检验

猪皮张的兽医卫生检验在剥皮之后进行。

剥下皮后将皮平整的通过专用的聚光照射检验台,在强光线的照射下,皮张上的异常变化即可显示出来,重点检查猪体的颈背及两侧肩胛部的皮肤表面和脊背及两侧皮肤。主要检查猪的皮肤型丹毒。

(二)猪皮张的质量检查

猪皮剥下后,由质检员进行质量检查,检查按猪皮等级规格要求进行。检查时,将猪皮平坦地放在台上或地面上,使猪皮全面铺开,观察其皮形的完整性,检测带油率、描刀、削薄、咬伤等情况。机器剥皮时可在输送带上进行检查,但要求检查人员技术水平要高,而且经验丰富。

经检验后,应按不同情况加盖不同印章,合格的胴体、内脏、皮张出厂(场),病害的则分别进行处理。

检验人员应将宰后检验结果及处理情况详细记录,以备统计查考。

第二节 猪产品等级质量要求

为了保证消费者吃上新鲜、安全、卫生的猪肉及副产品,同时也为制药等工业部门提供新鲜、有效的原料,各屠宰厂(场)屠宰加工的猪肉质量规格要求,必须按照已颁发的国家标准《带皮鲜、冻片猪肉》(GB 9959.1)、《无皮鲜、冻片猪肉》(GB 9959.2)和《猪肉卫生标准》(GB 2707)执行。对猪副产品的质量要求,按照有关的标准规定,结合市场的要求,以及自身的条件,制订本厂(场)的规格质量标准。现将国家猪肉标准和有关部门和地方制定的猪副产品质量要求分列如下:

一、带皮鲜、冻片猪肉

(一)屠宰加工要求

带皮生猪胴体的屠宰加工要求见表6-1。

(二)感官指标

带皮鲜、冻片猪肉的感官指标见表6-2。

表 6-1　带皮生猪胴体等级分类表

项目	一级	二级	三级
放血	完全	完全	完全
去头和去槽头肉	按“平头”规格割下猪头。齐第一颈椎与之垂直直线割去槽头肉和血刀肉	按“平头”规格割下猪头。齐第一颈椎与之垂直直线割去槽头肉和血刀肉	按“平头”规格割下猪头。齐第一颈椎与之垂直直线割去槽头肉和血刀肉
去内脏	去除全部内脏、护心油、横膈膜和横膈膜肌、脊椎大血管、生殖器官，修净应检部位的非传染病引起的明显异常淋巴结	去除全部内脏、护心油、横膈膜和横膈膜肌、脊椎大血管、生殖器官，修净应检部位的非传染病引起的明显异常淋巴结	去除全部内脏、护心油、横膈膜和横膈膜肌、脊椎大血管、生殖器官，修净应检部位的非传染病引起的明显异常淋巴结
去三腺	摘除甲状腺、肾上腺、病变淋巴结	摘除甲状腺、肾上腺、病变淋巴结	摘除甲状腺、肾上腺、病变淋巴结
锯(劈)半	沿脊椎中线纵向锯(劈)成两分体，应均匀整齐	沿脊椎中线纵向锯(劈)成两分体，每片肉整脊椎骨不允许偏差两节	沿脊椎中线纵向锯(劈)成两分体，每片肉整脊椎骨不允许偏差三节
去蹄	前蹄从腕关节，后蹄从跗关节处割断	前蹄从腕关节，后蹄从跗关节处割断	前蹄从腕关节，后蹄从跗关节处割断
去尾	齐尾根部平行割下	齐尾根部平行割下	齐尾根部平行割下
去奶头	割净奶头，修净色素沉着物，不带黄汁	割净奶头，修净色素沉着物，不带黄汁	割净奶头，修净色素沉着物，不带黄汁
整修	臀部和鼠蹊部的黑皮、皱皮和肛门括约肌，以及肉体上的伤痕、暗伤、脓疱、皮癣、湿疹、痂皮、皮肤结节、密集红斑和表皮伤斑均应修净，每片猪肉允许表皮修割面积不超过1/4，内伤修割面积不超过 150 cm^2	臀部和鼠蹊部的黑皮、皱皮和肛门括约肌，以及肉体上的伤痕、暗伤、脓疱、皮癣、湿疹、痂皮、皮肤结节、密集红斑和表皮伤斑均应修净，每片猪肉允许表皮修割面积不超过1/3，内伤修割面积不超过 200 cm^2	臀部和鼠蹊部的黑皮、皱皮和肛门括约肌，以及肉体上的伤痕、暗伤、脓疱、皮癣、湿疹、痂皮、皮肤结节、密集红斑和表皮伤斑均应修净，每片猪肉允许表皮修割面积不超过1/3，内伤修割面积不超过 250 cm^2
去残毛	去净残留毛绒，不准带长短毛，每片肉上的密集断毛根(包括绒毛、新生短毛)不超过 64 cm^2，零星分散断毛根集中相加面积不超过 80 cm^2	去净残留毛绒，不准带长短毛，每片肉上的密集断毛根(包括绒毛、新生短毛)不超过 64 cm^2，零星分散断毛根集中相加面积不超过 100 cm^2	去净残留毛绒，不准带长短毛，每片肉上的密集断毛根(包括绒毛、新生短毛)不超过 64 cm^2，零星分散断毛根集中相加面积不超过 120 cm^2

续表 6-1

项目	一级	二级	三级
冲洗	不带浮毛、凝血块、胆污、粪污及其他污染物	不带浮毛、凝血块、胆污、粪污及其他污染物	不带浮毛、凝血块、胆污、粪污及其他污染物
其他	不允许有烫生、烫老、机损、全身青皮	不允许有严重的烫生、烫老、机损、全身青皮	不允许有严重的烫生、烫老、机损、全身青皮

表 6-2 带皮鲜、冻片猪肉的感官指标

项目	带皮鲜片猪肉	带皮冻片猪肉
色泽	肌肉色泽鲜红或深红，有光泽；脂肪呈乳白色或粉白色	肌肉有光泽，色鲜红；脂肪呈乳白色，无霉点
弹性（组织状态）	指压后的凹陷立即恢复	肉质紧密，有坚实感
黏度	外表微干或微湿润，不粘手	外表及切面微湿润，不粘手
气味	具有鲜猪肉正常气味。煮沸后肉汤透明澄清，脂肪团聚于表面，具有香味	具有冻猪肉正常气味。煮沸后肉汤透明澄清，脂肪团聚于表面，无异味

(三)理化指标

带皮鲜、冻片猪肉的理化指标见表 6-3。

表 6-3 带皮鲜、冻片猪肉的理化指标

项目	带皮鲜片猪肉	带皮冻片猪肉
挥发性盐基氮/(mg/100 g)	≤20	≤20
汞(以 Hg 计)/(mg/kg)	≤0.05	≤0.05

二、无皮鲜、冻片猪肉

(一)屠宰加工要求

无皮生猪胴体的屠宰加工要求见表 6-4。

(二)感官指标

无皮鲜、冻片猪肉的感官指标见表 6-5。

(三)理化指标

无皮鲜、冻片猪肉的理化指标见表 6-6。

表 6-4 无皮生猪胴体等级分类表

项目	一级	二级	三级
放血	完全	完全	完全
去头和去槽头肉	按"平头"规格割下猪头。齐第一颈椎与之垂直直线割去槽头肉和血刀肉	按"平头"规格割下猪头。齐第一颈椎与之垂直直线割去槽头肉和血刀肉	按"平头"规格割下猪头。齐第一颈椎与之垂直直线割去槽头肉和血刀肉
去内脏	去除全部内脏、护心油、横膈膜和横膈膜肌、脊椎大血管、生殖器官，修净应检部位的非传染病引起的明显异常淋巴结	去除全部内脏、护心油、横膈膜和横膈膜肌、脊椎大血管、生殖器官，修净应检部位的非传染病引起的明显异常淋巴结	去除全部内脏、护心油、横膈膜和横膈膜肌、脊椎大血管、生殖器官，修净应检部位的非传染病引起的明显异常淋巴结
去三腺	摘除甲状腺、肾上腺、病变淋巴结	摘除甲状腺、肾上腺、病变淋巴结	摘除甲状腺、肾上腺、病变淋巴结
锯(劈)半	沿脊椎中线纵向锯(劈)成两分体，应均匀整齐	沿脊椎中线纵向锯(劈)成两分体，每片肉整脊椎骨不允许偏差两节	沿脊椎中线纵向锯(劈)成两分体，每片肉整脊椎骨不允许偏差三节
去蹄	前蹄从腕关节，后蹄从跗关节处割断	前蹄从腕关节，后蹄从跗关节处割断	前蹄从腕关节，后蹄从跗关节处割断
去尾	齐尾根部平行割下	齐尾根部平行割下	齐尾根部平行割下
冲洗	不带凝血块、胆污、粪污及其他污物	不带凝血块、胆污、粪污及其他污物	不带凝血块、胆污、粪污及其他污物
其他	体表上的鱼鳞刀痕不得超过 1/5，刀痕深度限丁 0.5 cm 以内	体表上的鱼鳞刀痕不得超过 1/5，刀痕深度限于 0.5 cm 以内	体表上的鱼鳞刀痕不得超过 1/5，刀痕深度限于 0.7 cm 以内

表 6-5 无皮鲜、冻片猪肉的感官指标

项目	无皮鲜片猪肉	无皮冻片猪肉
色泽	肌肉色泽鲜红或深红，有光泽；脂肪呈乳白色或粉白色	肌肉有光泽，色鲜红，脂肪呈乳白色，无霉点
弹性(组织状态)	指压后的凹陷立即恢复	肉质紧密，有坚实感
黏度	外表微干或微湿润，不粘手	外表及切面微湿润，不粘手
气味	具有鲜猪肉正常气味。煮沸后肉汤透明澄清，脂肪团聚于表面，具有香味	具有冻猪肉正常气味。煮沸后肉汤透明澄清，脂肪团聚于表面，无异味

表 6-6 无皮鲜、冻片猪肉的理化指标

项目	无皮鲜片猪肉	无皮冻片猪肉
挥发性盐基氮/(mg/100 g)	≤20	≤20
汞(以 Hg 计)/(mg/kg)	≤0.05	≤0.05

三、猪肉卫生标准

(一)感官指标

猪肉感官指标见表 6-7。

表 6-7 猪肉感官指标

项目	鲜猪肉	冻猪肉
色泽	肌肉有光泽,红色均匀,脂肪白色	肌肉有光泽,红色或稍暗,脂肪白色
组织状态	纤维清晰,有坚韧性,指压后凹陷立即恢复	肉质紧密,有坚韧性,解冻后指压后凹陷恢复较慢
黏度	外表湿润,不粘手	外表湿润,切面有渗出液,不粘手
气味	具有鲜猪肉固有的气味,无异味	解冻后具有鲜猪肉固有的气味,无异味
煮沸后肉汤	澄清透明,脂肪团聚于表面	澄清透明,稍有浑浊,脂肪团聚于表面

(二)理化指标

猪肉理化指标见表 6-8。

表 6-8 猪肉理化指标

项目	指标
挥发性盐基氮/(mg/100 g)	≤20
汞(以 Hg 计)/(mg/kg)	≤0.05

四、脏器制药原料的质量要求

对用作生化制药原料的猪胰脏、苦胆、胃黏膜、肠黏膜、心、软骨、脑垂体、甲状腺、肾上腺等组织器官、腺体等,要求在生猪刺杀放血后 1 h 内将其采集下来,整理时必须除尽脂肪和结缔组织,充分洗涤干净。夏季,在采集的盛器中放入碎冰降温,保持其有效成分。脑垂体等则采后放入有丙酮的容器中贮存。

五、猪副产品的质量要求

(1)心 外形完整,无杂质或其他污染物,修净炎症、肿胀部分,不带血管、脂肪和淤血块。

(2)肝　外形基本完整,无胆汁、寄生虫、炎症、硬化、淤血、脓疱等。

(3)肺　外形基本完整,无病变组织、寄生虫和其他污染物等。

(4)胃(肚)　外形完整,不带食管,肚头保留 1 cm,无粪便、杂质、溃疡、炎症、肿胀、淤血等。

(5)直肠　无异味,不带粪杂物、脂肪、淋巴、脓疱,无炎症、溃疡、淤血、充血等。

(6)大肠　无异味、无病变、不带粪污等。

(7)小肠　基本不带油,花油内不带肠梢,肠完整不断,无破口,无粪污等。

(8)肾脏(腰子)　外形完整,无炎症、肿胀、脓疱、淤血,不带外膜、脂肪和杂质等。

(9)舌　外形基本完整,带舌骨和舌根肌肉,允许有少量脂肪和刀伤残缺,无血污和病变等。

(10)头　外形基本完整,不带舌和喉管,允许有较大修割面,无脓疱、伤斑及其他病变、腺体、淋巴结,无毛、血污,除净表皮黑气等。

(11)蹄(爪)　外形基本完整,去蹄壳,不带毛,无黑气,允许有较大的修割面。蹄骰:淡黄色透明,外形完整,无油脂、肌肉、血渍,顺直、干燥等。

(12)尾　外形完整,无毛、溃烂、伤斑等。

若出口或有特殊的要求,则按合同规格标准和质量要求执行。

六、猪皮等级

(一)技术条件

宰剥适当,皮质良好,皮形完整,皮张清洁。

(二)鲜猪皮等级规格

1. *甲级皮*　净皮重(指除去油脂后的皮张净重,下同)在 3 kg 以上(包括 3 kg),主要部位允许有下列伤残之一。

(1)描刀　不超过 3 处,总长度不超过 24 cm,深度不及皮厚的 1/3。

(2)削薄　不超过 3 处,总面积不超过 27 cm^2,深度不及皮厚的 1/3。

(3)咬伤　不超过 3 处,总面积不超过 20 cm^2。

如 1、2、3 项交叉兼有时,总处数不得超过 3 处,总面积不得超过 27 cm^2。

2. *乙级皮*　净皮重在 3 kg 以上(包括 3 kg),主要部位的各种伤残不得超过下列规定的任何一项。

(1)破洞　不超过 3 处,总面积不超过 27 cm^2。

(2)描刀　不超过 6 处,总长度不超过 40 cm,深度不及皮厚的 1/3。

(3)削薄　不超过 6 处,总面积不超过 60 cm^2,深度不及皮厚的 1/3。

(4)痘疤、癞癣、咬伤、钩伤、打碰伤等　总和不超过 3 处,面积不得超过 27 cm^2。

如 1、2、3、4 项交叉兼有时,总处数不得超过 6 处,总面积不得超过 60 cm^2。

3. 丙级皮　净皮重在 3 kg 以上(包括 3 kg),整张皮尚有 75%以上制革利用价值,但 1 处破洞面积不得超过 155 cm^2,超过者不符合丙级皮标准。

4. 等外皮　净皮重在 2 kg 以上(包括 2 kg),整张皮尚有 50%以上制革利用价值。

5. 胶料皮　净皮重不足 2 kg,整张皮制革利用价值不足 50%。

另外,要求开剥猪皮带脂肪率,手工剥皮不得超过 15%,机械剥皮不得超过 20%。

第三节　猪产品的保藏与运输

根据国家的屠宰有关法规和技术标准的规定要求,屠宰加工后的猪肉及副产品必须及时出厂(场)销售,以保证其新鲜。未能及时出厂(场)销售或将调运外地或储备的猪肉及副产品,则必须按要求采取冷却、冷冻或冷藏措施加以保藏。对于猪肉及副产品的运输,必须采用符合卫生要求的专用运输工具,以确保其卫生和质量。

一、猪产品的冷冻、冷藏

食品是人类赖以生存的基本物质,但食品尤其是鲜活的畜禽产品容易腐败变质,加上生产又有地区性和季节性,因此,自古以来,人类不断地研究食品的保藏方法,现已有干制、腌渍、烟熏、罐藏、辐射、低温和冷冻干燥等保藏方法。低温保藏食品的主要优点是,在较长时间的保藏过程中,能基本保持食品原有的营养、风味和色泽,所以它目前成为国内外最广泛采用的方法。

利用低温保藏食品的方法,称为“食品冷藏工艺学”,俗称“食品冷加工”,包括冷却、冻结、冷藏和升温解冻四个过程。

(一)猪肉及副产品腐败变质的原因

猪肉及副产品含有蛋白质、脂肪、糖类、维生素、矿物质和水分等营养物质。生猪在屠宰后,由于微生物和自身组织的酶等的作用下,猪肉组织内发生一系列变化,经历了僵直、后熟和腐败三个过程。

由于猪肉和副产品含有较多的水分和蛋白质等，为微生物的生长和繁殖提供了良好的营养物质。在适宜的温度条件下，各种微生物(与食品有关的微生物有细菌、霉菌、酵母菌)就会大量生长繁殖，加上猪肉等自身的酶的作用下，肉及副产品中的蛋白质被逐步分解，最后分解为吲哚、氨、硫化氢、组织胺等，脂肪也被氧化分解生成醛、酸等，致使猪肉及副产品腐败变质。如果生猪宰前不健康，屠宰过程放血不全，生产过程不卫生，则肉及副产品更容易腐败变质。

(二)低温保藏的原理

猪肉及副产品的腐败变质，主要是由于微生物的生命活动和自身酶的生物化学反应以及氧化等作用所造成的。但在低温条件下，微生物生长繁殖减缓，甚至死亡，酶丧失催化能力，脂肪氧化速度也减慢。因此，在低温条件下，可以减弱或延缓猪肉及副产品的腐败变质速度，从而达到保鲜的目的。

(三)猪肉及副产品的低温保藏方法

1. 猪肉的冷却　生猪刚屠宰后，体内热量还没有散去，肉体温度一般为38～39℃，表面湿润；在这种情况下，最适宜微生物的生长和繁殖，对猪肉的贮藏极为不利。猪肉冷却的目的，在于迅速排除肉体内部的热量，降低肉体深层的温度，使肉体表面形成一层干燥膜，以阻止微生物的生长和繁殖，减弱酶的作用，延长猪肉的贮藏时间。在冷却过程中，猪肉也进行成熟作用。

猪肉的冷却是将宰后的片猪肉吊挂在冷却间的轨道上进行冷却。在进肉前，冷却间的温度要先降低到－2～－3℃，在冷却过程中，冷却间的温度要保持在0℃左右。当猪后腿肉中心温度达到＋4～0℃时，冷却即完成。

2. 猪肉的冻结　为了使猪肉能较长时间贮存和便于长途调运，必须对猪肉进行冻结。冻结的方法有两种：一种是先冷却后冻结，将宰后的片猪肉放进0℃冷却间进行冷却，当肉温达到＋4～0℃时，转入－23℃的冻结间进行冻结。另一种方法是直接冻结法，将宰后的片猪肉经晾肉、分割肉包装装盘后送入－23℃冻结间进行冻结。当片猪肉后腿肉或包装肉中心温度达到－15℃时，冻结时间不超过24 h，分割大包装肉(每包重量大于10 kg)冻结时间不超过48 h，冻结即完成。

3. 猪肉的冷藏

(1)冷却肉的冷藏　将经过冷却的肉放入冷却物冷藏间贮藏。在冷却物冷藏间温度为0～－1.5℃，相对湿度为85%～90%的条件下，冷却猪肉可贮存1周时间(采用配气包装或真空包装除外)。

(2)冻结肉的冷藏　将冻结后的猪肉放入冻结物冷藏间贮藏。在冻结物冷藏间温度为－18℃，相对湿度为95%～98%的条件下，带皮冻片猪肉保质期可达10个月，无皮冻片猪肉保质期可达9个月。

4.猪副产品的冷加工　猪副产品的营养价值较高，但比猪肉更易于腐败变质，故需要及时进行冷加工，特别是一些制药用的腺体器官，如胰脏、胆、甲状腺、胃黏膜等，如不及时冷加工，其所含的有效成分即被破坏，失去使用价值。

猪副产品的冷加工，是按不同品种分别装在镀锌铁盘中，直接进行冻结后冷藏，也有进行冷却作短期贮藏的，冷却、冻结和冷藏的温度和猪肉的冷却、冻结和冷藏的温度一样。

二、猪产品的运输

原国内贸易部发布的《生猪屠宰管理条例实施办法》第十四条第五款规定，"定点屠宰厂(场)应当使用符合国家卫生标准的专用运载工具"。运送鲜片猪肉必须使用防尘或者设有吊挂设施的专用车辆，不得敞运，以免尘埃、血污等污染肉体。运送冷却的或冻结的猪肉及副产品，短途的可使用保温汽车，长途的要用冷藏车、船，以防升温或解冻，影响品质质量。所用运输的车船等运载工具必须保持清洁、干净，并定期进行消毒。

思考题：

1.猪产品为何容易腐败变质？

2.低温为何能保藏猪产品？

3.运输猪产品应采用什么运输工具？

第四节　屠宰车间的生产管理

管理是企业的永恒主题，企业管理是一门科学。管理的好坏，直接影响产品质量和企业的经济效益。所以，应加强企业管理，向管理要效益。屠宰车间的管理工作应着重抓好以下几方面的工作。

一、建立健全各项规章制度，并严格执行

为了使车间有章可循，必须制订和健全必要的规章制度，如生猪屠宰加工操作规程，屠宰加工机械设备的操作规程和维护检修制度，财务会计制度，安全生产和卫生消毒制度以及各工序人员的岗位责任制。各项规章制度要与班组、个人的经济利益挂钩，才有利于执行。

二、生产安排

根据屠宰厂(场)安排的生猪宰杀量或客户送来的生猪数量,合理安排人员进行屠宰加工,对客户的生猪要进行编号,屠宰加工后的猪肉和副产品也要编同号,以免发生差错。

半机械化、机械化的屠宰厂(场),由于生产作业是流水线,所以每个工序都要准确地按时完成操作。在生产时,要注意前后工序的情况,如某一工序出了问题,必须及时调整,以免影响车间的生产和产品质量。

三、质量管理

为了保证让消费者吃上安全、卫生的猪肉和副产品,车间要牢固树立"质量第一"的思想,严格把好检验关,一些自检的屠宰厂(场)要按有关法规、规程进行检验,一些只对肉品品质检验的屠宰厂(场)也要按有关规程进行检验,同时也要了解和熟悉生猪传染性疾病和寄生虫病的检验。经检验合格的产品要加盖验讫印章才能出厂(场)。对病害的或品质不合格的产品要按有关规程和规定处理:病害肉按照《畜禽病害肉尸及其产品无害化处理规程》(GB 16548)处理,对病害畜禽产品的消毒按照《畜禽产品消毒规范》(GB/T 16569)执行,肉品品质不合格者按有关规定进行处理,种公母猪和晚阉猪按国家标准规定不能鲜销,要加工成肉制品。

四、安全生产和卫生要求

屠宰车间是进行肉类食品初级加工的车间。车间内使用着较多的机器设备、刀具和电源。为了保证安全生产和符合卫生要求,必须做到:

(一)安全生产方面

(1)贯彻"预防为主"的方针,要加强对职工的安全生产教育。新上岗的人员要进行安全生产培训,考核合格后才能上岗,提高其安全生产意识和防范事故、抢救的技能。对于已发生的事故,要做到"三不放过"(事故原因分析不清不放过,事故责任者和群众没有受到教育不放过,没有防范措施不放过)。

(2)严格执行屠宰操作规程、屠宰加工设备操作维护检修制度和岗位责任制。

(3)机器设备要有专人负责,不是自己使用的机器设备,不要随便开动,以免损坏机器和发生事故。

(4)麻电器等电器应放在规定的位置上,并有危险字样的标记。用水冲洗车间、设备时,要防止其被水淋湿,以免发生漏电、触电事故。使用麻电器等的人员必须穿长统胶鞋,戴橡胶手套,以防触电。

(5)使用刀具要戴上手套,精神要集中,要紧握刀把,拿刀行走时,要将刀尖向下,刀背向前,以防伤己、伤人。刀具不用时要放入刀鞘内,存放在有锁的柜里。

(6)使用单边滑轮的车间,要经常注意滑轮运转是否正常,以避免猪胴体连同滑轮掉下来,砸伤人员。

(7)使用喷灯燎毛时,要注意检查和擦净喷灯的漏油,防止烧伤。

(8)检查和排除机器设备故障时,要切断电源并有专人看管或挂有明显标记,以免发生意外事故。

(9)车间内要配备一定数量的消防器材,并训练有关人员熟练操作使用。

(10)对触电人员要迅速地、正确地使之脱离电源,并进行人工呼吸,请医生抢救。对刀伤或其他外伤的人员应立即采取措施进行包扎防护,以免感染。

(二)卫生要求方面

要按照《肉类加工厂卫生规范》(GB 12694)执行。

(1)对职工加强食品卫生教育,提高其卫生意识。

(2)制订车间的卫生消毒制度,并严格执行。

(3)屠宰车间周围的路面平坦,无积水,搞好绿化、美化工作,保持不飞起尘土。

(4)要经常开展爱国卫生运动,除“四害”及铲除其滋生的条件。

(5)车间内不得堆放杂物,废弃物必须及时清除。

(6)在车间内不准抽烟、饮水和随地吐痰。

(7)生产完毕后要冲洗场地,并定期进行消毒,保持车间的清洁卫生。

(8)机器设备、刀具、用具和运输车辆要保持清洁、干净、不生锈。生产完毕后,要进行清洗、定期消毒。

(9)职工每年要进行一次健康检查,新参加或临时参加工作的人员须经过健康检查合格后方可上岗工作。对患有传染性疾病(如病毒性肝炎、活动性肺病、化脓性或渗出性皮肤病等)的人员,要调离工作岗位。车间应建立职工健康档案。体检要在县级以上医院取得健康合格证才有效。

(10)要注意个人卫生,做到勤洗澡、勤理发,不留长指甲、不涂指甲油等。

(11)生产时必须穿戴工作服、鞋、帽,工作服、帽每天要换洗,保持整洁。离开车间时,必须脱掉工作服、鞋、帽。非生产时间不准穿戴工作服、鞋、帽。外来参观人员必须穿戴工作服、鞋、帽。

(12)生产期间人员所用的刀具和手要经常清洗和消毒,特别是接触到带病菌的屠体或病变组织时,应将工具彻底消毒后再用。

五、开展业务技术学习，提高技术水平

由于科学技术的发展，生猪的屠宰加工技术和设备会不断的进步和更新，为了提高职工的技术水平，成为“多面手”，熟悉车间各工序的操作技能，要组织职工进行业务技术学习，开展技术练兵比赛等。

六、搞好生产记录和报表

根据每天屠宰加工情况，认真做好生产记录和报表工作。每天的记录内容主要有：每天上班参加生产的人数，宰杀的头数、重量，宰后肉的重量，检验不合格的头数和内脏数量（分列什么病或寄生虫或屠宰加工质量等）和作何处理，开剥猪皮合格和不合格数量，机器设备的运行、故障与排除情况等。然后每月和全年做一次统计报表，报表内容主要有：

$$直接屠宰人员劳动生产率=\frac{屠宰总头数}{直接屠宰人员实际人数\cdot日数}\times100\%$$

$$宰后合格率=\frac{宰后合格头数}{屠宰总头数}\times100\%$$

合格以符合市销为准。

$$病害猪检出率=\frac{病害猪头数}{屠宰总头数}\times100\%$$

$$出肉率=\frac{肉体重量}{生猪重量}\times100\%$$

肉体重量指生猪屠宰加工后的胴体重量，不包括血、头、蹄、尾、内脏。

$$剥皮正品率=\frac{合格皮张数量}{开剥皮张数量}\times100\%$$

$$屠宰加工生猪耗水量(t/头或\ kg/头)=\frac{总耗水数}{屠宰头数}$$

$$屠宰加工生猪耗电量(kW\cdot h/头)=\frac{总耗电数}{屠宰头数}$$

各企业的屠宰车间可以根据实际情况，制订必要的生产记录和统计报表，以及单独安装电表、水表。通过记录和统计，可以全面了解车间生产情况、产品质量和耗水、电情况，作为研究改进生产和工作的依据，以提高企业的经济效益。

第二部分

猪肉品品质检验技术

第七章　概　述

第一节　肉品品质检验的含义

肉品品质检验是以兽医科学、公共卫生学和食品营养学理论为基础，密切结合猪的屠宰加工工艺学对肉的品质进行检验和评价的一门综合应用性学科。肉品品质检验工作是保证肉品的质量，防止人畜共患病和动物本身各类疾病的传播，保障人民的食肉安全和身体健康，促进畜牧业健康发展的重要环节。

肉类食品富含动物性蛋白质，是人体所必需的全价蛋白质的主要来源，它具有营养丰富，且易于消化、吸收，但也易于腐败变质的特点。同时，肉类食品又是人感染人畜共患疾病的主要媒介和引起肉食中毒的主要原因。人感染猪囊虫病、旋毛虫病几乎无例外地都是因食肉而造成的。炭疽、牛型结核、布鲁氏菌病、沙门氏菌病、李氏杆菌病、猪丹毒等也多通过肉及其产品传给人。有的肉类食品还能间接传播霍乱等人类特有的传染性疾病。农药、兽药、促生长发育剂、工业化学物质、食品保鲜剂等的滥用，现已对肉品质量和安全性构成极大的威胁——除引起疾病和急性中毒外，更严重的是往往引起慢性中毒和致癌、致畸、致突变。这些危害已成为世界上极为关注的肉品卫生学问题。因此，肉品检验人员除应当具有高度的工作责任感和高尚的职业道德情操外，还必须接受系统的基础理论培训和专业操作技术训练，唯有这样，才能做好这项工作。

广义上讲，肉品品质检验既包括对肉所固有的形态学、生理学和食品营养学性状的检验，也包括外在因素所引起性状异常肉的检验。具体地说，应包括检验各种传染病和寄生虫病在内各种疾病（动物一般性疾病，生物学和化学的污染）、不良加工质量以及其他一切不适合人类食用的性状异常肉的检验。但鉴于目前一些法规和条例的规定，对《中华人民共和国动物防疫法》和《生猪屠宰管理条例》作了区分，即屠宰厂（场）所实施的肉品品质检验包括以下具体内容。

（1）除传染性疾病和寄生虫病以外的疾病，如黄疸、黄脂、全身性肿瘤、脓毒症、尿毒症和各类普通病引起的肉品病变。

（2）有害腺体：甲状腺、肾上腺和病变淋巴结。

（3）屠宰加工质量：不带毛、血、粪污等污染物。

(4)注水或注入其他物质。

(5)种公、母猪及晚阉猪。

(6)农残、药残、激素的残留及其他有害物质。

(7)外伤、骨折、挫伤后的淤血、脓肿、炎症及皮炎等。

(8)其他因素引起的肉品品质变化。

从工作实际来看,肉品品质检验人员仍然必须具备动物检疫和卫生检验的基本知识和技能,才能更好地完成品质检验的基本任务。

第二节 肉品品质检验的基本任务

猪肉品品质是指猪肉及猪产品的感官性状、适口性和营养性。评价猪肉品质应该以肉品卫生、安全、有益于人类健康和消费为前提。而上述内容又受诸多因素制约,如猪的品种、饲养管理条件、肉的结构、病害、加工工艺、运输和贮藏等。因此,肉品品质检验的任务如下:

(1)保障人类食肉安全,控制肉食中毒。随着生产的发展,人民生活水平的提高,动物性食品在食物结构中所占比重越来越大,而对其卫生安全方面的要求也越来越高。控制肉类食品引起的人食源性疾病,是维护人类健康的重要工作。

肉品营养丰富,是多种微生物生长繁殖的良好基质,如果在肉类食品的加工、经营的各环节中,卫生检验和监督管理不严,极易导致病原微生物,特别是最常见的沙门氏菌、金黄色葡萄球菌、致病性大肠杆菌及偶见的肉毒梭菌等的污染。另外,某些农药、兽药、畜用生长激素和其他有毒化学物质往往通过饲料残留于猪体内,然后通过食物链进入人体,危害人类。对于具有上述这些隐患的肉类食品,若不进行检验和处理,任其投放市场,势必引起食肉中毒,影响人体健康,甚至危及生命。为了避免这类事故发生,必须加强肉品检验,以提高肉食的安全性。

(2)防止疫病蔓延,促进畜牧业的发展,控制人畜共患病通过食肉传染给人。在肉用动物的屠宰加工过程中,可以通过肉品、副产品、废弃物和生产污水等扩散病原体,使畜禽疫病流行,影响了畜牧业生产的发展。屠宰厂(场)的肉品检验和加工经营环节中的卫生管理,实际上起到了社会畜禽疫病监察哨的作用。做好肉品检验,及时地处理病畜禽及其产品,搞好卫生消毒,可以有效地预防畜禽疫病蔓延。

在目前所知的350多种动物传染病和寄生虫病中,有200多种可以传染给人,其中有30多种是通过肉用畜禽及其产品传给人的,主要有炭疽、结核病、口蹄疫、猪丹毒、布鲁氏菌病、钩端螺旋体病、猪囊虫病、旋毛虫病、弓形虫病等。肉品检验就是要剔除那些不准屠宰加工和加工后不能食用的畜禽产品,通过一定的方法达到无害后再合理安全地利用或废弃,防止人畜共患传染病和寄生虫病传播,以保障人类食肉的安全。

(3)维护肉类贸易中的信誉。肉类作为商品进入流通环节,必须具有良好的品质,以保证其商业信誉。肉类出口在我国对外贸易中占有一定的比重,严格按照出口肉品检验操作技术规程,加强对出口肉的检验,防止疾病漏检,维护出口商品的信誉具有十分重要的意义。在国内,肉类食品已是千家万户不可缺少的食品之一,为消费者提供安全、卫生、优质的肉品,是每一个肉品检验人员的职责。

(4)加强屠宰卫生管理,防止环境的动物源性污染。在屠宰加工过程中,除检出的病死猪,同时也产生大量的废弃物、胃肠内容物和生产污水,如果处理不当会造成疫病蔓延,还会使大气、水源和土壤受到有机污染,降低人类生存环境的质量。因此,屠宰企业的领导和职工必须增强环保意识,认真执行《生猪屠宰管理条例》、《中华人民共和国动物防疫法》和《中华人民共和国环境保护法》。

第三节 我国肉品品质检验的历史和发展前景

肉品品质检验工作是建立在一定的经济文化基础之上的。只有经济文化发达的国家,才有建立、执行肉品品质检验工作的条件。根据一个国家肉品品质检验的概况,即可了解到这个国家经济文化水平的高低。茹毛饮血的原始社会,人类缺乏卫生知识,常因食用病死肉而得病,甚至死亡。

鸦片战争以后,帝国主义势力侵入我国,霸占领土,掠夺资源。他们为了掠夺肉、蛋等畜产品,在上海、南京、青岛、武汉和哈尔滨等地设立了较大型的宰牲厂及蛋品厂,这些工厂全部由外国人操纵,引用外国的检验法规,由外国技术人员担任检验工作。1928 年,虽然国民党政府卫生部颁布了《屠宰场规则》和《屠宰场规则施行细则》,公布了《商业部商品检验局牲畜产品检验规程》,1935 年又颁布了《商业部商品检验局肉类检验施行细则》,但实际上,由于国民党政府忙于内战,民不聊生,根本谈不上肉品卫生检验的问题。

新中国成立后,党和政府十分重视和关心食品生产、经营的卫生管理,陆续将接收来的肉、蛋厂(场)加以改建和扩建,同时开展了肉品检验工作,使我国肉食品质量和人们的食用安全有了显著提高。1952 年取消了私人屠宰商,以后又相继在一些大中城市兴建了一批肉类联合加工厂、禽蛋厂,在县及县以下修建了屠宰场。为了确保肉品质量和食肉安全,1955 年国务院在《关于统一领导屠宰场及场内卫生和兽医工作的规定》中明确规定,屠宰场统一划归商业食品部门领导,畜禽在屠宰中的检验由屠宰场负责，对外贸易部门对出口肉类的检验与品质鉴定工作进行监督检查；各地卫生部门对于屠宰场的建筑、设备、环境卫生、肉品加工、储运和销售方面的卫生要求应进行监督和指导；畜牧兽医部门对屠宰场的兽医工作进行监督和指导。

1959 年卫生部、农业部、对外贸易部、商业部联合颁布《肉品卫生检验试行规程》，对屠畜的宰前和宰后检验及处理做了一系列的规定，为肉品的安全起见，提供了切实可行的标准。这是我国历史上第一部在全国施行的肉品卫生检验标准性规程。1979 年国务院发布了《中华人民共和国食品卫生管理条例》、《环境保护法》，以后又相继发布了各种肉品的卫生标准。随着工农业生产，特别是畜牧业及肉类加工工业的发展，人民生活水平的提高，卫生意识的增强，原来的行政法规已不适应形势发展要求。1982 年全国人大常委会通过并公布了《中华人民共和国食品卫生法（试行）》，其中规定：禁止生产经营“未经兽医卫生检验或者检验不合格的肉类及其制品”和“病死、毒死或者死因不明的禽、畜、兽、水产动物等及其制品”。1985 年国务院又发布了《家畜家禽防疫条例》，明确规定了屠宰场、肉类联合加工厂中畜禽防疫工作的范围和权限。1995 年 10 月 30 日第八届全国人大常委会第十六次会议通过，以中华人民共和国第五十九号主席令公布实施的《中华人民共和国食品卫生法》亦作了上述相同内容的规定。这是规范屠宰行为，制定专门屠宰法规，确保人们食肉卫生、安全、有益于健康的重要法律依据。1997 年第八届全国人大常委会第二十六次会议通过，以中华人民共和国第八十号主席令公布，自 1998 年 1 月 1 日起施行的《中华人民共和国动物防疫法》规定“国家对生猪等动物实行定点屠宰、集中检疫”。1997 年 12 月国务院第 238 号令发布了《生猪屠宰管理条例》，它是我国历史上第一部专业化屠宰法规，标志着我国的生猪屠宰管理工作走上了规范化、法制化的轨道。

第八章 微生物学基础

第一节 细菌的形态和大小

一、细菌的形态

细菌是单细胞的原核生物，即细菌只由一个原核细胞组成。虽然细菌只是一个细胞，但也有不同的形态。细菌的基本形态可分为球状、杆状和螺旋状，分别称为球菌、杆菌和螺旋菌。

(一)球菌

细胞呈圆球形或椭圆形的细菌称为球菌。球菌有各种形态，如单球菌、双球菌、链球菌、四联球菌、八叠球菌、葡萄球菌等。

为什么球菌的形态如此不同？这是由于球菌在分裂繁殖时，其分裂方向(或叫分裂面)不同，因而球菌的排列方式不同。这种不同的排列方式受细菌本身的遗传性的制约，比较稳定，我们可以利用这个特点将它们区别开。

单球菌：细胞分裂后立即散开，不相互联系，如尿微球菌。

双球菌：细胞分裂后两个成对排列，如肺炎双球菌。

链球菌：细胞的分裂面方向一致，分裂后许多细胞成串连在一起，如链球菌。

四联球菌：细胞第一次分裂后呈双球状，第二次分裂与第一次分裂方向垂直，四个细胞连在一起呈田字形，如四联微球菌。

八叠球菌：细胞的三次分裂面都相互垂直，八个细胞连在一起，呈立方体形，如尿素八叠球菌。

葡萄球菌：细胞分裂面不规则，经多次分裂后聚集在一起，像一串葡萄，如金黄色葡萄球菌。

(二)杆菌

细胞呈长杆状的细菌称为杆菌。一般杆菌的宽度差别不大，而长度有很大的差别。有的杆菌很长，称为长杆菌；有的杆菌较短，称为短杆菌。有的短杆菌接近椭圆形，容易与球菌相混淆。杆菌两端的形状不同，一般为钝圆状，有的为平截，有的略呈尖状。其粗细不同，有的较粗，有的较细。杆菌永远沿横轴方向分裂,有的分裂后立即分开,呈单个存在,为单杆菌;有的分裂后连成串,呈链状排列,为链杆菌。杆菌的排列方式、粗细以及两端的形状等都受遗传特性的制约。

(三)螺旋菌

细胞呈杆状而弯曲的细菌称为螺旋菌,根据其弯曲的程度可分为弧菌与螺旋菌。细胞略呈弧形弯曲的为弧菌,如霍乱弧菌;细胞呈螺旋状弯曲的为螺旋菌,如小螺菌。

以上是细菌的三种不同形态。自然界中,球菌和杆菌的数量和种类都比较多,是细菌中的主要种类,而螺旋菌的数量和种类都较少。

二、细菌的大小

细菌的个体虽然很小,但还是有大小的区别。测量细菌大小的单位为微米(μm),1 μm=1/1 000 mm。球菌的大小以直径表示,一般为 0.2～1.25 μm,常见球菌的直径为 0.5～1 μm。杆菌的大小以宽度×长度表示,一般杆菌的宽度为 0.5～1 μm,变化较小,而长度变化较大,为 1～5 μm。螺旋菌大小的表示方法与杆菌相同,螺旋菌的长度以菌体在空间的长度来表示。细菌的大小也受环境条件和菌龄的影响。一般生长旺盛的细菌的个体大。

细菌的形状和大小在正常的条件下相对稳定,人们可以通过形态和大小来识别它们。但细菌的形态和大小受环境因素的影响很大,改变环境条件如培养温度、培养时间、培养基成分和浓度、pH 等,均可引起细菌形态变化。一般而言,以在生长条件适宜时,培养 18～24 h 的菌体形态较为典型。幼龄细菌形态较长大,在陈旧培养物中或环境中含有不适于细菌生长的物质(如药物、抗生素、抗体和过高的盐分等)时,常引起细菌形态的改变,呈梨形、丝状等不规则形态或多形态,不易识别,故观察细菌的大小与形态,以选用在适宜培养基上经过 18～24 h 培养的幼龄菌体为宜。

第二节 细菌细胞的结构

细菌细胞虽然微小,但其内部结构与高等生物的细胞一样,是很复杂的。所有细菌都具有细胞壁、细胞膜、细胞质、核物质和内含物,这些是所有细胞都具有的结构,所以又叫基本结构。此外,有些细菌还具有荚膜或鞭毛,有些细菌还可形成芽孢,但这些只是某些细菌所具有的结构,所以又叫特殊结构。

一、细菌的基本结构

(一)细胞壁

细胞壁是细菌细胞的重要结构之一,其重量占细胞干重的10%～20%。细胞壁坚韧而略有弹性。细胞壁的功能主要是保护细胞和维持细胞的形态,如球状、杆状、螺旋状都是靠细胞壁来维持的。另一个主要功能是抵抗细胞内由于渗透作用所造成的渗透压,使细菌能够在渗透压低的溶液中生活。另外,细胞壁是一个多孔的结构,具有通透性,水和小分子化合物能自由通过。细菌的鞭毛是从细胞质穿过细胞壁延伸到体外的细丝,细胞壁是鞭毛运动所必需的,可能起力学支点的作用。

革兰氏染色法将细菌分为两大类,即革兰氏阳性菌和革兰氏阴性菌,是微生物学中一个重要的染色法,其主要步骤是:在清洁的玻片上涂布细菌并固定后,在涂面上滴加结晶紫染液,染色约1 min,水洗(注意控制水流),甩干。滴加革兰氏碘液,媒染1 min,水洗、甩干。滴加95%乙醇,稍摇晃几下,倾去乙醇。如此重复2～3次。水洗,用滤纸吸干。最后滴加沙黄液,染色1～2 min,水洗、吸干。用油镜观察,被染成紫色者即为革兰氏染色阳性(G^+),被染为红色者是革兰氏染色阴性(G^-)。

关于革兰氏染色机理,一般接受的是细胞壁通透性学说,认为细胞壁的主成分是肽聚糖,革兰氏阳性菌肽聚糖含量高,脂类含量低,而且位于细胞壁的外层,在酒精处理中被脱水引起细胞壁肽聚糖层中孔径缩小,通透性降低,结晶紫-碘复合物被保留在细胞内,细胞不易脱色而呈紫色。革兰氏阴性细菌细胞壁中脂类含量高,肽聚糖含量低,而且脂类在革兰氏阴性菌细胞壁的外侧,在革兰氏染色过程中由于脂溶剂酒精的处理,溶解了脂类物质,结果使革兰氏阴性细菌细胞壁通透性增加,结晶紫-碘复合物亦被酒精提出,于是革兰氏阴性细菌细胞被脱去紫色而呈复染的红色。

革兰氏染色方法需要在一定条件下才能正确地表现其结果。即只有生命力旺盛的幼龄菌具有革兰氏染色反应,如果用衰老的细菌作革兰氏染色则都表现为革兰氏阴性反应。此外,还要严格遵守革兰氏染色的操作步骤和每一步骤的时间。否则,也不能正确地表现革兰氏染色反应。

(二)细胞质膜

细胞质膜又叫细胞膜,是在细胞壁的内侧包着细胞质的一层薄膜。细胞质膜的功能是使细胞内部与外界环境分隔开,起着调节和维持细胞内微环境相对稳定的作用。它还是细胞生命活动的重要场所。它有选择性,控制营养物质和代谢产物进出细胞，使细胞得以从外界环境中吸取它们所需要的营养物质，而把过多的或废弃物质排出细胞外。细胞质膜上有丰富的酶系统。同时，能量转换、信息传递、细胞识别和免疫等细胞的重要功能都与细胞质膜有着密切的关系。细胞质膜既是物质运输的重要场所，又是重要的代谢活动中心，对细菌的生命活动具有重要的意义。

细胞质膜的主要成分为蛋白质和脂类，膜中的蛋白质与膜的通透性及酶活性有关。脂类主要是磷脂。

（三）细胞质

细胞质膜内包含着细胞质。这是一种无色透明、均质的黏稠胶体。幼龄菌的细胞质稠密均匀，易染色。在老龄细菌中，则可见有空泡出现。细胞质的主要成分是水、蛋白质、类脂质、多糖、核糖核酸和少量无机盐等。包含在细胞质内，还有核质、核糖体、异染颗粒、类脂质、肝糖原、淀粉、空泡等内含物。

（四）中间体

细胞质膜内陷而形成的层状、管状或囊状物称为中间体。当细胞质膜的面积不能满足时，就用增生的方式形成中间体。其作用可能相当于高等生物细胞中的线粒体，因发现其上有细胞色素；可能还有合成细胞壁，特别是横隔壁所需的酶；细胞分裂时，常见中间体位于新形成的横隔壁处，中间体也可能与核分裂有关。

（五）核物质

细菌细胞的细胞核没有固定的形状，没有核膜和核仁，比较原始，称为拟核。核质体的主要成分是 DNA，双链 DNA 分子形成一个连续的、环状的细菌染色体。核质体是细菌遗传的物质基础，与细菌的遗传、变异有着密切的关系。

二、细菌的特殊结构

某些细菌还具有一些特殊结构，如荚膜、鞭毛和芽孢等，这些在细菌分类和鉴定上有着重要意义。

（一）荚膜

覆盖在细菌细胞壁上的一层疏松、黏稠的物质，称为荚膜。荚膜随着细菌种类不同而有厚薄之分。荚膜很薄的称为微荚膜，如果厚而没有明显的边缘，常称黏液层。荚膜的厚度一般为 200 nm。用负染法可在显微镜下看到荚膜的存在。荚膜一般围绕在细胞的外面，但也有一个荚膜内含有多个细菌的，这种荚膜又称菌胶团。

产生荚膜的细菌，在固体培养基上形成的菌落表面湿润、黏稠、透明状，边缘光滑，故称为光滑型（S 型）菌落；不产生荚膜的细菌，所形成的菌落表面较干燥、粗糙，称为粗糙型（R 型）菌落。

荚膜的形成与外界条件密切相关，如炭疽杆菌一般只在动物体内才形成荚膜。

细菌失去荚膜，仍能正常生长，这说明荚膜对维持细胞功能方面无任何重要作用，但在其他方面显示出它的功能：①荚膜是养料贮藏仓库，必要时可向细菌提供水分和养分。②具有荚膜的病原细菌可保护自己免受宿主吞噬细胞的吞噬，加强了病原菌的致病力。如有荚膜的 S 型肺炎双球菌毒力强，一旦失去荚膜则致病力降低。③废物堆积场所。

（二）鞭毛

某些细菌表面生有一种纤细而呈波浪形弯曲的丝状物，称为鞭毛。鞭毛起源于细胞膜内侧的基粒上，穿过细胞膜和壁而伸向外部。可用暗视野或半固体穿刺法或特殊的染色法在光学显微镜下看到鞭毛的存在。鞭毛的化学组成是鞭毛蛋白。

鞭毛着生的位置、数目和排列方式是细菌种的特征，在分类鉴定上具有意义。大多数球菌不生鞭毛；杆菌中有的生鞭毛，有的不生鞭毛；弧菌和螺旋菌都生鞭毛。根据鞭毛的数目和着生方式，可将细菌分为单毛菌、丛毛菌和周毛菌等类型。鞭毛是细菌的运动器官。单毛菌和丛毛菌作直线运动，周毛菌多作翻转运动。衰老的细菌或在不良条件下，菌体常会失去鞭毛。

（三）芽孢

某些细菌生长到一定的阶段，在细菌内形成一个圆形、椭圆形的，折光率强的坚实小体并对不良环境条件具有较强抵抗能力的休眠体称为芽孢。带有芽孢的菌体叫芽孢囊，产生芽孢前的菌体称为营养体。用特殊的芽孢染色法可以在显微镜下看到芽孢的存在。

能否形成芽孢是种的特征。杆菌能形成芽孢的都在芽孢杆菌科内，包括好气性芽孢杆菌属和厌气性芽孢杆菌属两个属；球菌中除生孢八叠球菌属外，均不产生芽孢；螺旋菌和弧菌属中只有少数产生芽孢。

芽孢的形状、大小和位置也是细菌分类鉴定依据之一。大多数厌气性芽孢杆菌的芽孢直径大于菌体的宽度且位于细胞中央，故整个菌体呈梭形，如肉毒梭菌，有些细菌的芽孢位于菌体的一端，且直径大于细菌的宽度，使芽孢囊呈鼓槌状，如破伤风梭菌；有些细菌的芽孢位于细胞中央，直径小于菌体的宽度，如枯草杆菌和炭疽杆菌。

细菌能否形成芽孢，固然与该菌的遗传特性有关，然而与外界的环境条件也有关系。需氧性芽孢杆菌形成芽孢时必须有游离的氧存在；相反，厌氧性芽孢杆菌必须在充分厌氧条件下，才会产生芽孢：营养物质的不足，温度的改变，或在培养基内加入某种物质等都会促进芽孢的形成。芽孢在形成过程中含水量大幅下降，细胞质浓缩，核物质浓缩，合成2,6-吡啶二羧酸，并以钙盐形式存在。芽孢壁厚而致密，还有抗热性的酶，因此芽孢呈现出高度耐热性和抵抗其他不良环境的能力。

一个细菌只生成一个芽孢，一个芽孢只能萌发成一个菌体，没有数量上的增加，所以芽孢只是细菌抵抗不良环境的休眠体，而不是细菌的繁殖方式。

研究芽孢具有很大的实践意义：

第一，可以作为菌种的分类鉴定依据。

第二，作为灭菌指标，如炭疽杆菌的芽孢高压灭菌应是121℃ 5～10 min。

第三，有利菌种保藏，如炭疽杆菌的芽孢在土壤中可保存10～20年。

三、细菌菌落形态

单个或少数细菌(或其他微生物的细胞、孢子)接种到同体培养基表面，如果条件适宜，就会形成以母细胞为中心的体形较大的子细胞群体。这种由单个或少量细胞在固体培养基表面繁殖形成的、肉眼可见的子细胞群体称为菌落。

菌落形态包括菌落的大小、形状、边缘、光泽、质地、颜色、透明程度等。每一种细菌在一定条件下形成固定的菌落特性。不同种或同种细菌在不同的培养条件下，菌落特征不同。

细菌形态是菌落形态的基础，菌落形态是细菌形态在群体集聚时的反映。球菌形成隆起的菌落；有鞭毛的细菌常形成边缘不规则的菌落；具有荚膜的菌落表面光滑，边缘光滑整齐；有芽孢的菌落表面干燥有皱折；有些能产生色素的细菌菌落还显示出鲜艳的颜色。

第三节　细菌的生理

细菌在其一生的生命活动过程中，不停地进行新陈代谢活动。为了生存，细菌必须从周围环境中吸收各种物质，以满足合成细胞、提供能量和调节新陈代谢的需要。

一、细菌的营养物质

细菌的营养物质一般包括碳素化合物、氮素化合物、无机盐类、维生素和水。

(一)碳源

凡可构成细菌细胞的代谢产物中碳素来源的物质称碳源。它的功能有:①提供细胞物质中的碳素来源;②提供细菌生长发育过程中所需要的能量。

正因为碳源有双重功能,所以在微生物的营养需要中,对碳的需要量最大。大多数微生物是以有机碳化合物作为碳源和能源,而糖则是最好的碳源,有些微生物能利用碳氢化合物作为碳源,有些细菌能利用 CO_2 或碳酸盐作为唯一或主要的碳源。

(二)氮源

凡是构成细菌细胞物质或代谢产物中氮素来源的物质,称为氮源。氮源的功能是提供合成原生质和细胞其他结构的氮素来源,一般不能提供能量。

氮源的范围很广,无机氮源如铵盐、硝酸盐、氮气等,有机氮源如蛋白质及各种分解产物。细菌利用氮源的能力表现出很大的差异,大多数细菌只能利用铵盐和其他含氮盐、有机含氮化合物作为氮源,而有些少数固氮菌则能利用分子态氮源合成自己的蛋白质。

(三)无机盐类

它是细菌生长过程中必不可少的营养物质。细菌需要的无机盐一般包括磷酸盐、硫酸盐、氯化物和含钾、钠、铁、镁等的化合物。从量的角度,可分常量元素和微量元素。常量元素一般指磷、硫、钾、镁、钙、钠、铁等;微量元素一般指锌、锰、钼、钴等。

(四)生长因子

凡是细菌本身不能自行合成,但生命活动又不可缺少的特殊营养物,称生长因子。从广义上讲,生长因子包括氨基酸、嘌呤和嘧啶、维生素;从狭义上讲,生长因子专指维生素。由于细菌本身不能合成,所以常要由外界提供。它的功能在于,或者构成细胞的组成成分,或者调节代谢。如许多维生素是各种酶的辅基成分,没有这些物质,酶就失去活力,新陈代谢则无法进行。

(五)水分

水分是细菌细胞中的主要成分,一般含 10%~90%,所以它们不能脱离水而生存。在代谢过程中,水起着重要的作用,它不仅参与反应,而且溶解参加代谢的物质,提供反应场所,使代谢反应得以顺利进行。细菌所需要的营养物质也只有溶解于水后,才能被细菌很好地吸收。此外,由于水具有传热快、比热高、热容量大等优良特点,所以它又有利于调节细胞温度,保持细菌生活环境温度的恒定。

二、细菌吸收营养的方式

微生物没有专门吸收营养物质的器官,整个物质交换都在细菌表面进行,细菌表面面积大，物质交换数量多，速度也快，所以微生物的适应性也强。当微生物处于有营养物质的环境中时，由于细胞膜的半透性可选择性地吸收环境中的营养物质，这样就控制着细胞内外物质的交换。

细菌吸收营养的方式有四种。

1. 被动扩散　营养物质在细胞内外浓度不同，利用浓度差，从高浓度向低浓度进行扩散，由于细胞只是被动地接受透入的物质，所以称为被动扩散。被动扩散是一个物理过程，不消耗能量，它是非特异性的，扩散速度较慢，营养物质只是通过膜上的小孔进入体内。

2. 促进扩散　促进扩散是利用渗透酶在细胞膜的外表面与被作用物质结合，而在膜的内表面把它释放出来。渗透酶在这一过程中起着加快运输速度的作用。由于此过程仍然是以一种浓度差来进行的，所以也不消耗能量。

3. 主动运输　在促进扩散中的渗透酶的作用下，再在提供能量时，能将体外的营养物逆浓度地运送至体内，这就是主动运输。

4. 基团转移　这种方式在能量参与下，把营养物的化学结构作些改变，使之不能透过细胞膜而留在体内，这样又可以逆浓度地把细胞外的营养物累积在细胞内，它是很多糖和糖的衍生物的运输手段，被运输的糖被磷酸转移酶系统磷酸化，然后进入细胞内。磷酸转移酶系统包括酶Ⅰ、酶Ⅱ、酶Ⅲ和热稳定蛋白(HPr)。

三、细菌的营养类型

细菌的营养类型多种多样，根据它们所需要的碳源和能源的不同可将细菌的营养类型分成四大类。以微生物对碳源要求的不同作为基础，可分为自养菌和异养菌。自养菌能利用无机碳(如 C、CO_2)合成微生物体内所需要的有机碳化合物。异养菌不能利用无机碳而需要有机碳(如葡萄糖)，才能合成微生物体内所需要的有机碳化合物。

在这一碳源不同的基础上，再考虑能量获得的来源不同，可以分为光能营养菌和化能营养菌。所谓光能营养菌就是从光线中获得能量，所谓化能营养菌就是从化学物质的转化中获得能量。而微生物的生长既要有碳源，又要有能源，综合碳源、能源的来源不同可分为光能自养菌、光能异养菌、化能自养菌与化能异养菌。

1. 光能自养菌　利用日光作为生活所需要的能源，以无机碳为碳源。

2. 光能异养菌　利用光作为能源，以一种有机化合物为主要碳源和供氢体，将 CO_2 还原成碳水化合物。

3. 化能自养菌　这类细菌的能源来自无机物氧化所产生的化学能，而它的碳

源是 CO_2（或碳酸盐），可以在完全无机的环境中生长发育。

4.化能异养菌　它们的能源来自有机化合物氧化所产生的化学能，碳源也主要是有机碳化合物。这类微生物的合成能力差。

化能异养菌又可分为两大类，即腐生菌和寄生菌。腐生菌是从无生命的有机物（如动植物残体）中摄取营养，它可引起食品腐败变质，进而引起食物中毒。寄生菌则是生活在其他生物体内，从活的寄主中获得营养物质，动植物和人的致病菌均属此种。

四、细菌的生长和繁殖

细菌从外界吸收营养物质后，如其他环境条件适宜（如温度、氧气、pH 等）就开始生长，生长首先表现为原生质不断增加，然后细胞的体积也随之增大。当细胞长到一定程度时，母细胞就会开始以二等分裂法进行繁殖，细菌中部细胞膜凹陷，形成隔膜，将一个菌体横分裂为两个基本相同的子细胞。

在一定的条件下，细菌的生长有一定的规律。如将少量单细胞纯种细菌接种到一定量的液体培养基后，在适宜的条件下培养，每隔一定时间，取培养液测定细菌的数目，就可观察到下面的现象：刚一开始生长缓慢，细菌数基本上不增加；以后生长逐渐加快，细菌数目也增加得较快；然后有一段时间趋于稳定，细菌数基本不变；最后细菌数逐渐下降。这样的结果用作图法表示，取细胞数目的对数值作为纵坐标，以取样的时间为横坐标，可以绘出一条曲线，称为生长曲线。

根据细菌生长繁殖速率不同，把生长曲线划分为四个阶段，即延缓期、对数生长期（对数期）、稳定期、衰亡期。

1.延缓期　当少量菌接种到液体培养基中，通常开始并不立即生长繁殖，细胞数目几乎不增加，甚至还会减少，群体的生长速度近于零，这段时间称为延缓期。

处于延缓期的细菌，经过适应后，表现为细胞开始生长、变粗变长，代谢活动逐渐旺盛起来，细菌中 DNA 含量增多，但对不良环境条件较为敏感。

2.对数期　延缓期以后，紧接着是一个生长速度达到最高的时期。这时菌数以几何级数增加，即进入了对数期。处于对数期中的细菌，其个体的形态和生理特性都比较一致，代谢活跃，生长速度恒定，繁殖力强。

3.稳定期　微生物群体中新繁殖的细菌数目与死亡的细菌数目基本上处于平衡稳定的状态，活细菌数达到动态平衡，群体的生长速度等于零。出现稳定期的原因：其一是在恒定的容器内，养料由于不断消耗而处于贫乏状态，营养越来越不能满足微生物新陈代谢的需要。其二由于产生了有害的代谢产物或环境条件受到改变，这样就有可能造成微生物生长不利。

4. 衰亡期　稳定期后如再继续培养，细菌的生长则进入了衰亡期。在衰亡期中，微生物死亡的速度超过新生的速度，群体中总活菌数明显下降。这时细菌普遍衰老，内含物增加，液泡出现，有部分细菌会产生自溶，细菌会积累或释放一些代谢产物。

第四节　影响细菌生长的因素

细菌的生长，除了由本身的遗传特性决定外，还受外界许多因素的影响。从某种程度上讲，外界环境条件的好坏决定着细菌是否生长。

一、营养物浓度

细菌所需要的营养物浓度非常之低，所以在自然界中它们到处生长。然而营养物浓度太低时，细菌生长就会遇到困难，甚至还会死亡，这是因为除了生长需要能量以外，细菌还需要能量来维持生存。另外，营养物的浓度也不能过高，营养物浓度过高也会影响微生物生长，甚至将其杀死。如蔗糖，适当浓度的蔗糖是许多细菌的碳源和能量的来源，但浓度过高时会抑制细菌的生长。

二、温度

细菌在生长过程中有其可生长的温度范围和最适温度。根据各种细菌生长所需的温度高低，可分为低温型（嗜冷菌）、中温型（嗜温菌）和高温型（嗜热菌）3 个基本类型（表 8-1）。

表 8-1　细菌生长的温度范围

类型	生长温度范围/℃			存在处所
	最低	最适	最高	
低温型	－7～10	12～20	25～30	水和冷库内细菌
中温型	10～20	18～28	40～45	腐生菌
	10～20	37	40～45	病原菌
高温型	25～45	50～60	70～85	温泉及堆肥的细菌

在最适温度下，细菌的生长最快。超过最高生长温度或最低生长温度，细菌的活动和生长均告停止，但仍能维持生命，温度过高则将死亡。一般病原菌的最适温度与人畜的体温相近。

三、水分

水分是细菌生长的必要条件，但是细菌只能在水溶液中生长，而不能生活在纯水中。

四、氧气

按照细菌对氧气的需要情况，可将它们分成需氧菌、兼性厌氧菌和厌氧菌。厌氧菌在生长过程中不需要分子氧，分子氧的存在对它们生长产生毒害，不是被抑制，就是被杀死，而需氧菌和兼性需氧菌不会被氧所杀死。

五、pH

培养基的 pH 对细菌生长的影响很大。虽然大多数细菌在 pH 6～8 之间可以生长，但多数病原细菌生长的最适 pH 为 7.2～7.6。个别病原菌可在弱酸性条件下生长，如鼻疽杆菌可在 pH 6.4～6.6 内生长。一般霉菌的最适 pH 为 3.0～6.0。霍乱弧菌可在 pH 8、肠球菌可在 pH 9.6 中生长。许多细菌在生长过程中，能使培养基变酸或变碱而影响其生长，所以往往需要在培养基内加入一定量的缓冲剂。

pH 对细菌生命活动的影响，一方面是由于氢离子浓度影响细胞胞浆膜的电荷，从而影响营养物质的吸收；另一方面氢离子浓度也能影响到代谢过程中酶的活性。

六、渗透压

细菌细胞需要在适宜的渗透压下，才能生长与繁殖。盐腌糖渍之所以具有防腐作用，即因一般细菌和霉菌在高渗条件下不能生长繁殖之故。不过细菌较其他生物细胞对渗透压有较大适应能力。特别是某些细菌(例如粪链球菌)，能在较高的食盐浓度下生长。还有一些细菌(例如盐杆菌科的细菌)，其生长繁殖必须有较高浓度的食盐。

第五节 病毒简述

病毒是一类比细菌更微小，能通过滤菌器，仅含一种类型核酸(DNA 或 RNA)，只能在活细胞内生长繁殖的非细胞形态的微生物。现已发现千余种病毒，它们广泛分布于自然界中，无论动物、植物和人类都可受病毒的危害。

例如由微生物引起的人类传染性疾病，就有80%是由病毒所引起，已远远超过其他微生物引起的传染病。病毒性疾病的重要特点是：传染性强，流行广，有较高的死亡率。目前还有许多肿瘤疾病也与病毒有关。因此，掌握病毒的特性，认识病毒的传染和发病特点，对控制病毒给人类和动植物的危害有一定的意义。

一、病毒的基本特点

1. 个体特别微小　病毒比目前研究较多的其他种类微生物都小，有些病毒甚至比某些无生命的蛋白质还小。单个的成熟病毒称为病毒粒子，其直径为10～300 nm，除较大的痘病毒外，其余的用普通光学显微镜看不见，必须用电子显微镜，放大几千倍至几万倍才能看见，所以又称为超显微微生物。因其小到能通过一般滤菌器，所以曾有滤过性病毒之称。

2. 结构简单　病毒比其他微生物结构更简单，它是由蛋白质围绕着核酸组成的复合分子构成的，为非细胞结构型，而且只有一种类型的核酸，核酸构成病毒的基因组。病毒没有完整的酶系统，只有少数必要的酶类。

3. 高度的寄生性　病毒不能在无生命的人工培养基上生长繁殖，必须进入适合的活细胞中，依靠寄主细胞供给能量、养料和酶等才能增殖。在寄主细胞内的增殖不是二分裂裂殖，而是在细胞内以自我复制的方式形成新的病毒粒子。某些病毒的基因片段也可以整合到寄主细胞核染色体的基因组中，并随细胞DNA的复制而复制，引起潜伏感染。

4. 特殊的抵抗力　在活细胞内生活的病毒，对于能干扰细胞代谢的各种因素具有明显的抵抗力。如对甘油有耐受作用，不像细菌等微生物那样可被甘油脱水而死亡，也能抵抗多种抗生素的作用，但干扰素可阻止它的生长和成熟。

二、病毒的形态

病毒体积虽小，但都有一定的形态，其基本形状可分为杆状形和球形。杆状病毒有呈弯曲杆状的、呈线状的等。球形病毒实质上是一个多面体，如常见的疱疹病毒、腺病毒等是二十面体。球形病毒的直径为20～300 nm。还有一些病毒呈蝌蚪形，如细菌病毒——噬菌体。狂犬病病毒呈子弹头状。

三、病毒的化学组成与结构

病毒体主要由核酸与蛋白质组成。核酸位于中心部位，外面包围着蛋白质衣壳，核酸与蛋白质组成核衣壳。最简单的病毒就是一个裸露的核衣壳，如细小核糖核酸病毒。有些病毒在核衣壳之外还有一层包膜,如流感病毒。此外,结构更为复杂的病毒,称为复合病毒。

1. 核酸 核酸构成病毒的核心,一种病毒只有一种类型的核酸(DNA 或 RNA),核酸可以是单链也可以是双链。病毒核酸贮存着病毒的遗传信息(基因组),控制着病毒的遗传和变异,增殖和感染性等。

2. 衣壳 包围在核酸外面的结构物,由许多蛋白质亚单位,即壳微粒所组成。每一个壳微粒由一个或多个多肽链组成,多肽链分子呈对称排列。各个壳微粒之间以非共价键连接,并对称地缠绕在一起,形成立体对称的二十面体或螺旋对称两种形态单位。

3. 包膜 某些病毒除核衣壳外,外面还有一层结构比较复杂的包膜,它们一般含有脂类、蛋白质和糖类。在少数病毒的包膜外面,每隔一定间隔有长短不一的突起,称刺突,如狂犬病病毒。包膜是在病毒成熟以后,以芽生方式通过寄主细胞膜或细胞核膜时产生的,所以具有寄生细胞类脂的特点。

四、病毒的增殖

病毒缺乏活细胞所具备的完整细胞结构以及代谢所必需的酶系统和能量,这是它与其他微生物的不同之处。病毒在外界处于静止状态,基本上与无生命的物质相似,也不能在无生命的人工培养基上生长。病毒是在寄主的活细胞内,以自身核酸为模板,利用宿主细胞的原料、能量和生物合成场所,合成病毒的核酸、蛋白质等成分,然后在宿主细胞的细胞质或细胞核内装配成为成熟的病毒体,再以各种方式释放到细胞外,这种增殖的方法称为复制。整个过程称为复制周期,复制周期分为五个阶段,即吸附,进入,脱壳,生物合成,装配和释放。其中任一阶段发生错误都可以导致复制周期不正常,于是形成缺损病毒或顿挫感染。

五、病毒包涵体

病毒核酸进入宿主细胞的细胞浆和细胞核内,复制和合成子代病毒颗粒,成熟后一部分释放到细胞外,也有的在宿主细胞浆或细胞核内大量增殖,产生子代病毒的群落,称为包涵体。

大多数包涵体是病毒的寄生部位,经组织病理学染色可在普通光学显微镜下观察不同病毒的包涵体,其大小、形状、数量、位置(核内或胞浆内)以及染色性(嗜酸或嗜碱)也不同,这些特征可以作为鉴定病毒的依据。

六、干扰素

病毒侵入动物有核细胞内进行复制的同时，细胞可产生一种糖蛋白性质的干扰物质，称为干扰素。它能抑制病毒在宿主细胞内进行复制，阻止和中断机体发病，促进康复，还能降低肿瘤的恶性程度，抑制癌细胞的增殖能力。另外，干扰素还能激活巨噬细胞和自然杀伤细胞的吞噬作用，促进机体的免疫机能。人工生产的干扰素，已成为防治病毒和肿瘤性疾病很有希望的药物。

第九章　动物病理学基础

要获得卫生质量很高的动物性食品，防止人感染人畜共患病，防止畜禽疾病的扩散传播，检验人员必须十分了解其所面临的被检对象的病理变化，否则就根本不能作出准确的综合判断和卫生评价。因此，动物病理学是肉类食品卫生检验的科学理论依据和必不可少的技术手段。

第一节　局部血液循环障碍

血液和体液循环的主要功能是维持机体内环境平衡。循环障碍必然会引起一系列的形态和功能变化，是机体在各种疾病过程中许多器官、组织所共有的病理损害，这些病变并不是独立的疾病，它可能单独出现，也可能几种病变同时发生。血液循环障碍分为全身性与局部性两种。

全身性血液循环障碍发生于心功能衰竭与整个血管系统功能紊乱时，具有全身性特点，并往往伴有血液质与量的改变。局部性血液循环障碍由身体某一部分或个别器官内血管的变化引起，充血、贫血、出血、血栓形成、栓塞和梗死均属于局部血液循环障碍。但要注意，局部是隶属于全身的，许多局部变化是全身变化的局部表现；而全身也不能脱离局部，两者是辩证统一的。本节讨论的局部性血液循环障碍主要包括局部血量的异常（充血、贫血、梗死）、血液性质的改变（血栓形成、栓塞）和血管通透性或完整性的改变（水肿、出血）等。

一、充血

机体的任何局部或器官的血管内含血量过多称为充血。按充血的来源不同，分为动脉性的（主动性的）和静脉性的（被动性的、淤滞性的）两种。

（一）动脉性充血

动脉性充血是指流向器官或身体一定部位的血液增多，而静脉流出仍正常，简称充血，分生理性和病理性两种。

1. 生理性充血　指器官、组织活动加强时，需要大量血液，支配该器官、组织的动脉反射性扩张的结果，是一种正常的生理反应。如饮食后消化道等内脏器官明显充血，正因为这样，屠畜在宰前要停食一定时间，不能喂饲，否则会出现放血不全，影响肉品质量。

2. 病理性充血　是致病因子作用的结果，依引起原因不同又分神经性充血、侧枝性充血、炎性充血、贫血后充血。

(1)神经性充血　在物理性(冷、热、摩擦)、化学性(酸、碱及其他)和生物性等致病因子作用下，血管舒张神经兴奋或血管收缩神经麻痹的结果。屠畜在炎热的夏季或寒冷的冬季长途运输即可导致皮肤的充血。

(2)侧枝性充血　发生于丧失了正常血液供应的器官或组织周围。当动脉血管一部分发生阻塞或狭窄时，阻塞上方由于血压升高，血液流向周围的血管吻合枝(侧枝)，同时阻塞的下方由于缺血、缺氧使酸性产物蓄积，刺激局部而反射性引起侧枝扩张的结果。

(3)炎性充血　组织受到致炎因子和炎灶生理活性物质(多肽类、组织胺等)的刺激，局部细动脉出现短暂的反射性痉挛，细动脉和毛细血管随后扩张的结果。

(4)贫血后充血　是指机体某部因血管长期受压发生局部贫血，压力突然除去时，该部动脉极度扩张引起的充血。

3. 充血的病理变化

眼观：小动脉与毛细血管扩张，血流加速，有时局部可触及动脉搏动。由于血流量增加，器官和组织的体积有所增大，呈鲜红色，代谢旺盛，局部温度升高，功能增强，黏膜和腺体分泌亢进。

镜检：充血组织中的小动脉及毛细血管扩张，呈现毛细血管数目增多，血管内充满红细胞。

(二)静脉性充血

由于静脉血回流受阻，血液淤积于局部小静脉和毛细血管内，致使组织或器官的含血量增加，称静脉性充血，又称淤血。

1. 静脉性充血的原因　静脉受压或静脉腔内阻塞，心功能不全(心力衰竭)，胸膜及肺脏的疾患，肺循环障碍，右心室积血致使静脉回流受阻等均可引起机体各器官淤血。

2. 静脉性充血的病理变化　急性淤血的器官，体积增大，呈黑红、紫绀色，若发生在肺、胃肠道与皮肤，伴发水肿。显微镜观察淤血的特征是静脉和毛细血管充盈，毛细血管周围间隙及结缔组织基质内有水肿液积聚，红细胞透出(淤血性出血)。慢性淤血时，因缺氧和物质代谢障碍，实质细胞发生变性和萎缩，结缔组织增生，器官变硬(淤血硬化)。由于淤血的持续时间和器官的解剖生理特点不同，其病理变化有很大的差异。

淤血常发生于肺、肝、肾等器官。

(1)肺淤血　主要由于左心机能不全或肺静脉血回流受阻所致。

肺脏呈暗红色，稍膨大，较沉重而硬；肺泡含气量减少，切一小块组织放入水中，呈载重船样半浮半沉；切面有多量暗红色血液流出。淤血稍久，血浆渗入肺泡腔和间质而使肺间质增宽，呈灰白色透明状。慢性肺淤血时可出现褐色硬化。

镜检：见肺小血管、肺泡壁毛细血管高度扩张，充满红细胞，肺泡壁明显增厚。肺泡腔内有水肿液聚积，其间可见少量红细胞和巨噬细胞、脱落肺泡上皮。慢性肺淤血时在肺泡腔内多见吞噬有含铁血黄素的巨噬细胞，称含铁血黄素细胞或心力衰竭细胞。

(2)肝淤血　肝脏体积增大，边缘钝圆，被膜紧张，质较实而脆，呈暗红色，切面多血。急性肝淤血，肝小叶呈暗红色；慢性肝淤血时，肝表面和切面上均可见红黄相间的(淤血与脂肪变性相间)网络样花纹，状如槟榔的切面，故又称“槟榔肝”或“豆蔻肝”。

镜检：见肝小叶中央静脉及周围血窦极度扩张，充满红细胞；慢性肝淤血时，由于扩张血窦的压迫及缺氧使小叶中心的肝细胞索排列紊乱和明显萎缩，小叶周边及淤血区附近的肝细胞呈脂肪变性，故形成红黄相间的“槟榔肝”景象。

二、局部缺血

机体任何部位或器官的含血量不足称为缺血，它包括血量减少到完全无血等一系列改变。

1.局部缺血的类型　器官或机体任何部位的缺血，是因为血液流出正常而血液流入不足引起的。按原因不同，缺血可分为以下几种类型。

(1)压迫性缺血　发生于动脉血管受压时，如肿瘤、捆绑、积留渗出物和积血等压迫作用。

(2)闭塞性缺血　是动脉内血栓形成、栓塞或血管内膜因炎性增生而变厚使动脉管腔变窄或闭塞的结果。

(3)血管痉挛性缺血　见于动脉血管痉挛性收缩时或由寒冷、严重外伤和其他应激刺激引起血管痉挛性收缩所致。

(4)侧枝性缺血　指由于血液急骤地流入机体某部位，而在另外部位出现少血的现象。

2.局部缺血的病理变化　缺血时器官体积缩小，包膜皱缩，颜色变淡，呈现器官的特有色泽：黏膜、皮肤苍白色；肺脏灰白；肝脏褐色。这与宰后放血完全的脏器色彩相一致，事实上屠宰放血致死的动物是难以发现缺血的。

三、血栓形成

在心脏、血管内流动着的血液或血液的某些成分形成固体质块的过程称血栓形成,所形成的固体质块称血栓。

血栓形成的过程中,心血管内膜损伤在血栓形成中起着始动作用;血流状态改变包括血流缓慢、旋涡形成及血流停滞等是血栓形成的重要条件;血液性质和血液成分的改变是血栓形成的物质条件。上述血栓形成的三个基本条件,除少数情况外,大多数是通过两个以上因素综合作用的结果,才能形成血栓。

血栓按其外观及显微镜下的结构,可分为白色、红色和混合血栓。

1.白色血栓　心脏、动脉内的血栓以及静脉血栓的起始部均为白色血栓。这种血栓质地密实、表面不平、灰白色。心瓣膜的白色血栓呈疣状;心室壁的呈层叠的片状;心房心耳内的血栓呈球状。光镜下白色血栓呈均质颗粒性蛋白质状,较大的白色血栓有由凝聚的血小板构成的海绵状支架,支架间积聚白细胞和纤维素丝。

2.红色血栓　与死后凝血块类似,充满整个血管腔,黑红色,由稠密的纤维蛋白网及网眼中的红细胞构成,两者比例大致与正常血液相同。红色血栓主要见于淤血的静脉内。

3.混合血栓　是红色血栓与白色血栓的结合。血栓的头(起始部分)为白色血栓;体为红、白交替的层状结构(混合血栓);血栓尾部常为红色血栓,多游离在血管腔中。

四、栓塞

循环血液中有异常物质随血流运行至相应大小的血管而不能通过,引起管腔阻塞的过程称栓塞;引起栓塞的异常物质称栓子。

1.栓子的运行途径　栓子运行的途径一般与血流方向一致。

(1)来自肺静脉、左心或动脉系统(大循环)的栓子　一般随血流从较大的动脉到较小的动脉停留引起栓塞,称动脉性栓塞或大循环性栓塞。

(2)来自右心及静脉系统的栓子　多数经右心室随血流阻塞于肺动脉的大小分枝处,称静脉性栓塞或小循环性栓塞。某些体积小而富于弹性的栓子,有可能通过毛细血管而进入肺静脉,再经左心进入动脉系统,阻塞于某些动脉小分枝。门静脉系统的栓子,多随血流进入肝脏,阻塞于门静脉的大小分枝处,称门脉循环栓塞。

(3)其他　还有交叉性运行,见于房(室)间隙缺损;逆行性栓塞如静脉性栓子由重力关系而逆行或强烈咳嗽等引起。

2.栓塞的种类及其影响

(1)血栓性栓塞　由脱落的血栓引起的栓塞，为常见的一种，其影响因栓子的大小、发生的器官以及侧枝循环能否迅速建立而异。当完全阻塞又不能建立侧枝循环时，可引起梗死；阻塞在生命的重要器官，可导致动物的急性死亡。

(2)空气性栓塞　指空气吸入血流引起的栓塞，多见于静脉破裂、骨折等。

(3)脂肪性栓塞　多见于骨折，富含脂肪的骨髓组织破坏，脂肪随破损静脉进入血流引起栓塞。

(4)组织性栓塞　指组织碎片或细胞团块进入血流，见于外科手术、外伤或坏死。一般性组织碎片的影响与血栓栓塞相仿；肿瘤细胞团块往往在栓塞部位形成新的子瘤，即肿瘤的转移。

(5)细菌性栓塞　机体感染灶的病原菌常单独或与坏死组织一起脱落，随血流引起阻塞，这种栓塞往往在局部产生新的感染灶，甚至造成脓毒败血症，如栓塞性脓肿、疖等。

(6)寄生虫性栓塞　某些寄生虫虫体或虫卵也可成为栓子，如马圆虫可经门静脉进入肝脏引起砂粒肝，血吸虫可导致砂粒肝、砂粒肺及直肠黏膜的血吸虫结节，旋毛虫也可引起栓塞。

五、梗死

由于动脉血流阻断引起相应部位的缺血性坏死称梗死，其形成过程称梗死形成。根据梗死灶内含血量的不同，梗死分为贫血性梗死和出血性梗死两种。

1.贫血性梗死　又称白色梗死。贫血性梗死多发生于肾、心、脑等器官。猪多发生肾贫血性梗死，其病理变化为新鲜梗死灶因吸收水分，局部稍肿胀，表面隆起，数日后梗死组织变干、变硬以至稍微低陷。梗死灶呈圆锥形而切面呈楔形，尖端指向闭塞的血管，呈灰白色，边界清楚。梗死灶边缘有一充血出血带（炎性反应带、分界线炎），但并非一定具备。显微镜下呈典型的凝固性坏死的组织象，大体轮廓保留，微细结构丧失，即肾小球、肾小管、血管的轮廓仍能辨认，但胞核消失，结构模糊，微细结构不可辨。

2.出血性梗死　又称红色梗死。出血性梗死多发生于肝、肺、肠道及脾脏，梗死区呈暗红色。显微镜下见梗死区除组织坏死外，还有大量红细胞（出血），常有含铁血黄素沉着。

六、出血

血液自心血管腔逸出到体外、体腔或组织间隙，称为出血。血液逸入体腔或组织者称为内出血，血液流出体外称为外出血。出血是一种重剧的病理变化。

1. 出血的类型　按血液逸出的机制不同，可将出血分为破裂性出血和漏出性出血两种。

(1)破裂性出血　是指心脏或血管壁破裂而引起的出血。破裂可发生于心脏(如心壁瘤破裂、心脏外伤)、动脉(主动脉瘤、动脉粥样硬化、囊性动脉中层坏死等)、静脉(如肝硬变时食道静脉曲张)和毛细血管(如软组织损伤)。破裂性出血可发生于各种血管，但一般是局部性的，很少是全身性的。引起血管破裂的常见病变是炎症和恶性肿瘤。

(2)漏出性出血　这种出血是由于毛细血管后静脉、毛细血管及毛细管前动脉的血管壁通透性增高，血液通过扩大的内皮细胞间隙和受损的血管基底膜而漏出管腔外。

2. 出血的病理变化　内出血可发生于体内任何部位，血液积聚于体腔内者称积血，如腹腔积血、心包积血，体腔可见血凝块。发生于组织内的内出血，量大时形成血肿，如脑血肿、腹膜下血肿、皮下血肿等；量少时仅镜下才能查见在组织内有多少不等的红细胞逸出或含铁血黄素、橙色血晶的存在；皮肤、黏膜、浆膜的少量出血在局部形成淤点，多呈针尖大、粟粒大至高粱米大，散在分布或弥漫分布。较大的出血灶形成淤斑。此外，按出血的来源不同，临床上有不同的命名，如脑出血、某些器官浆膜的不规则的弥漫性出血称溢血等。电致昏屠宰时若电压过高或电流过强也可在肺、肾、肌肉内出现点状出血，从而影响肉类质量。

当机体有全身性漏出性出血倾向时称出血性素质，如先天性血小板缺乏症的患畜。

有学者指出，淤斑状和漆刷状(洒墨状)出血，常常是死亡过程中由于呼吸困难和临终时肌肉活动所造成的一种濒死痛苦的表现，并非败血症的专一病变。

七、水肿

组织间液在组织间隙内异常增多称水肿；组织间液在胸腔、心包腔、腹腔、脑室等浆膜腔内蓄积过多称积水；水肿发生于皮下时称浮肿。

1. 水肿的原因　血浆胶体渗透压降低(低蛋白血症)；毛细血管内流体静压升高(如淤血等)；微血管壁通透性增高(病毒、毒素、化学介质作用)；淋巴回流受阻，淋巴液淤积；水、钠潴留以及组织胶体渗透压升高，增强嗜水性等诸因素均可引起水肿。

2.水肿的病理变化

(1)皮肤水肿　眼观皮肤变厚、肿胀,呈面团样硬变,指压时常留下压痕。切开时,见浮肿部皮肤增厚,皮下疏松结缔组织呈黄白色胶冻状,并流出多量淡黄色透明液体。

(2)肌间疏松结缔组织水肿　呈黄白色胶冻状,湿润。切开时,流出淡黄色透明液体。

(3)黏膜水肿　仅见黏膜呈局限性或弥漫性肿胀。局限性肿胀可生成水疱;弥漫性肿胀时黏膜呈半透明胶状。

(4)肺水肿　肺脏体积增大,重量增加,肺胸膜紧张、湿润而有水样光泽,颜色苍白。如同时存在淤血,则呈暗红色。切开肺脏,见切面浑浊,灰黄或呈暗红色,并有多量泡沫状的液体流出。肺间质显著增宽,并积有微黄色的胶样液体,支气管淋巴结也潮红、肿胀、湿润。

镜检:肺泡壁毛细血管扩张充血,肺泡腔内充有多量粉红色浆液,并可见少量脱落肺泡上皮,如为炎症所致,则渗出液内混有多量炎性细胞。肺间质因水肿液蓄积而增宽,结缔组织呈疏松网状;淋巴管扩张。

第二节　细胞和组织的损伤与修复

一、细胞和组织的损伤

(一)变性

所谓变性是指细胞或细胞间质的一系列形态学改变并伴有结构和功能的变化,表现为细胞或间质内出现异常物质或虽为正常物质但数量显著增多。一般而言,变性是可复性改变,当原因消除后,变性细胞的结构和功能仍可恢复。但严重的变性则往往不能恢复而发展为坏死。

1.颗粒变性　颗粒变性是一种最常见和轻微的细胞变性,主要特征是变性细胞的体积肿大,胞浆内出现蛋白质颗粒,这是颗粒变性这一名称的由来。由于变性的器官和细胞肿胀浑浊,失去原有光泽,所以也称作浑浊肿胀,或简称“浊肿”。最常见于一些急性病理过程,如急性感染、发热、缺氧、中毒以及免疫损伤。颗粒变性最常发生于肝、肾、心等实质器官。

颗粒变性的病理变化:

眼观:发病初期,病变轻微,眼观变化不很明显。严重时如细胞广泛发生肿胀,则见器官形体肿大,重量增加。肝和肾的边缘钝圆,被膜紧张,色泽浑浊变淡无光泽,像用开水烫过的一样,呈灰色或灰黄色,质脆易碎。器官切面隆起,边缘外翻,结构不清楚。

镜检:颗粒变性的早期变化是由于细胞摄入水分增多,细胞浆溶解,使细胞具有一种苍白、浑浊如毛玻璃样外观。细胞体积肿大,胞浆内出现大量微细颗粒,胞核常被颗粒物掩盖而不清楚。肿胀细胞的微细结构变模糊,胞浆中常出现空泡。在变性轻微时,胞核的变化不明显。病变严重时则胞核也有明显变化,表现为核染色质肿大和溶解,核膜破裂,或整个胞核崩解消失。

2. 水泡变性　水泡变性是指细胞的胞浆和核内出现大小不等的、含有微量蛋白浆液的水泡,使整个细胞呈蜂窝状结构。镜检时细胞内的水泡呈空泡状,故又称空泡变性。

水泡变性的病理变化:

眼观:变性轻微时肉眼往往不易辨认,多半在显微镜下才能发现。病变较重时,可见器官肿大、色泽苍白。水泡变性多见于皮肤和黏膜的被覆上皮,如痘疹、口蹄疫和猪传染性水疱病等所见的皮肤和黏膜上的疱疹,即为水泡变性发展而成。

镜检:变性细胞肿大,胞浆内含有大小不等的水泡,使胞浆呈蜂窝状或网状,以后小水泡互相融合成较大水泡,甚至整个细胞充盈水泡,使胞浆固有结构完全破坏,胞核往往悬浮于细胞中央,胞体肿大,胞浆空白,状如气球,又称气球样变。胞核内也往往出现水泡。肿胀严重时,细胞破裂崩解,水分积聚在上皮的角质层下,向表面隆起,即成为上述眼观所见的小水泡。

水泡变性也见于腺细胞、肝细胞、肾小管上皮细胞、神经节细胞、肌纤维、白细胞及肿瘤细胞等。水泡变性与颗粒变性二者是同一病程的不同发展阶段,水泡变性往往是颗粒变性的进一步发展。所以现在有的细胞病理学者把这两种变性合称为“细胞肿胀”,而不采用颗粒变性和水泡变性的名称了。

3. 脂肪变性　正常情况下,除脂肪细胞外,其他细胞内一般不见或仅见少量脂滴。如果这些细胞中出现脂滴或脂滴明显增多,则称为脂肪变性,简称脂变。该脂肪滴多数为中性脂肪(甘油三酯),也可能是类脂质,或两者的混合物。

脂肪变性也是一种常见于急性病理过程的细胞变性。在急性发热性传染病、中毒、败血症以及各种可以导致缺氧的病理过程(如贫血、淤血等)中,都可能出现这种变性。脂肪变性同颗粒变性一样,也是一种可逆的细胞变性,两者往往同时或先后(一般先发生颗粒变性,后发生脂肪变性)发生在同一器官。肝脏是最常发生脂肪变性的器官,也可以发生于肾脏、心脏等实质细胞内。

脂肪变性与脂肪浸润不同，后者是指脂肪细胞出现在正常不含脂肪细胞的器官间质内，常发生于心肌、骨骼肌、胰腺和淋巴组织等，在老龄或肥胖动物中多见。

脂肪变性的病理变化：

(1)肝脂肪变性　眼观肝脏体积均匀肿大，呈浅黄色或土黄色，质地松软易碎，触之或刀切有油腻感，具油脂样光泽。肝小叶结构模糊，重量减轻。将脂变严重的肝切一薄片置于水中可浮于水上。如果脂变肝脏伴发淤血，则肝脏的切面上可见暗红色的淤血部分和呈黄褐色的变性肝组织相互交织，形成类似槟榔或豆蔻切面的花纹，故又称"槟榔肝"或"豆蔻肝"。

镜检：变性肝细胞浆内出现大小不等的脂肪空泡，较小的脂肪空泡起初见于核的周围，以后互相融合变大散布整个胞浆中，有时合成一个空泡，胞核常被压于细胞的一侧。在石蜡切片中，变性细胞内留存脂肪空泡是因为脂滴被脂溶剂溶解掉所致，这种空泡易与水泡变性的空泡相混淆，此时可用苏丹Ⅲ或锇酸作脂肪染色来加以鉴别：苏丹Ⅲ将脂肪染成橘红色，锇酸将其染成黑色。

由于病因不同，肝脏脂肪变性出现的位置亦不一致。因中毒引起的脂肪变性脂滴多分布在肝小叶的周边区，称为周边性脂变；因缺氧引起的脂肪变性，脂滴多分布在中央静脉周围区，称为中心性脂变；发生严重中毒或某些急性传染病时，脂滴分布在整个肝小叶，使肝小叶失去正常结构，而与脂肪组织的结构相似，故称脂肪肝。

(2)心肌脂肪变性　心肌在正常情况下可含有少量脂滴，脂肪变性时脂滴明显增多。镜下，脂肪空泡较细小，呈串珠状排列，主要位于肌纤维Z带附近和线粒体分布区，常为贫血和中毒的结果。

眼观病变部位局灶性或弥漫性灰黄色、浑浊而失去光泽，松软脆弱；有时在左心室乳头肌处或较大的范围内可见心内膜下出现整齐排列的灰黄色条纹与未发生脂变的红色心肌相间，形似虎皮的斑纹，故又称"虎斑心"，如恶性口蹄疫的心脏。

(3)肾脂肪变性　眼观肾脏稍肿大，切面皮质增厚，呈浅黄色。镜检见脂滴常位于细胞的基部或核的周围。

4.透明变性　又称玻璃样变性，是指某些病理过程（主要是慢性病理过程）中在间质或细胞浆内出现一种光学显微镜下呈半透明，同时无结构的蛋白质样物质（又称透明蛋白或玻璃样物质），用伊红和酸性复红染色该物质呈鲜红色。

透明变性是一个比较笼统的病理形态学概念，包括三种不同类型病变，透明变性的器官和组织眼观都没有明显变化。

(1)血管壁的透明变性　常发生于脾、心、肾及脑等器官的小动脉，老龄动物尤为常见。病毒感染、中毒或过敏反应等亦可引起动脉管壁发炎或坏死，致使动脉肌层的细胞结构破坏变性，变成致密的无定形透明蛋白，深染伊红、过碘酸雪夫氏染色呈紫红色，显示肌纤维溶解和动脉肌层内有血浆蛋白渗透。总而言之，血管壁的透明变性是由于管壁网状纤维变性、胶原化、血浆蛋白渗出并浸润，继而引起管壁变性坏死的结果。

(2)结缔组织的透明变性　常见于慢性炎症的结缔组织增生处，如疤痕组织、增厚的器官被膜、坏死灶或寄生虫病灶周围的包膜以及硬性纤维瘤的大量间质处。结缔组织的透明变性是指结缔组织胶原纤维之间，由于胶状蛋白发生沉淀而使胶原纤维肿胀，互相粘着融合，失去纤维性，形成均质一致、条索状的无构造物质，纤维细胞核明显减少或完全消失。变性组织呈灰白色半透明状，质地致密坚韧无弹性。

(3)细胞内的透明滴状变性　在肾炎或其他疾病伴有大量蛋白尿时，肾小管上皮细胞的胞浆内常出现一种均质无结构的圆球状的红染透明小滴，有时这种透明小滴可充满整个细胞。这种小滴一方面可能是由变性细胞本身产生，另一方面是由肾小管上皮细胞吸收了原尿中的蛋白而形成的，当上皮细胞破坏时，透明滴状物被释入管腔，有时互相融合凝集形成透明管型。

5.淀粉样变性　淀粉样变性是指一种淀粉样物质沉着在某些器官的网状纤维、血管壁或组织间的病理过程，也称淀粉样浸润。淀粉样物质是一种纤维性糖蛋白，具有异染性，因而有别于透明蛋白和其他蛋白质。其显色反应是遇碘呈红褐色，再加硫酸转成蓝色或紫色，与淀粉遇碘时所呈现的反应相似，故名淀粉样物质。

淀粉样变性的病理变化：淀粉样物质在H·E染色的切片中呈淡红色片状或云团状浸润于细胞之间或沉着于小血管基底膜下或沿网状纤维支架沉着。淀粉样变常见于脾、肝、肾等器官。

(1)脾脏淀粉样变性　分脾小体型和弥漫型两个类型。

①脾小体型：是指淀粉样物质沿脾小体中央动脉周围沉着，以后随着淀粉样物质的逐渐增多，波及整个脾小体的网状组织，脾小体的淋巴、网状组织被粉红色着染的云团样淀粉样物质挤压而部分或几乎全部消失。眼观见脾小体如高粱米大至黄豆大，呈灰白色半透明，形似煮熟的西米，俗称“西米脾”。

②弥漫型：淀粉样物质主要沉着于脾窦周围和脾索的网状组织，使脾组织被淀粉样物质压挤呈岛屿状，严重时波及脾小体。眼观脾脏肿大，质地硬实，切面见红褐色的脾组织与黄白色的淀粉样物质相间混杂，与火腿的切面相似，故又俗称“火腿脾”。

(2)肝脏淀粉样变性 变性严重时,见肝脏显著肿大,边缘钝圆,色泽变淡,实质柔软,脆弱易碎,切面呈棕褐色油脂样。镜检淀粉样物质沉着在肝窦周围间隙(狄氏腔)中星形细胞与肝细胞之间的网状纤维支架上,淀粉样物质也见于小叶间毛细血管及动脉壁内。淀粉样物质大量沉积时,肝组织被挤压而萎缩甚至全部消失。

(3)肾脏淀粉样变性 肾小球毛细血管基底膜是最常发生淀粉样变性的部位,呈均质无结构的团块状,沉积过多时可压挤毛细血管,使肾小球内的细胞萎缩或消失。淀粉样物质还可沉着于肾小球囊壁的基底膜和肾小管的基底膜上及较大血管周围的组织内。眼观肾脏肿大、色泽变黄、表面光滑、被膜易剥离、质脆、切面呈灰黄色、肾小球明显可见并有灰黄色放射状的条纹,严重时,肾脏质地坚硬,呈蜡样。

淀粉样物质除沉积于上述器官外,还可沉积于胰腺、淋巴结、心、肺、肠等组织器官。

(二)坏死

机体局部细胞或组织的病理性死亡称坏死。坏死是组织细胞物质代谢障碍的最严重表现,是细胞损伤不可逆阶段的终止。坏死的范围有时可累及整个肢体或器官的一部分,但有时只发生于部分组织或个别细胞。

1.坏死的基本病理变化

(1)眼观 如坏死组织范围较小,肉眼常不易辨认。有时即使坏死的范围较大,但早期外观往往与原组织相似。一般来说,坏死组织缺乏光泽,比较浑浊;丧失正常组织的弹性,手捏或切断后组织回缩不良。

(2)组织病理学变化 主要表现细胞核、细胞浆和间质的变化。

①细胞核的变化:是细胞坏死最主要的标志,包括核浓缩、核碎裂、核溶解三种形式。

核浓缩:表现核染色质浓缩,核汁减少,核体积缩小,核膜皱缩,染色加深。

核碎裂:核膜破裂,胞核崩解成大小不等,着色深的染色质碎片,散在于胞浆中。

核溶解:核染色质在分解酶的作用下逐渐分解、消失,失去对碱性染料的亲和力,可见到核的轮廓(核影),最后胞核完全消失。

坏死时细胞核的上述三种变化呈现其中的任何一种改变均显示该细胞的死亡。

②细胞浆的变化:细胞坏死时,细胞浆首先发生变化,表现为胞浆内的微细结构发生异常,如线粒体肿胀崩解、横纹肌的横纹消失、神经细胞的尼氏小体消失、

胞浆的嗜酸性增强，对伊红着染增深，呈红染的细颗粒状或均质状。最后细胞膜破裂，整个细胞轮廓消失，变成一片红染的细颗粒状物质。概言之，坏死时胞浆的变化实际上是一系列变性和更进一步的变化，程度更严重。

③间质的变化：间质结缔组织的坏死发生较迟，表现为基质解聚，胶原纤维肿胀、崩解、互相融合，与坏死细胞一起变为成片均质、红染的细颗粒状物质。

2.坏死的类型及其病理变化

(1)凝固性坏死　主要见于因缺血所致的坏死，此时组织蛋白发生凝固，水分被吸收。眼观特点是坏死组织凝固，呈灰白或灰黄色，质地干燥坚实，浑浊无光泽，病健界限清楚。肾脏的贫血性梗死就是一个典型的例子。镜检在坏死初期，组织的结构轮廓仍保留，如肾小球和肾小管的形态依然隐约可见，但细胞结构消失。进一步发展，坏死组织可完全崩解，形成均质无结构状态。

在结核病灶中形成的干酪样坏死和由于某些毒素（霉稻草中毒、气肿疽毒素）以及白肌病所致的横纹肌蜡样坏死，也均属于凝固性坏死。干酪样坏死的眼观特征是坏死组织干燥松软，呈灰白色或黄白色，均质无结构，很像干酪，故称为干酪样坏死。镜检见组织的固有结构完全消失，细胞彻底崩解，融合成均质红染的细颗粒状物质。肌组织蜡样坏死的眼观变化是肌组织呈灰黄色或灰白色，浑浊，干燥而坚实，如同石蜡样，故称蜡样坏死。镜检肌纤维肿胀、断裂、横纹消失，肌浆变成均质红染或呈不均匀着色的无结构的玻璃样物质。

(2)液化性坏死　此型坏死多是由于坏死组织富含水分或由溶解酶的作用使组织发生溶解、液化所致，化脓就是常见的液化性坏死。液化性坏死还常见于中枢神经系统，这是因为脑和脊髓含蛋白质及凝固酶较少，而含水分和磷脂类物质较多，组织坏死后不易凝固而发生分解液化所致，故通常把脑组织坏死称为脑软化，脑软化多见于霉玉米中毒和雏鸡的维生素E与硒缺乏等情况下。

(3)坏疽　坏疽是坏死组织受外界环境的影响和不同程度的继发感染腐败菌所引起的一种特殊类型的坏死。坏疽通常发生于体表或与外界相通的内脏器官。坏疽组织常呈灰褐色或黑色，这是由于腐败菌分解坏死组织产生的大量硫化氢与血红蛋白分解所产生的铁结合形成硫化铁造成的。根据坏疽发生的原因、条件和病变特点，可分为干性坏疽、湿性坏疽、气性坏疽三种类型。

①干性坏疽：多发生于体表，由于坏死组织暴露在空气中，水分被蒸发，湿度较低，腐败菌不易大量繁殖，而使坏死组织干固皱缩，呈棕黑色，在坏死组织与健康组织之间有炎症反应带分离，故界限清楚。最后，坏死组织可以完全从活组织分离脱落下来。例如，慢性猪丹毒时颈背部皮肤的干性坏疽结痂脱落。

②湿性坏疽：常发生于与外界相通的脏器（呼吸道、消化道和生殖道），有时也

可发生于体表。

这种坏疽是因局部坏死后组织含水分较多且与外界相通,有利于腐败菌感染,加速组织的腐败分解所致。眼观坏疽处呈污秽色、绿色或黑色,柔软湿润,具有恶臭气味。如腐败性子宫内膜炎、坏疽性肺炎、乳腺炎等。

③气性坏疽:大多是由于深部创伤(如阉割、刺伤等)感染了厌气性细菌(如产气荚膜梭菌、腐败梭菌、恶性水肿杆菌、气肿疽梭菌等)所引起。这些细菌在分解坏死组织过程中,产生大量气体,形成气泡,结果使坏死组织极度肿胀,皮肤蓝紫,触之有捻发感。病变易沿肌束纵行蔓延,切开病变组织呈蜂窝状,流出腐败污秽暗棕色的液体;肌肉广泛坏死,呈煮熟状,多呈棕褐色而容易碎裂。

(三)病理性物质沉着

1.病理性钙化 病理性钙化简称钙化,是指在病理条件下,钙盐析出呈固体状态沉着于骨骼和牙齿以外的组织内,亦称病理性钙盐沉着。沉着的钙盐主要为磷酸钙,其次为碳酸钙。

(1)类型 病理性钙化有转移性钙化和营养不良性钙化两种。

①转移性钙化:是指由于发生全身性的钙、磷代谢障碍,使血钙和血磷含量增高,从而促使钙盐在未损伤的组织上沉着的一种钙化,在家畜中比较少见。

②营养不良性钙化:是指体内溶解状态的钙盐以固体状态沉着在病理性产物或异物中的过程,简称钙化。坏死组织、干涸的脓液、血栓、细菌团块、死亡的寄生虫与虫卵或其他慢性感染的坏死灶内都可以发生钙化。由此可见营养不良性钙化是继发于组织变性、坏死等的一种钙盐沉着,故又称继发性钙化。营养不良性钙化具有适应意义,比较多见。

(2)病理变化 轻度的钙化不易辨认。钙盐沉着较多时,钙化灶呈灰白色、坚硬、大小不等的石灰样颗粒,触之如砂粒,刀切时发沙沙声。

镜检:在H·E染色的切片中,钙盐被苏木素染成蓝色,少量钙盐沉着时,呈蓝色粉末状散布于组织内,多量钙盐沉着时,则呈深蓝色块状物质,有时整个坏死灶可为深蓝色的钙盐团块所取代。

2.病理性色素沉着 机体所有的器官、组织都具有一定的颜色,这是因为在器官、组织内存在有色化合物(色素)。色素在组织内以溶解、颗粒或晶体的形式存在。组织器官的正常色素代谢紊乱,在组织内形成过多的色素或色素沉着在异常部位称病理性色素沉着。由机体自身所形成的色素称内源性色素,如含铁血黄素、胆色素、脂褐素、黑色素、卟啉色素等;从外界进入体内的色素称外源性色素,如炭末、饲料色素和药物性色素等。

常见的病理性色素沉着有以下几种:

(1)含铁血黄素　是红细胞及其碎片被巨噬细胞吞噬后,在溶酶体酶的作用下,血红蛋白分解、转化而成,常积聚于细胞胞浆内,为无定形强折光颗粒,金黄色或褐色。这种色素含有铁,呈普鲁士蓝阳性反应。

由于红细胞不断地破坏,正常时在肝、脾等组织内就有少量含铁血黄素沉着。在病理条件下,大量含铁血黄素沉着,多见于伴有大量红细胞破坏的疾病(溶血),沉着于脾脏、淋巴结、骨髓、肝脏和肺脏等组织器官,严重时器官呈赤褐色。局部性含铁血黄素沉着在血管外溶血时发生,见于出血,如慢性肺淤血、脓血性梗死等。含铁血黄素在某一区域呈局灶性沉着,标志着该区域曾经发生过出血或出血性炎。

(2)胆红素　胆红素是构成胆汁的色素,不含铁。衰老红细胞被巨噬细胞吞噬,血红蛋白在巨噬细胞内进一步分解成为珠蛋白、铁和胆绿素,胆绿素还原成胆红素,它极易溶于血浆及组织液中。如果血液中的胆红素过多,组织染成黄色,则称为黄疸。在某些肝脏疾病及胆道阻塞时,肝细胞、毛细胆管及小胆管内可见许多胆红素,即胆汁色素。黄疸明显时,胆红素颗粒还可以见于肝脏的枯否氏细胞、肾小管上皮细胞内,并可在肾小管腔内形成胆汁管型。

(3)脂褐素　脂褐素是一种糖脂蛋白类物质,呈黄褐色的细颗粒状,其化学成分约有50%的脂肪残余物(脂质)、30%的蛋白质残余物,其余是不能抽提的部分,性质不清,缺乏抗氧化剂如维生素E与形成多量脂褐素有关,常见于慢性消耗性疾病和老龄动物的肝细胞、心肌细胞、肾上腺皮质网状带细胞和精囊上皮细胞内,故常被称为"消耗性色素"。镜检脂褐素呈黄褐色的细颗粒状,多位于细胞核周围,心肌细胞则聚积于细胞核的两端。

(4)卟啉色素　当卟啉代谢障碍,特别是骨髓中半数的有核红细胞不能完成卟啉代谢过程或合成血红素障碍时,体内产生大量尿卟啉和粪卟啉,沉着于某些组织器官,称为卟啉色素沉着症。卟啉是亚铁血红素的前身,不含铁。由于尿卟啉对钙化的结构具有亲嗜性,容易沉着于骨骼中,眼观全身骨骼和牙齿呈淡棕红色、棕色或黑色,屠宰工人习惯称之为"乌骨猪",但骨膜不着色,骨的结构也无变化,软骨、关节软骨、韧带及腱均不着色,这有助于和其他色素沉着相区别。牙齿因牙本质、牙骨质内有卟啉色素沉着(牙釉质无变化)而呈淡棕红色,通常也称"红牙病"。肝、脾、肾等器官也可有卟啉色素沉着,外观呈棕褐色。

(5)黑色素　在正常情况下,动物的皮肤、被毛、眼球虹膜等就含有黑色素。它是由存在于皮肤表皮基底层内的成黑色素细胞产生的。在成黑色素细胞内有酪氨酸氧化酶,它能将蛋白质分解产生的酪氨酸转变成一种蛋白质性的棕色或黑色颗粒,出现于胞浆内,并可由一种巨噬细胞来贮存和运输,该巨噬细胞和成黑色素细胞可统称为黑色素细胞。黑色素的过多或异常沉着,可见于受日光暴晒或紫外线和X线照射过久的皮肤,长久不愈的创口周围,维生素A缺乏时,在患畜的眼结膜和第三眼睑也见有黑色素沉着;黑色素瘤细胞内有大量黑色素。

皮肤内黑色素形成过多并在许多内脏器官中沉积,称全身性黑变病。此时,黑色素可沉着于心、肺、肝、肾、淋巴结与浆膜上,还可沉着于肌肉、脂肪中,少数可在脑脊髓膜中沉着。黑色素还常常沉着于母猪的乳腺和周围脂肪组织内,屠宰工人称此为"灰肚脯"。

(6)炭末沉着　多是由于环境空气中炭末或尘埃含量高,通过呼吸道进入动物肺脏,在肺泡内被巨噬细胞吞噬,并经由淋巴道运送到局部淋巴结内,属外源性色素。眼观肺脏呈现黑色纹理,局部淋巴结变黑色。镜检见肺内支气管和细支气管周围组织间和巨噬细胞内聚集有大量黑色颗粒,在淋巴结内,炭末主要沉积在髓质淋巴窦的巨噬细胞内,呈黑色团块状。

除上述色素外,治疗用的有色药物的色素有时也可沉积在某些组织器官中。长期饲喂酱渣可使肠系膜淋巴结、肝脏、肾脏由于酱色沉着而呈灰棕色;以胡萝卜、紫云英、玉米等含有大量植物性黄色素的饲料喂养动物,常可使动物的脂肪组织呈现淡黄色或黄色,即通常所称的黄脂。

二、适应与修复

(一)增生与肥大

1.肥大　组织和器官由于其实质细胞体积增大而使整个组织或器官的体积增大称为肥大。发生肥大的组织或器官的功能增强。肥大的主要表现为器官体积增大和重量增加,镜检时可见细胞体积增大、胞浆增多、细胞器增大、核变大,细胞结构清晰等。肥大分生理性肥大和病理性肥大。

(1)生理性肥大　妊娠的子宫、赛马的心肌和骨骼肌肥大等。

(2)病理性肥大　瓣膜病时心肌肥大,腔性器官内容物排出障碍时肌层(平滑肌)肥大,一侧肾脏损伤后另一侧肾脏肥大,肝损伤时,残留肝组织肥大等。

肥大是机体的一种代偿性抗病手段,是代谢亢进和同化作用加强,以致细胞的营养加强的结果。

2.增生　由于实质细胞数量增多而造成组织、器官的体积增大称为增生。细胞增生是由于各种原因引起的有丝分裂活动增强的结果,但增生细胞的各种功能物质(细胞器、核蛋白体等)并不或仅轻微增多,故功能并不见增强。增生通常为可复性,当原因消除后又可复原。增生分为以下三种。

(1)再生性增生　具有再生能力的细胞和组织发生严重损伤时,可通过细胞再生而加以修复，使之在结构上和功能上均恢复原状，替代丧失的细胞后则停止增殖。例如，肝细胞毒性损伤后的再生、肾小管坏死后的再生以及溶血性贫血时的骨髓增生等均属再生性增生。

(2)过再生性增生　体内某些常发生慢性反复性组织损伤的部位，由于组织的反复再生修复而逐渐出现过度的增生，细胞过多增殖，形成比正常数量多的组织，如慢性胃炎时的上皮腺样增生和慢性肝炎时的肝细胞增生等。此型增生常伴有细胞的异型性并往往可进一步发展转化为肿瘤细胞，如慢性肝炎可发展为肝细胞癌等。

(3)内分泌障碍性增生　某些器官由于内分泌障碍可引起增生，如缺碘时通过反馈机制障碍引起甲状腺增生、妊娠时的垂体增生、雌激素过多时的子宫内膜增生、乳腺增生等。

(二)再生

细胞和组织丧失后形成的组织缺损，由损伤部周围的健康细胞分裂增殖来加以修复的过程称为再生。

组织再生过程的强弱和完善程度与机体的年龄大小、神经系统的机能状态、营养状态和受损组织的分化程度高低及损害程度、受损局部的血液循环状况等有密切关系。一般来说，畜龄小、机体营养好、受损组织分化程度低、组织受损比较轻、血液供应良好时，组织再生能力强；反之，则再生能力弱。有的组织甚至完全不能再生。

1. 各种组织的再生能力　组织的再生能力与生物进化、细胞分化及发育成熟程度有密切关系。一般来说，结构与功能分化愈复杂的细胞和组织，其再生能力愈弱；反之，结构与功能分化愈简单，再生能力愈强。平时容易遭到损伤的组织或生理条件上经常更新的组织，再生能力较强，反之则较弱。结缔组织、小血管、表皮、黏膜上皮及淋巴造血组织的一些细胞，再生能力很强，易于完全恢复。骨、外周神经纤维及肝、肾、胰等腺上皮再生能力也较强。而平滑肌、横纹肌再生能力较弱。心肌的再生能力更弱，损伤后基本上为疤痕修复。神经节细胞往往不能再生，缺损后都由神经胶质细胞来修复。

2. 再生的类型

(1)生理性再生　指在生理过程中有些组织的衰老和消耗，细胞不断地被新生的细胞所补偿，新生的组织在形态和机能上与原来组织完全相同。如表皮的角化脱落与新生，血液细胞的衰老崩解与新生，子宫内膜的脱落和增生的循环交替，消化道黏膜上皮细胞以惊人的速度每 1～2 d 就更新一次等都属于生理性再生。

(2)病理性再生　指致病因素引起细胞和组织缺损时所发生的旨在修复损伤

的再生。如果再生的组织在结构和功能上与原来组织完全相同，称为完全再生。如果组织坏死后不是由原组织的细胞再生，而是由结缔组织增生来填补，形成疤痕，结构和功能不能复原，称为不完全再生。

（三）化生

指已发育成熟的组织，由于适应生活环境的改变或理化因素的刺激在形态上和机能上完全变为另一种成熟组织的过程。化生是组织类型的改变，并不是单纯细胞类型的改变。它只见于能再生的组织，最常见为上皮组织和结缔组织。如慢性支气管炎或子宫颈脱垂时，其黏膜柱状上皮可化生为鳞状上皮；慢性胃炎时，胃腺上皮受炎症刺激，转变为肠腺（小肠腺）上皮，称胃腺的肠上皮化生；疤痕组织、机化的陈旧性血肿以及其他发炎或退化的软组织，在某些情况下可化生为骨或软骨组织。宰后可在腹侧壁上发现阉割疤的骨化生。有的化生还可能继发为肿瘤，如在猪鼻咽癌的发生过程中，多经过鼻咽黏膜柱状上皮的鳞状上皮化生阶段，而后才癌变而发展为鳞状细胞癌。

化生可分为直接化生和间接化生两种。某种组织不经过细胞的增殖而直接转变为另一种类型组织的化生称为直接化生，如结缔组织的骨化生；通过细胞的新生（新生期）产生幼稚型细胞，然后在新的环境条件和机能要求下，按新的方向分化为另一种组织（化生期）的称为间接化生，如呼吸道柱状上皮的鳞状化生和猪鼻咽癌发生均属此类型。但是，化生并不是杂乱无章的，有其一定的规律。化生大多在类型相近似的组织之间发生，因此化生是由一种已经分化成熟的组织类型转变为另一种分化成熟的相类似的组织类型。

（四）萎缩

已经发育到正常大小的组织、器官的体积缩小称为萎缩。萎缩时其机能相应降低或消失。器官的萎缩是由组成该器官的主质细胞体积变小或数目减少所致。萎缩不应与先天的病理状态（畸形）、器官发育不全与不发育（器官胚芽缺乏）相混淆。发育不全是指某组织或器官由于血液供应不良、缺乏某种特殊营养成分或先天性缺陷，使该组织或器官不能发育到正常大小。它包括从正常发育不足到器官缺失之间的种种表现。

1. 萎缩的类型　根据萎缩发生的原因不同，可将其分为生理性萎缩和病理性萎缩两类。

（1）生理性萎缩　指动物在生理条件下，随着年龄的增长、发育，某些组织、器官的生理功能减退和代谢过程逐渐降低所发生的萎缩。在生理条件下，萎缩性变化可发生于机体的整个生命期间。例如，动物生长停止时的胸腺萎缩和以动物的生理状态（休静、怀孕与泌乳）为转移的雌性哺乳动物子宫与乳腺的周期性萎缩与肥大等。随着年龄的增长，乳腺、子宫、卵巢、睾丸、骨髓、肌肉等也逐渐萎缩，这种与年龄有关的萎缩又称年龄性萎缩。

(2)病理性萎缩　指组织和器官受某些致病因子作用所发生的萎缩，其发生与年龄无关。病理性萎缩又分全身性和局部性两种。

①全身性萎缩：指由于长期饲料不足、严重的慢性消耗性疾病(结核、恶性肿瘤等)、某些慢性消化道疾病、寄生虫病及造血器官疾病等所引起的机体各器官和组织所呈现的不同程度的萎缩。

②局部性萎缩：多由局部原因引起，可分为：因神经损伤而发生的萎缩称神经性萎缩；因局部血液循环障碍所致的萎缩称血管源性萎缩，如肾动脉硬化，使血管腔狭窄、供血不足引起的动脉硬化性固缩肾；因内分泌机能障碍而发生的萎缩称激素性萎缩，如卵巢摘除或患病之后子宫与外生殖器官的萎缩；因压迫而发生的萎缩称压迫性萎缩，如慢性肝淤血时，肝索由于受小叶内扩张与充血的毛细血管的长期压迫而发生的萎缩，肾盂积水时的肾压迫性萎缩；与器官、组织的机能活动减弱或完全丧失有关的萎缩称废用性萎缩，如出现于不活动肌肉的萎缩。

2.萎缩的病理变化　全身性萎缩时，机体各组织、器官的萎缩程度并不是均衡一致的，一般是相对不太重要的组织器官先萎缩，脂肪组织最早出现萎缩且最显著，其次是肌肉，再次是肝、肾、脾和淋巴结等器官，而脑、心及内分泌腺(垂体、肾上腺)等与生命活动密切相关的器官萎缩变化通常不显著。

眼观：全身消瘦，皮下、腹膜下、肠系膜及网膜、心冠状沟和肾脂囊内的脂肪大部分消耗，原来的脂肪组织往往被渗出的浆液所填充，呈黄白色半透明胶冻状，称脂肪胶样萎缩。全身肌肉变薄，色泽变淡或变深。内脏器官如心、肝、肾、脾等体积缩小、重量变轻，边缘锐薄，被膜皱缩或由于纤维组织增生而增厚，色泽增深或带褐色，质地变韧。胃肠道管壁变薄，呈半透明状，容易撕裂，除压迫性萎缩外，器官常保持原有的形态。心脏除冠状沟处脂肪呈胶冻状外，常见心尖变尖，冠状血管明显而屈曲，心壁变薄。

镜检：萎缩器官的实质细胞体积缩小，胞浆致密，染色较深，胞核也浓染但结构没有破坏。在萎缩的初期，胞浆变化往往比核的变化发生得早而且显著。肝、肾特别是骨骼肌萎缩时可见核的分裂，胞浆内常出现有黄褐色的脂褐素颗粒，萎缩时器官呈褐色者又称褐色萎缩，间质结缔组织往往增生。

(五)肉芽组织与机化

肉芽组织是旺盛增生的幼稚结缔组织，基本组织成分是新生的毛细血管和成纤维细胞(纤维母细胞)，这种组织在眼观上表现为鲜红色、颗粒状、质地柔软、富于血管,形似鲜嫩的肉芽,故名肉芽组织。

新生的肉芽组织清除、取代或包围病理性产物或异物的过程称机化。

第三节 炎 症

炎症通常称为发炎,是机体对各种致炎因素的作用所产生的具有防御意义的病理过程。其主要病理变化是受刺激的局部出现组织损伤、微循环改变、血液成分渗出、白细胞活性增强、组织细胞增生、全身出现不同程度的发热、血液中白细胞增多和单核-巨噬细胞系统细胞增生等。体表急性炎症的典型临床特征是发炎组织表现红、肿、热、痛和机能障碍。

炎症是一种很常见的病理过程,许多疾病都是以炎症过程为基础的,如感冒、胃肠炎、猪瘟、结核病、弓形虫病等,虽然其临床表现各不相同,但都包含炎症的本质、类型和特点,掌握其发生、发展和转归的基本规律,这无论在理论探讨上,还是在卫生检验工作实践中都有其重要的意义。

一、炎症局部的基本病理变化

无论何种炎症,其局部都有变质、渗出和增生三种基本病理变化,这种变化是同时存在而又彼此密切相关的,它们互相影响、互相渗透、综合出现,但又按一定的序列先后发生,一般早期以变质和渗出变化为主,后期以增生为主,它们共同形成一个复杂的病理过程。

(一)变质

炎症局部组织发生的变性和坏死,称变质。变质既可发生于实质细胞,也可见于间质细胞。实质细胞常出现的变化是颗粒变性、水泡变性、脂肪变性和坏死等;间质则发生黏液变性、透明变性、淀粉样变和胶原肿胀、断裂、溶解等变化。

(二)渗出

炎症局部组织血管内的液体、蛋白质和白细胞通过血管壁进入间质和浆膜腔或体表、黏膜表面等的过程称为渗出。渗出的成分在局部具有重要的防御作用,以血管反应为中心的渗出病变是炎症的重要标志。

(三)增生

增生是指炎区的组织细胞和成纤维细胞在致炎因子和组织崩解产物的刺激下,发生分裂以修复炎区损伤组织的过程。在炎症的早期增生反应一般比较轻微,而炎症的后期或当炎症由急性转为慢性时,增生性变化往往成为炎症的突出表现。

炎症时增生的成分主要有：

1. 网状内皮细胞的增生　包括血管外膜细胞、血窦及淋巴窦内皮细胞、神经胶质细胞、结缔组织中的组织细胞等。它们受到刺激后肿大变圆并增殖，与来自血液的单核细胞一起参与吞噬活动。在某些类型的炎症中，它们还能形成多核巨细胞。

2. 成纤维细胞和毛细血管的增生　成纤维细胞和毛细血管的增生合并形成肉芽组织，从而起到限制炎症扩散、清理炎区、填补和修复组织缺损的作用，最后转化为疤痕。

3. 炎区周围实质细胞的增生　如肝炎时炎区周围残存的健康肝细胞的再生、溃疡边缘被覆上皮的再生等，这种增生为组织器官的修复和功能恢复提供了保证。

以上所述的变质、渗出和增生三种基本病理变化存在于各种炎症的各个阶段，它们相互联系、互相影响，构成了炎症的复杂性和多样性。

二、炎症的分类与病理变化

(一)急性炎症

急性炎症起始急骤、持续时间短，局部症状表现明显，以液体和血浆蛋白质的渗出及中性粒细胞游出为其病变特征。急性炎症时，富含蛋白质的水肿液、纤维蛋白及白细胞在损伤组织的血管外间隙积聚，组织学诊断急性炎症的依据就在于识别这些成分。

1. 急性炎症的变化

(1)血管反应及血流动力学的改变　主要表现是局部呈炎性充血(动脉性充血)，以后逐渐转变为血流速度减慢，呈现淤血甚至血停滞。

(2)渗出液及渗出物　若渗出液中只含白蛋白和球蛋白，称为浆液性渗出液；若伴有大量纤维蛋白原渗出，其后可聚合成网状的纤维素，则称为纤维素性渗出物。渗出液，特别是浆液性渗出液浸透于炎区组织中则构成炎性水肿。

细胞性渗出物：炎症过程中，不仅有液体性渗出物，而且血液中的各种细胞成分也可渗出。其中特别是白细胞可以变形运动穿过血管壁逸出血管外，这种现象称为白细胞游出。游出的白细胞称炎性细胞。炎性细胞弥散于炎区组织间隙中则称为炎性细胞浸润，这是炎症的一个很重要的特征。

2. 急性炎症的细胞反应　在急性炎症过程中，炎灶内所渗出的细胞以中性粒细胞为主，嗜酸性粒细胞和单核细胞也参与反应。

(1)中性粒细胞　炎症的早期，最先出现的是中性粒细胞，化脓性细菌感染时,中性粒细胞渗出特别多。中性粒细胞具有活动能力强大的吞噬作用,主要是吞噬细菌,也能吞噬小的组织碎片及抗原抗体复合物等细小颗粒。

(2)嗜酸性粒细胞　具有变形运动,在炎症的早期即可见游出。在某些疾病时,可见嗜酸性粒细胞大量增加,例如:寄生虫感染时,可见多量嗜酸性粒细胞浸润;在过敏反应时,嗜酸性粒细胞可增加到20%～30%,嗜酸性粒细胞出现于过敏反应(过敏性炎)的后期,被认为具有降解化学性介质和抗过敏反应的作用;猪食盐中毒时,脑脊髓液及脑内血管的周围可见嗜酸性粒细胞增多;嗜酸细胞性肌炎及牛患绿色瘤时,均见嗜酸性粒细胞增加。

(3)单核细胞　炎灶中的单核细胞主要来自循环血液中的单核细胞,但也可由网状内皮细胞(固定的或游离的)增生而来。在急性炎症中,单核细胞的出现时间较晚,常在中性粒细胞渗出之后。当单核细胞进入炎灶之后,中性粒细胞逐渐消失。但在病毒感染时,单核细胞可在炎症的早期即大量出现。单核细胞能运动,能吞噬病原体及中性粒细胞所不能吞噬的较大组织碎片、异物、甚至整个细胞。单核细胞还参与特异性免疫反应。

3.急性炎症的类型　急性炎症常以渗出性变化为主,按渗出物所含的蛋白质的质和量,以及其中的有形成分含量的不同,渗出物的形态和特性表现各异。

根据病理形态学的特点,急性炎症可分为六种类型。

(1)浆液性炎　是以渗出大量浆液为特征的炎症。

皮肤发生浆液性炎时,渗出的浆液主要蓄积于表皮棘细胞之间或真皮的乳头层内,使局部皮肤形成丘疹样结节或水疱,隆突于皮肤表面,常见于口蹄疫、猪传染性水疱病、痘症、烧伤、冻伤及湿疹等。

浆膜发生浆液性炎时,可见浆膜血管充血,粗糙而失去固有光泽,多量淡黄色稍浑浊的浆液性渗出物蓄积在浆膜腔中,形成积液,如胸腔积液、心包腔积液等。

黏膜表层发生浆液性炎时,表现黏膜充血、肿胀,渗出的浆液常混同黏液从黏膜表面流出,如感冒时流出的鼻液。

皮下、肌间及黏膜下层等疏松结缔组织发生浆液性炎时,表现为炎性水肿,发炎部位肿胀,切开流出多量淡黄色液体,剥去发炎部位的皮肤,见皮下结缔组织呈淡黄色胶冻样,称为胶样浸润。

(2)纤维素性炎　特点是渗出物主要为大量纤维蛋白,多发生在黏膜、浆膜和肺等部位。按照发生炎症组织的坏死程度不同,纤维素性炎又分为浮膜性炎和固膜性炎。

浮膜性炎是一种发生于浆膜、黏膜表层的纤维素性炎,其特征是:组织损伤较轻,炎灶表面形成一层凝固的、淡黄色、有弹性的纤维素性假膜,这种假膜易于剥离，剥离后被覆上皮一般不受损伤，故称浮膜性炎或假膜性炎。如牛的纤维素性肠炎时，渗出的纤维蛋白可形成管状物，这种管状物还可随粪便排出。牛肺疫、猪肺疫等传染病呈现纤维素性肺炎时，除在小支气管内有纤维素存在外，还在肺泡内形成多量纤维素性物质，使肺组织变得坚实如肝脏一般，称为肝变。心包发生浮膜性炎时，渗出的纤维素常由于心脏的搏动而呈绒毛状，俗称"绒毛心"。猪的肝周炎也甚为常见。

固膜性炎是一种发生在黏膜深层的以纤维素渗出为主的炎症，又称纤维素性坏死性炎。此种炎症只发生在黏膜，与浮膜性炎的主要不同点是黏膜组织本身的坏死程度比较严重，可以深达整个黏膜层，有时甚至深入到黏膜下层。炎症组织表面的纤维素性渗出物与坏死组织凝固在一起，形成一层很厚的纤维素性坏死假膜。这层假膜与深层组织黏膜结合十分牢固、不易剥离，如果强行剥去，往往露出组织缺损、出血、溃疡，所以称固膜性炎。

固膜性炎常发生在肠道，如慢性猪瘟的肠黏膜"纽扣状"溃疡、副伤寒的肠"糠麸状"溃疡。镜检见纤维性渗出物和黏膜的坏死组织融合成一片，着染红色，两者之间常没有界线。

(3)卡他性炎　简称卡他，是指发生于黏膜的，以大量渗出物流出为特征的一种炎症。"卡他"一词是"流溢"的意思。渗出物为浆液性或黏液性，其中含有脱落的上皮细胞，有时有少量的白细胞，常发生于胃肠道、呼吸道和子宫黏膜，多由某些较温和或作用时间较短的刺激所引起。如某些毒力较弱的病原微生物感染或在感染的早期(如流感、猪瘟、新城疫)、吸入刺激性气体、摄入变质的饲料等。卡他性炎可分为急性和慢性两种。

发生急性卡他性炎时，黏膜潮红、肿胀，表面有大量黏液性渗出物。镜检：黏膜充血、水肿，含有白细胞和脱落上皮，此时渗出物为稀薄的浆液，故称浆液性卡他。如进一步发展，渗出物含白细胞、脱落上皮较多，成为较黏稠的黏液，此时称为黏液性卡他。如上皮细胞坏死脱落严重，白细胞大量浸润并出现坏死崩解，渗出物就会呈浓稠的脓性，此时称为脓性卡他。

发生慢性卡他性炎时，黏膜的渗出、充血较轻，表面有黏稠的黏液，并常引起黏膜萎缩，此时形成肥厚性卡他，可见黏膜凹凸不平。

慢性卡他性炎时，渗出物和组织中浸润的细胞以淋巴细胞和浆细胞为主。但卡他性炎多为急性经过，病因消除后即可痊愈。若致炎刺激物持续作用，就会转为慢性。

(4)化脓性炎　是以渗出液中含有大量嗜中性粒细胞并伴有不同程度的组织坏死和脓液形成为特征的一种炎症。眼观：脓液呈浑浊状，灰白或灰黄色(见于葡萄球菌感染),有的呈绿色的凝乳状(见于绿脓杆菌感染),有的较稀薄(见于链球菌感染),有的带有恶臭味(见于腐败菌感染)。

脓液中混有多量的中性粒细胞和丰富的白蛋白、球蛋白及病菌,脓液中变性和坏死的中性粒细胞称脓细胞或脓球。

化脓性炎依发生部位不同又可分为三类。

①脓肿:指局限性化脓性炎,典型的脓肿中央为脓液,边缘为未坏死的炎性浸润带,久之,肉芽组织增生,形成脓肿壁或称脓肿膜。脓肿主要由金黄色葡萄球菌引起,多发生于皮肤和内脏,如肺、肝、肾、心壁和脑等。

②蜂窝织炎:指皮下和肌间等处的疏松结缔组织所发生的一种弥漫性化脓性炎症。多由链球菌引起,病灶处中性粒细胞弥漫浸润,含有浆液,结缔组织坏死溶解。蜂窝织炎发展迅速,与周围正常组织分界不清。

③表面化脓和蓄脓:表面化脓是指中性粒细胞主要向组织表面渗出,深部组织没有明显炎性细胞浸润,且不发生溶解破坏的一种化脓性炎,如化脓性尿道炎、化脓性支气管炎、脓性卡他等。如果这些脓液蓄积在浆膜腔、胆囊、输卵管、子宫内,则称蓄脓,如心包膜蓄脓、胸腔(腹腔)蓄脓等。

(5)出血性炎　指有多量红细胞渗出为主要特征的炎症。眼观:渗出液中含有游离的血液,呈血红色,严重时,整个炎区组织均呈血红色。出血性炎也不是一种独立的炎症,常与其他类型的炎症混合存在,如浆液性出血性炎、纤维素性出血性炎等。动物的出血性炎多发生于各种传染病、真菌病和中毒性疾病。例如,炭疽、猪瘟、巴氏杆菌病、穗状葡萄球菌病等均可见出血性炎。

(6)坏死性炎　在急性炎症中,还有一类以组织变质、坏死为主要特征的炎症,称坏死性炎。例如,恶性口蹄疫的心肌炎可见心肌纤维呈现变性或崩解,间质中出现轻度水肿和白细胞浸润;患脑脊髓炎时,神经细胞出现虎斑溶解、水泡变性和脂肪变性,进而崩解消失等变化。

体表或与外界相通的器官发生坏死性炎,如果继发感染腐败菌,则可形成湿性坏疽,特征是病变的组织呈黑绿色或灰黑色,内含组织腐败性分解产物(如硫化氢、甲烷、酚、吲哚、粪臭素等),因而有浓烈的臭味,这种变化可见于肺坏疽或坏死性子宫炎。

(二)慢性炎症

病程经过时间长、发展缓慢的炎症称为慢性炎症。致炎因子持续存在并且损伤组织是发生慢性炎症的根本原因,各种器官的慢性炎症除从急性炎症转化(如慢性脓肿)而来外,还可由其他方式发生,急性炎症的反复发生,如常见于细胞内感染的结核杆菌、鼻疽杆菌、布鲁氏菌、放线菌、霉形体的感染等;长期受不能降解却有潜在毒性的物质刺激，如矽肺、手术异物残留；持续存在的、对抗自身组织的免疫反应即自身免疫性疾病。

1. 慢性炎症的形态学特征

(1)组织增生性反应　慢性炎症以巨噬细胞和淋巴细胞的浸润及小血管和结缔组织增生为其特征，亦即炎灶中组织的增生性变化较为明显。

增生性反应主要是间质内纤维结缔组织的增生，这是器官的实质成分破坏后出现的修复性反应，此时可见成纤维细胞大量增生，这是肉芽组织形成的基础。

在慢性炎症的增生性反应中，还常见细小动脉呈现阻塞性动脉内膜炎，小动脉的内膜下纤维组织增生，内皮细胞下层还见弹性纤维增生，因此血管内腔变小，这种变化可见于慢性溃疡灶的底部或结核性空洞的周围组织。

(2)炎灶中细胞反应的类型　在慢性炎灶中增生和浸润的细胞，除了成纤维细胞之外，主要还有巨噬细胞、上皮样细胞、多核巨细胞、淋巴细胞及浆细胞等。

①巨噬细胞：单核细胞从血管游出后转变为组织巨噬细胞，单核细胞与广泛分布于身体各处具有吞噬功能的细胞如结缔组织中的组织细胞、肝窦壁的星形细胞、肺泡壁的尘细胞、淋巴结及脾脏内固定的或游走的吞噬细胞、浆膜腔的上皮吞噬细胞等，统称为单核-巨噬细胞系统，当发炎时上述细胞可以由静止状态被激活而变成活跃的巨噬细胞。在慢性炎灶中，巨噬细胞形体较大，直径约 25 μm，圆形或椭圆形，常有钝圆的伪足样突起；核卵圆形或马蹄形，染色质呈细颗粒状，胞浆丰富。它能游走活动，具有强大的吞噬能力，能释放强有力的酶，参与免疫反应和促进损伤组织的修复。

②上皮样细胞：上皮样细胞被认为也是由血液中的单核细胞演变而成。这种细胞呈多角形或扁平形，核椭圆，胞浆丰富，染色淡，其形态与上皮细胞相似，故称上皮样细胞。这种细胞的吞噬能力较弱，但能在宿主健康组织与细菌之间组成一条隔离带。

③多核巨细胞：这种细胞是由巨噬细胞联合形成的，细胞体达 40～50 μm 甚至更大，胞浆丰富，在一个胞体中可含有许多个(有时几十个甚至百余个)形态、大小相似的胞核。胞核的排列有三种不同的形式：细胞核沿着胞体的外周排列，呈马蹄状，这种形态称为郎罕氏巨细胞；细胞核聚集在胞体的一端或两极；细胞核散布在整个巨细胞的胞浆中。多核巨细胞常见于结核病、鼻疽、副结核、放线菌病及曲霉菌病的病灶内，还常出现在坏死组织的边缘，特别是在组织的坏死部位，位于较大的异物或代谢产物周围的多核巨细胞又称异物巨细胞。

④淋巴细胞及浆细胞：淋巴细胞大小不一，有大、中、小型之分。大多数是小

型的，代表成熟的淋巴细胞；大淋巴细胞的数量较少，代表未成熟的类型。各型淋巴细胞的形态，在外表上看来都很相似，但实际上，淋巴细胞是一群混杂的细胞，它们的机能、寿命及特异性都有差别。根据免疫学功能不同，淋巴细胞可分为T细胞（胸腺依赖细胞）和B细胞（腔上囊依赖细胞）。

浆细胞是B细胞受抗原刺激后演变而成的，也有一些证据表明，它可由初级网状内皮细胞及间充质细胞演变生成。细胞呈圆形或卵圆形，较淋巴细胞略大，胞浆较丰富，轻度嗜碱性；胞核圆形，位偏心，染色质细密呈粗块状，多位于核膜的周边呈辐射状排列，致使细胞核染色后呈钟面状或车轮状，这种特征是识别浆细胞的标志之一。正常时，浆细胞不存在于循环血液中，结缔组织内浆细胞也很少。在感染后的慢性炎症灶周围，以及病灶区淋巴结或脾脏红髓内，可见大量浆细胞。

2.慢性炎症的类型　慢性炎症以组织增生为特征。根据增生的组织的形态结构，慢性炎症可分为非特异性和特异性两大类。

（1）非特异的慢性炎症　在慢性炎症过程中，组织不受到损害，器官的实质成分常见显著减少，间质中的纤维结缔组织呈局灶性或弥漫性增生，其间主要是巨噬细胞、淋巴细胞和浆细胞浸润，这是慢性炎症的一般反应。增生的组织在形态结构上并无特殊性，故称非特异的慢性炎症。这种现象是组织损伤修补过程的表现，增生的纤维结缔组织早期是一些幼稚的肉芽组织，以后逐渐成熟，成为细胞稀少、富有胶原纤维的疤痕组织，因而使局部发生硬化和皱缩，如猪的慢性间质性肾炎、肝片吸虫引起的慢性肝炎。

（2）特异的慢性炎症　以在炎症局部形成主要由巨噬细胞增生构成的边界清楚的结节状病灶为特征的慢性炎症，又称为慢性肉芽肿性炎症。常见的引起肉芽肿性炎症的病原有结核分枝杆菌、鼻疽杆菌、放线菌等。

肉芽肿的组成：以结核结节为例说明。从结节中心向外，肉芽肿的成分依次为：干酪样坏死物（常有钙盐沉着）；上皮样细胞层（其中常散在一、两个多核巨细胞）；淋巴细胞（在上皮样细胞周围可见大量淋巴细胞浸润）；成纤维细胞（结核结节周边有成纤维细胞及胶原纤维分布，在结节最外围形成包裹层）。这就是典型肉芽肿的层次结构。这种病灶的形态结构具有一定的特征性，一定程度上反映了某些传染性病原的特性，故又把这种结节称为传染性肉芽肿。

三、炎症的结局

炎症的结局主要取决于机体的抵抗力和反应特性，致炎因子的性质、刺激强度、作用时间的长短等因素也有影响。

(一)消散

在炎症过程中,清除致炎因子,少量的坏死物和渗出物被溶解吸收。炎区净化之后,轻度损伤的组织,通过周围健康细胞的再生达到修复。经这种消散和吸收过程,发炎的器官组织可完全恢复正常或接近于正常,如急性支气管肺炎的痊愈。

(二)肉芽组织增生及机化

在炎症过程中,如炎症灶的坏死范围较广,则由肉芽组织修复,留下疤痕,不能完全恢复组织原有的结构和功能。如心包腔、胸腔、腹腔内的炎性渗出物,如果消散吸收迟缓,则从周围组织增生的纤维结缔组织可浸入其内,将渗出物机化。但纤维组织的增生,可使器官组织发生粘连,如心外膜与心包膜粘连、肺和胸壁粘连、肠和腹壁粘连等,均会影响器官的正常功能活动。

(三)迁延不愈,转为慢性

致炎因子不能在短时间内清除或在机体内持续存在,急性炎症转化为慢性炎症,迁延不愈,病情时轻时重。

(四)蔓延扩散,形成败血症

在机体抵抗力低下或病原微生物毒力强、数量多的情况下,病原微生物可不断繁殖并直接沿组织间隙向周围组织、器官蔓延,或经淋巴道、血道向全身扩散,引起菌血症、病毒血症、虫血症、毒血症,甚至于败血症和脓毒败血症等。

1. *败血症* 毒力强的细菌突破机体屏障,由局部感染处侵入血流中,不仅未被清除而且还大量繁殖,并产生毒素,引起全身中毒症状和病理变化,称为败血症。

在临诊上,败血症一般表现为病理经过迅速,高热;病理剖检可见各器官组织,特别是黏膜和浆膜出现广泛出血,实质器官发生变性。此时血液中常可培养出致病菌。各种不同病原微生物所引起的败血症,其病变十分类似,故在剖检上不易作出病原的鉴别。

2. *脓毒败血症* 化脓菌引起的败血症可进一步发展为脓毒败血症。此时,除有败血症的表现外,同时还在一些器官(如肺、肾、肝等)形成多个脓肿。这些脓肿通常较小,较均匀散布在器官中。镜下,脓肿的中央及尚存的毛细血管中常见到细菌菌落,说明脓肿是由栓塞于器官内血管的化脓菌所引起的,故称之为栓塞性脓肿或转移性脓肿。

3. *菌血症* 细菌由局部病灶进入血液,但全身并无中毒症状,从血中查到细菌,称为菌血症(病原若为病毒,则称病毒血症;若为寄生原虫大量侵入血液的现象,则称为虫血症)。菌血症并不等于败血症,败血症发生的过程有菌血症的出现,两者的关键区别是微生物侵入血流后,要在其中繁殖和产生毒素,并引起机体中毒(败血症)。

4.毒血症 细菌的毒素或毒性产物被吸收入血,蓄积而引起全身中毒的现象,称毒血症。临诊上出现高热、寒战等中毒症状,同时伴有心、肝、肾等实质细胞的变性或坏死,严重时甚至出现中毒性休克。

第十章 生猪屠宰前后的品质检验

第一节 屠宰厂(场)的公共卫生

一、主要生产区与卫生要求

屠宰厂(场)规模应与生产任务相适应,不同生产区域的设施不但应适合生产工艺流程的要求,而且也应满足兽医检疫、肉品检验和卫生管理的需要,以保证肉品具有良好的品质和卫生质量。

(一)宰前管理区

目前屠宰厂(场)不管其规模大小,宰前管理区的主要任务是验收过磅、宰前检验和屠猪的宰前休息,一般不进行饲养储备。为保证屠猪有 24 h 的停食、饮水的休息时间,待宰圈的面积应为日屠宰量的 1 倍(每头猪所需面积以 0.6～0.8 m^2 为宜)。圈舍应有防寒、隔热、通风、排污、饮水等设施。圈舍地面、通道和墙壁应用不渗水、耐腐蚀的材料建成。地面应防滑、易清洗,无积水,排污通畅。猪圈不宜过大,间隔牢固,以便于检疫和防止疫病传播。圈舍每日清理粪便,空圈清洗消毒。

宰前管理区应设立卸猪台、地衡、供进场检验的通道、病猪隔离圈、待宰圈。每栋圈舍进出口应该设立相应的消毒池。此外,还应有粪便发酵处理和车辆清洗消毒场所。

病猪隔离圈收集宰前检验时剔出的病猪,以隔离传染病病猪为主,其容量应是待宰猪圈的 1%,病猪隔离圈应与其他区域严格隔离,仅与卸猪站台和急宰间相通,进出车辆和人员应严格消毒。运输车辆、工具和设备等必须专用,由专人负责管理。粪便应在隔离的条件下,设立专门的处理处。

待宰圈是屠猪宰前停留的场所,它应与屠宰车间的电致昏处相通,其贮存量应相当于每日屠宰量。待宰圈应由若干小圈组成,每日清洗消毒一次。在待宰圈和电致昏处之间;应设有淋浴设施,用于屠猪宰前淋浴,洗去屠猪体表的粪便和尘土。

(二)屠宰加工区

该区是屠宰厂(场)的主体,其卫生管理状况直接影响肉品的卫生质量。屠宰车间内应有规范的生产流水线,设置合理的检验岗位,内脏和胴体同步运行,以便于实施检验程序,避免交叉污染。大型屠宰厂(场)的屠宰车间多是楼房,淋浴、致昏、放血、烫毛(或剥皮)多在楼下进行,开膛解体和多数检验岗位在楼上,内脏通过管道送到楼下整理,胴体通过自动轨道送到其他相应地方(如冷库、分割肉车间、鲜肉发送站台等)。在车间内,摘除内脏的附近,应设立寄生虫检验室,该室与车间其他部位有良好的隔离条件和照明设施。中小型屠宰厂(场)的屠宰车间多是平房建筑,产品和原料的出入口、加工操作和检验岗位应合理布局,避免交叉污染。内脏整理间应在车间的一侧,有专用的出入口,污物和污水能及时排出。

车间墙壁、地面和顶棚应用不渗水的浅色材料制成,表面平滑易清洗,地面防滑不积水。与地面相接的墙脚和柱脚应呈内圆角(曲率半径应在 3 cm 以上),内墙应用白色瓷砖或其他防水材料铺砌墙裙,其高度不低于 2 m(致昏和刺杀放血处应不低于 3 m),以利于清洗消毒。内窗台应呈 45°倾斜,便于清洗,不宜放置物品。窗户与地面面积之比以 1∶5 为宜,以保证车间有足够的光线。人工照明应选用日光灯。

车间内应备有冷、热水龙头,以便清洗消毒工(用)具和地面,并有 82℃热水消毒刀具的装置。根据用水量建设完善的下水系统。生产用水应符合饮用水的卫生标准。

车间内应通风良好,门窗可以拆卸,以便于清洗,有防蝇、防蚊和防雾装置。

(三)急宰间

经宰前检验剔出的各种病猪,尤其是传染病病猪,应尽快从病猪隔离圈送往急宰间屠宰。急宰间是屠宰厂(场)不可缺少的组成部分,在公共卫生学上具有特殊意义。其建筑要求与屠宰车间基本相同,卫生管理更加严格,设有独立的污水和粪便处理池,污水、污物必须在严格消毒后才能排放。

急宰间的工人和检验人员必须专司其职,应具有良好的卫生条件和个人防护措施。更衣室和淋浴室配备齐全,器材、设备、车辆等工具必须专用,有严格的消毒制度。

此外,根据生产需要还可建立与急宰间相配套的冷却室、肉的无害化处理室、皮张消毒室、死畜和病料化制室等。以上各室与急宰间应有严格的隔离条件和消毒设施。急宰间的产品不能与屠宰车间的产品混合存放或混合处理,也不能进入冷库。死猪不准在急宰间剖检,即所谓"冷宰",应直接送化制间化制。经急宰的病猪产品,凡被判为有条件食用的肉品,可送往无害化处理间(也称高温处理间),

经高温蒸煮或高压灭菌后出厂。不可食用的部分应化制或销毁。

二、给水和污水处理系统

(一)给水系统

屠宰加工企业在生产中要消耗大量的水,水质好坏直接影响肉品的卫生质量。按规定食品企业的生产用水必须符合卫生部颁发的《生活饮用水卫生标准》,一般来说,市政部门供应的自来水都符合该标准。因此,城市自来水是屠宰厂(场)用水的最佳选择。

如果企业用水为自备深井水,也应符合《生活饮用水卫生标准》,井周围必须加以保护,20～30 m之内不能有厕所、粪坑、污水管道和垃圾堆等。

(二)屠宰加工污水处理

屠宰厂(场)产生的废水具有流量大、污物多和气味不良的特点。虽然化学残留较少,但有大量微生物和寄生虫卵,任其排放就会污染地下水、地面水和大气,直接影响到工农业和居民饮水的质量,在公共卫生和流行病控制方面具有一定的危险性。

屠宰厂(场)的废水主要是宰前冲洗粪便、屠宰加工、内脏整理、肉品复制、炼油和日常活动所产生的,其中含有废弃的组织碎屑、脂肪、血液、毛污、胃肠内容物等,是典型高浓有机污水。

凡高浓度有机废水都具有高的生化需氧量。生化需氧量又称生化耗氧量,是指水中有机物经过微生物的生物化学作用而被氧化分解时,所耗去的水中氧气的总数量,缩写为BOD。其数高,说明水中有机污物的含量越多,污染就越严重。因此,限定BOD是所有污水控制方案的内容,其着眼点是限制高的BOD物质进入工厂废水系统。BOD的计量单位以mg/L表示。我国规定工业污水排出口BOD5最高允许值为60 mg/L(BOD5表示水样在20℃条件下的5 d生化需氧量)。排入地面水后,不能使地面水BOD5超过4 mg/L。污水的处理通常包括机械的和生物的两道程序。

1. 机械处理　就是用粗眼筛板、滤器、漂浮池、沉淀池和砂室等装置,机械地去除污水中固体物的方法,其中包括脂肪和其他悬浮固体物的回收。筛板和滤器仅能分离出组织块、羽毛及其他悬浮碎屑等较大的物体,而漂浮池、沉淀池及砂室等装置可以将余留在废水中的大量脂肪和其他悬浮物加以回收利用。

经过机械处理的污水,不能直接排入城市的污水系统,更不能排入小溪、江河或湖泊,要经过生物处理。

2. 生物处理　是利用存在于自然界的大量微生物具备的氧化分解有机物的

能力，除去废水中的胶体和有机污染物质。根据在处理过程中起作用的微生物对氧化要求的不同，分为好气法和厌气法两种方法。

(1)好气法　是在有氧的情况下，借助于好气微生物的作用进行的。在处理过程中，废水溶解性有机质透过细胞壁为细菌所吸收，而固体和胶体等有机物先附着在细菌体外，由细菌分泌的外酶分解为溶解性物质，再渗入菌体内。细菌通过自身的生命活动——氧化、还原等过程，把一部分被吸收的有机物氧化成简单的无机物，把另一部分有机物转化为生物体需要的营养物质，细菌逐渐生长繁殖、产生更多的细菌。通过这样的处理过程，几乎所有有机物(除醚类之外)都能被相应的细菌氧化分解而达到净化污水的作用。

(2)厌气法　是在无氧的条件下，借助于厌气微生物的作用进行的。废水中有机物进行厌气分解要经过酸性发酵和碱性发酵两个阶段。

用厌气法处理的废水，由于有硫化氢等有异臭的挥发性物质产生，所以废水发出臭气；同时，由于硫化氢和铁可形成硫化铁，所以废水呈现黑色。因此，一般废水处理不常采用厌气法。但是对于屠宰厂高浓度的有机废水，如果只采用好气法处理，由于不可能供应好气分解所需要的充足的氧，必须事先进行稀释，因而处理费用较高，所以屠宰厂一般先用厌气处理法，再根据需要，采用好气法进行处理。

(3)生物处理通用的方式　生物处理通用的方式包括活性污泥系统、生物转盘系统、细菌滤器系统和泻湖系统或这些系统的联合方式。我国目前屠宰厂(肉联厂)采用的主要是前两种形式。

三、屠宰厂(场)的卫生消毒

(一)消毒的意义和范围

消毒是贯彻“预防为主”方针的一项重要措施。消毒的目的是杀灭或消除停留在外界环境中的病原体，切断传播途径，控制或消灭疫病。屠宰加工企业的消毒，在公共卫生和环境保护上有着积极的作用。因为屠宰加工企业的生猪原料来自四面八方，所以也是各种病原体的集结地，如果不能及时准确有效地控制疾病，消灭病原体，则随着生猪产品的运销，将会使病原体又扩散出去，引起畜禽疫病和人畜共患疾病的流行。

根据病原体传播的途径，屠宰加工企业消毒的范围应当包括：病猪通过的道路和停留过的圈舍；与病猪接触过的工具、饲槽、运输的车船；生产车间的地面、墙裙、设备、器械、用具；病猪的排泄物(粪、尿)、分泌物、血、毛、皮、骨及肉尸工作人员的衣帽、手套、胶靴等。总之，一切与病猪及其产品相接触的东西，都必须施行消毒。

(二)常用的消毒方法

消毒的方法和种类有很多,归纳起来有三类:物理消毒法、化学消毒法和生物消毒法。选择消毒方法时,必须考虑病原体的特性,被消毒物的性质和经济价值等。

1.物理消毒法

(1)机械清除　这是应用得最普通的一种方法。它是以扫铲、冲刷、洗擦等手段达到清除病原体的目的。众所周知,屠宰场地、墙裙、设备、用具、器械等物,经常残留着血迹、胃肠内容物和下脚废物,如果每天加工生产之后不进行清洁大扫除,就成为病原体繁殖和传播的良好场所。所以,机械性清除是屠宰厂(场)每天必须要进行的工作。但是,机械清除并不能杀灭病原体,如果遇到传染病,特别是烈性传染病时,需要同其他消毒方法一并进行,先用药液消毒,然后机械清除废物与病原体。

(2)紫外线(阳光)　即利用太阳中的紫外线的灼热、干燥作用来达到消毒的目的。不少的非芽孢菌和病毒,在阳光暴晒之下都能被杀死,抵抗力较强的病原体也能失去繁殖活动能力。但阳光的消毒能力受多种因素影响,须配合其他的消毒方法进行。其消毒对象主要是一些可移动的设备、用具、拖车、衣帽等。

(3)火焰　焚烧是一种可靠的消毒方法,通常用于烈性传染病病原体(如炭疽、气肿疽等)污染的情况下。消毒的对象是患烈性传染病的尸体及其污染的价值不大的物品以及垫草、粪便、残渣、垃圾、废弃品等。对一些耐烧设备及地面墙壁等,可用汽油喷灯灼烧,杀菌效果很好。

(4)煮沸　煮沸消毒是一种既经济又实用的好方法。一般非芽孢菌在100℃沸水中煮沸3～5 min即可被杀死。大多数芽孢煮沸15～30 min亦能被杀死。煮沸2 h以上,可杀死一切传染病的病原体。消毒的对象主要是检验用的刀、钩等金属器械、玻璃器皿、工作衣帽等。实际上,被判为高温处理的胴体和内脏,大多数也是采用这个方法来达到无害化的。

(5)蒸汽　它是利用水蒸气的湿热达到消毒的目的。蒸汽的杀菌作用很强,传热快、温度高、穿透力强。高温的蒸汽透入菌体,使菌体蛋白变性、凝固,而达到杀死微生物的目的。饱和蒸汽在100℃时经过5～15 min即可杀死一般芽孢菌。蒸汽消毒的方法应用极广,一切耐湿的物品均可用此法消毒。按压力不同又分为高压蒸汽消毒和一般蒸汽消毒两种。

高压蒸汽消毒法主要用于一些病猪尸体和废弃品的化制。一般蒸汽消毒法即将需要消毒的物品放入像蒸笼一样的容器中,使热气透入其中,将病原体杀死。

2.化学消毒法　在卫生防疫实践中,化学消毒法的应用最广、最普遍。因为药品的消毒作用要比一般的消毒效力快而高,能在数分钟之内使药物透过病原体将其迅速杀灭。

由于微生物的抵抗力有强有弱，消毒药品的性能特点又各不相同，因此，在选择消毒药品时，应考虑病原体的种类，消毒时的温度，消毒剂的浓度、用量、作用时间以及性能等因素。理想的消毒剂应对病原微生物的杀菌作用强；对人畜的毒性很小或无毒；不损伤被消毒的物品，易溶于水；在消毒的环境中比较稳定，不易失去消毒作用；无异臭；价廉易得和使用方便；等等。

各种酸类、碱类、重金属盐类、氧化剂、酚及其衍生物、醇类、甲醛及其他化学药品都可用作化学消毒剂。它们各有特点，可按具体情况加以选用。这里特别要强调的是，选用消毒剂必须符合食品卫生法的有关规定。

下面就屠宰加工企业目前最常用的化学消毒剂加以介绍。

(1)氢氧化钠(苛性钠、烧碱)　对细菌和病毒均有强大的杀灭力。一般配成2%～3%的热水溶液来消毒被细菌(巴氏杆菌、沙门氏菌等)或病毒(口蹄疫、猪传染性水疱病、猪瘟等)污染的圈舍、地面和用具等。2%～3%热氢氧化钠的溶液中加5%～10%食盐时，可增强对炭疽杆菌的杀菌力。对形成芽孢的细菌(如炭疽杆菌)的消毒，一般须用10%热氢氧化钠溶液。本品对金属物品有腐蚀性，对皮肤和黏膜有刺激性，因此消毒完毕后要用水冲洗干净。本消毒剂在实际应用中比较经济、广泛，大多用于日常和定期的大消毒中。

(2)漂白粉　又称氯化石灰，是一种强力消毒剂，被广泛应用。漂白粉主要成分为次氯酸钙，遇水产生极不稳定的次氯酸，易分解产生氧原子和氯原子，通过氧化和氯化作用，呈现强大迅速的杀菌作用。漂白粉的消毒作用与有效氯含量有关。市售漂白粉一般含有效氯25%左右，但有效氯易散失，故应将漂白粉保存于密闭、干燥的容器中，放在阴凉通风处。在妥善保存的条件下有效氯每月损失1%～3%，当有效氯低于16%时即不适用于消毒。使用漂白粉之前，应测定有效氯含量。5%漂白粉溶液可杀死一般性病原菌，10%～20%溶液可杀死芽孢。漂白粉一般用于圈舍、地面、水沟、粪便、运输车船、水井等消毒。漂白粉对金属及衣服、纺织品有破坏力，对人畜有轻度的毒性，使用时应多加注意。各种铵化合物如氯化铵、硫酸铵、硝酸铵、氨等与漂白粉合用能加强化学反应，可缩短消毒时间以及降低消毒剂的浓度。

配制漂白粉溶液时，一般以有效氯含量25%的漂白粉为标准，按下列公式计算用量：

漂白粉需要量$=25a/b$

式中：a为有效氯含25%时漂白粉的需要量；b为这次测定出的漂白粉有效氯

含量。

用5%a溶液按2.5 mL/m³喷雾消毒密闭的实验室、无菌室、加工车间等。

(3)过氧乙酸(醋酸) 纯品为无色透明液体,易溶于水。市售成品有40%水溶液,性能不稳定,须密闭避光贮放在低温(3～4℃)处,有效期为6个月。本品高浓度加热到70℃以上能引起爆炸。低浓度水溶液易分解,应现用现配。本品为强氧化剂,消毒效果好,能有效杀死细菌、真菌、芽孢和病毒。除金属制品和橡胶外,可用于消毒各种物品,一般使用浓度为0.2%～0.5%:0.2%用于浸泡消毒,0.5%用于喷洒消毒圈舍、地面、墙壁、食槽、木质车船等。过氧乙酸分解后形成一些无毒产物,应用范围广。使用时应注意:其浓液能使皮肤和黏膜烧伤,稀液对黏膜也有刺激性。因此,配制时要先盛好水,再加入高浓度的药液。消毒后,要用清水冲洗。

(4)福尔马林 为38%的甲醛水溶液,有很强的消毒作用。福尔马林的杀菌作用,一般认为是甲醛与微生物蛋白质的氨基结合,引起蛋白质的变性所致。2%～4%水溶液用于喷洒墙壁、地面、饲槽等。1%水溶液可用于畜体体表消毒。

畜舍、车间、实验室的空气消毒和皮毛消毒时,可用福尔马林熏蒸法,每立方米空间用福尔马林25 mL,水12.5 mL,加高锰酸钾25 g,密闭消毒12～24 h后彻底通风。

(5)TD(有的称洗消剂) 近年来应用较广,使用较为安全,但价格较贵。不适于大面积的场地消毒。使用方法及配比见说明。

(6)酒精 75%酒精一般用于手的消毒。也可用其擦拭刀具和肉类加工的台面等。

3. *生物学消毒法* 生物学消毒法包括粪便、污水和其他废弃物的生物发酵处理方法,此法简便易行。在粪便与土壤中的大量的嗜热菌、噬菌体及土壤中的某些抗菌物质,它们对于微生物有一定的杀灭作用。卫生工作中,常利用嗜热菌参与粪便、污水及其他废弃物的生物学发酵来消灭其中各种非芽孢菌、寄生虫幼虫及其虫卵。其原理是因为嗜热菌可以在高温下发育(嗜热菌的最低温度为35℃,适温为50～60℃,高温为70～80℃)。在堆肥内部,开始阶段由于一般非嗜热菌的发育,堆肥内的温度升高到30～35℃,温度到达35℃后嗜热菌便开始发育,而将堆肥的温度逐渐升高到60～75℃。在此温度下,大多数抵抗力不太强的致病菌、寄生虫幼虫和虫卵在几天到几周内便死亡。整个堆肥发酵过程,一般为1～3个月。

(三)影响消毒效果的因素和消毒效果的检查

在消毒过程中,不论哪种消毒方法,其效果均受很多因素的影响,掌握和利用这些因素,就能提高消毒效果,若处理不当,可使消毒失败。不恰当的消毒,常给人一种假象,由于放松警惕,可能造成疫病的传播。因此,在消毒工作中必须了解并掌握影响消毒效果的各种因素,如药液剂量、微生物的污染程度、温度、湿度、酸度、化学拮抗物、穿透条件、表面张力等。

消毒效果的检查内容包括:消毒是否及时,消毒药品和消毒方法的选择,以及消毒方法的使用和药物的配制是否正确,消毒后的效果如何等。

消毒效果的检查对象大致分为:①外界环境、房舍、场地和物件等消毒效果的检查;②利用灭菌器灭菌效果的检查;③空气消毒效果的检查。

消毒效果检查主要是用微生物学方法检查,也可用某些物理和化学的方法对一些指标进行检查。

第二节　猪宰前检验与管理

屠宰生猪自进厂(场)至送宰前所实施的兽医卫生检验和卫生管理,称为宰前检验与管理。宰前检验与宰后检验是互相补充,缺一不可的重要内容,是肉品卫生检验的重要组成部分,是保证肉品具有良好品质、减少对人类生存环境的污染、防止疫病传播的重要措施。

一、宰前检验的意义

通过宰前检验可以较早发现产地的重要疫情,为畜牧兽医行政管理部门制定防疫措施提供依据。

通过宰前检验可以初步确定屠猪的健康状况,及时发现病猪,实行病健隔离和分宰,降低死亡率,减少损失,防止疫病的传播,减少对产品和加工环境的污染,以保证产品具有良好的品质。

通过宰前检验可以及早发现具有特征性症状的病猪,特别是那些在宰后检验中缺乏肉眼可见病变的病猪,宰前检验更具有重要意义,如破伤风、狂犬病、李氏杆菌病、脑炎、胃肠炎以及某些中毒性疾病等。

二、宰前检验的程序和方法

屠宰厂(场)是生猪及其产品的集散地。屠猪来自四面八方,产品又运销各地。检验人员应根据生猪来源采取适当的检查方法,快速准确地从猪群中剔出病猪。

(一)宰前检验的程序

1. 进场验收　须做好以下几项工作。

①验收检验:当生猪由产地运到屠宰厂(场)后卸载前,兽医检验人员应向押

运人员索取产地动物防疫检疫监督机构签发的检疫证明(包括头数、有效期、检疫人员签名和印章等),了解产地有无疫情以及途中发病和死亡情况。如发现头数不符或有途病途亡情况,必须认真查明原因。核对载运猪的头数,如果发现疫情或疫情可疑时,则不得卸载,应立即将该批猪转入隔离圈内,进行详细的临床检查和必要的实验室检验,待确诊后根据疾病的性质进行适当处理。

②病健分群:经初步视检认为基本健康的猪群,允许卸载并进行外貌检查。生猪自卸载站台行进至圈舍的途中,检验人员应在旁逐头观察其外貌、步样、精神状态等,如发现有异常时,应立即做好标记,剔出隔离,待验收结束后再作检查和处理。

③个别诊断:隔离圈内的病猪或可疑病猪经适当休息后,进行仔细的临床检查,必要时辅以实验室诊断,予以确诊和处理。

2.待宰检验　进场验收合格的生猪,在待宰期间,检验人员应经常巡回观察检查,发现病猪随即送急宰间。

3.送宰检验　为了最大限度地控制病猪进入屠宰车间,关养在待宰圈内的健康猪,送宰前尚需进行仔细的外貌检查,发现病猪送急宰间。

(二)宰前检验的方法

猪的宰前检验一般采取群体检查和个体检查相结合的方法,但以群检为主。

1.群体检查　群体检查是把来自同一地区或同一批的猪作为一群,或以一栏作为一群,进行静态、动态、饮食状态检查,判定其健康状况。

(1)静态检查　检验人员深入圈舍,在不惊扰猪群的情况下,仔细观察猪在自然安静状态下的精神状态,对外界事物的反应表现,立卧姿势与呼吸等情况,并应注意有无咳嗽气喘、呻吟流涎、昏睡嗜眠、独立一隅等反常情况。

(2)动态检查　经过静态观察后,可将猪轰起,或在卸载后驱赶过程中注意观察其运动状态,有无行走困难、屈背拱腰、离群掉队、步样蹒跚、喘息咳嗽及行动反常等情况。

(3)饮水状态检查　观察其饮水的状态,有无贪饮和不饮现象。

凡经上述检查呈现异常的猪,应标上记号,予以隔离,留待进一步检查。

2.个体检查　经群体检查被剔出隔离的可疑病猪应逐头进行个体检查,即通过临床检查与化验的方法来诊断其疾病,必要时还应进行病理解剖学和病原微生物学的诊断。我国屠宰加工行业在长期实践中将个体检查总结为"看、听、摸、检"四个要领。

(1)看　检验人员以视觉检查生猪的表现和状态。

①看精神状态:健猪精神活跃,耳目灵敏,对外界环境反应敏感。病猪则精神

沉郁或兴奋不安。沉郁时病猪低头耷耳，反应迟钝，兴奋时则狂躁不安。

②看被毛皮肤：健猪被毛整齐有光泽，皮肤色泽正常；病猪的被毛和皮肤往往粗乱无光泽。猪瘟病猪在四肢、腹部以至全身各部位皮肤出现大小不一的点状出血。急性猪丹毒往往在颈部、胸腹下部、股内、腋下等处皮肤上呈现红斑，甚至融成一片，且淤血皮肤很快呈蓝紫色。疹块型猪丹毒则在颈、胸、肩、背、股等处皮肤上出现微突出于皮肤的淡红色或暗紫色充血疹块。急性猪肺疫因常和猪瘟等病并发感染，除腹下及耳后颈部皮肤发红外，常发生喉头部皮肤肿胀。

③看姿态步样：健猪行走平稳，摇头摆尾；患病时则低头垂尾，弓腰曲背，腹部紧缩，行动迟缓，步态跄踉或跛行，如破伤风病猪表现头颈伸直，竖耳翘尾，腰腿僵直而侧卧。

④看呼吸：在安静状态下检查其呼吸次数、节律、方式及有无困难。健猪呼吸次数在正常范围，呈平稳的胸、腹式呼吸；病猪尤其是肺部患病的，呼吸次数增加，呈明显的腹式呼吸，且呼吸困难，如猪气喘病时呈典型的腹式呼吸，最急性猪肺疫时病猪高度呼吸困难，口流白沫。

⑤其他：还应看眼结膜是否潮红、发绀、苍白（贫血）、发黄（黄疸）；看鼻盘是否干燥，鼻盘是否抽动有力；看粪尿性状；等等。

（2）听　对猪来说主要是听其叫声和咳嗽。

①听叫声：健康猪都有其独特的叫声，即轻轻的哼哼声，病猪则出现异常的叫声，如猪瘟叫声嘶哑。

②听咳嗽：病猪上呼吸道和肺发生炎症时常出现咳嗽，如猪肺疫、喘气病等。

（3）摸　以手触摸猪体各部进行检查。

①触摸耳根、尾根：在于判定体温有无升高和降低。高温多见于急性发热性疾病，低温多见于濒死期动物和某些中毒。

②触摸体表疹块和肿块：猪患疹块型丹毒时，常在背部皮肤出现特殊的疹块，白猪容易发现，黑猪借助于手触摸也容易感觉出来。如发现肿块，应检查其大小、硬度、有无波动感和移动性等。

③触摸胸廓及腹部：注意有无敏感和压痛，如猪肺疫时胸廓常有压痛及反应敏感，腹膜炎时腹部有压痛。

（4）检　就是检测体温，主要是针对可疑病猪，这对早期发现和诊断传染病猪有着重要的作用。

三、宰前检验后的处理

经宰前检验后的生猪，根据检验结果，按照“预防为主”和“就地处理”的原则，分别处理，包括对病猪的处理，尸体的处理，圈舍、场地、粪便的处理以及运输工具及其他被污染物的处理。

（一）准宰

经检验为健康合格的猪准予屠宰。

（二）禁宰

被确诊为患有恶性传染病或者国家规定应销毁的病、死畜禽，禁止按常规宰杀，应在特定的条件下扑杀。根据国家《畜禽病害肉尸及其产品无害化处理规程》(GB 16548—1996)规定，应当销毁的病、死畜禽中，与猪有关的有炭疽、恶性水肿、狂犬病、肉毒梭菌中毒症、非洲猪瘟、猪瘟、口蹄疫、猪传染性水疱病、猪密螺旋体性痢疾、急性猪丹毒、李氏杆菌病、布鲁氏菌病等传染病和恶性肿瘤等。

至于上述疫病的同群猪，应区别对待，全部隔离测温。凡恶性传染病的同群猪，体温正常者应在指定地点屠宰；体温不正常者则隔离观察，直到确诊为非恶性传染病时方可屠宰。

（三）急宰

确认为无碍肉品卫生的普通病患猪及一般传染病而有死亡危险的，可即签发急宰证明书送往急宰。

凡恶性传染病或国家规定应作为销毁处理的传染病病猪的同群猪，在体温不高的情况下，可以在急宰间集中屠宰，肉品经无害化处理后利用。

（四）缓宰

经检查确认为一般性传染病或其他疾病，且有治愈的可能，或有疑似传染病而未确诊的生猪可以缓宰。但须考虑有无隔离条件和消毒设施，隔离治疗是否经济等，否则应进行急宰。

（五）物理性致死畜尸的处理

确系因挤压、触电、水淹、斗殴等物理性因素而致死的生猪，经检验肉质良好，并在死后 2 h 内取出全部内脏者，其胴体经无害化处理后可供食用。

宰前检验后对检验的结果和处理情况必须详细记录，统计备查。发现传染病尤其是恶性传染病时，兽医检验人员必须及时向当地动物防疫监督机构报告疫情，以便及时采取防制措施。

四、宰前管理与肉品卫生质量

生猪宰前的生理状况直接影响到肉品质量。宰前管理的要点是充分休息、停食管理和减少外伤。

(一)宰前休息

生猪从产地到屠宰厂(场),由于运猪的汽车没有遮阴和防寒设备,车辆中间又无分隔栅栏,运输途中常因互相拥挤,增加了发病和死亡。炎热季节,猪只中暑死亡的比例较大。同时,因为经过长途赶运和车船运载,猪只极度疲劳,屏障机能减弱或受到抑制,导致细菌经由肠道进入血液,侵入肌肉和内脏,增加了肉品污染的机会。试验表明,经 5 昼夜铁路运输的牲畜,卸车后立即屠宰,肝脏带菌率为 73%,肌肉带菌率为 30%;休息 24 h 后屠宰,肝脏带菌率降至 50%,肌肉带菌率为 10%;休息 48 h 后屠宰,则肝脏带菌率为 44%,肌肉带菌率为 9%。

此外,过度疲劳和惊恐,加剧了猪只应激反应的程度,并会大量消耗猪只的糖原,从而影响肉成熟过程的正常进行,降低了肉的品质。

现在许多屠宰厂(场)都实行快收快调快宰,生猪进厂后基本上没有休息,减少生猪掉膘损耗和防止传染病,但对屠宰加工和肉品质量确有不良影响。因此,生猪在宰前必须给予充分的休息,使其迅速消除疲劳和恢复健康。

(二)停食管理

经宰前检验合格,赶入待宰圈内的生猪都要停食一段时间(亦称饥饿管理)。停食期间必须给予充足饮水,直至送宰前 2～3 h 停止供水。

生猪停食,充分给予饮水的好处是:

(1)节约饲料。进入生猪胃内的饲料,须经一定时间后才能被消化吸收,宰前喂食不能充分消化吸收,造成饲料浪费。

(2)促进胃肠内容物的排出,便于宰后解体,减少因胃肠破损放血倒挂时胃内容物从食道倒流出来。

(3)充分饮水使血液变稀,有利于放血,可提高肉品的质量。

(4)促进肝糖原分解为乳糖和葡萄糖,使运输途中肌肉所消耗的糖原得到恢复和补充,有利宰后肉的成熟过程。

(三)减少外伤

在屠宰厂(场),生猪卸载进场或是送宰至屠宰车间,都牵涉活猪的驱赶问题,粗暴对待会造成体表外伤和骨折,甚至引起应激综合征。过去,一般屠宰厂常见到工人以竹竿、木棒边打边驱赶,生猪往往被打得遍体发红,严重的甚至皮下出血,这种驱赶方法会影响肉品质量,增加胴体修割面。西欧发达国家有法律规定“不得虐待动物”,屠宰场都是用袖珍式脉冲麻电器赶猪。当麻电器触及猪体时,脉冲电流刺激肌肉内神经末梢,猪受到突然刺激就向前跑动。我国已有类似的麻电器,但效果不理想,尤其是长途运载后猪体疲倦,用电驱赶很多猪仍不愿动弹。无论如何,要坚持不能打猪,有的地区使用轻便猪拍或摇铃用声响来驱赶;有的厂采取轻赶高呼，不棒打脚踢，分段跟入，防止猪返回倒跑而拥挤"爬伤"等，这些办法都有一定的效果。

此外，宰前管理还应加强圈舍内的巡回检查，随时剔出病猪，及时清除粪便，对圈舍、通道、饮水器等定期消毒。注意气候变化，及时做好防寒保暖、防暑降温等工作。

第三节　猪宰后检验程序和器官常见病变

宰后检验是应用动物病理学和实验室诊断技术，对屠体实行肉品品质鉴定，以发现和检出对人有害或致病的猪肉及其产品，剔出有害于其他动物或有害于公共卫生的劣质的肉类。宰后检验是肉品检验最重要的环节，它通过在宰后屠畜解体的状态，直接观察胴体、脏器所呈现的病理变化和异常现象，进行综合的分析判断，因而是检出有害肉品和劣质肉的主要手段。宰后检验是宰前检验的继续和补充，对于保证肉品卫生质量及控制动物疫病及防止人畜共患病传播等方面都具有关键性的意义。

一、猪宰后检验的基本方法和要求

肉品检验以感官检查和剖检为主，必要时辅以细菌学、血清学、组织病理学和理化学等实验室检查。

1.视检　即观察屠体皮肤、肌肉、胸腹膜、脂肪、骨骼、关节、天然孔黏膜及各种脏器的外观色泽、形态大小、组织性状等是否正常。这种观察可为进一步剖检提供方向，例如：结膜、皮肤、脂肪发黄，表明有黄疸的可疑，应仔细检查关节滑液、肌腱、肝脏和造血器官；喉、颈部肿胀，应考虑检查炭疽和巴氏杆菌病；特别是皮肤上的变化，在某些疾病（如猪瘟、猪丹毒、口蹄疫、猪肺疫、痘症等）检验中更具有特征性。

2.剖检　是借助器械，剖开观察屠体或脏器的隐蔽部分或深层组织的变化，通过对淋巴结、肌肉、脂肪、脏器的检查来确诊疾病。

3.触检　目的在于判定组织器官的弹性和软硬度，对发现组织中的硬结病变具有重要意义。

4.嗅检　是上述检验方法的一种必要的辅助，用来判别各种气味。

宰后检验不同于一般的尸体检验，它是在流水作业的生产条件下，要求检验人员在瞬息间（几秒钟）对屠畜的健康状况作出较准确的判断。因此，检验人员必须具有广泛的专业知识和熟练的操作技术，方能及时准确地识别各种疾病的早期病变。在宰后检验的全部实施中，检验人员除正确使用上述检验方法外，尚需注意下列事项：

(1)为迅速准确地检验屠体和内脏，避免漏检，必须遵循一定的程序。

(2)为了保证肉品的卫生质量和商品价值，剖检时只能在一定的部位进行，而且深浅适度，严禁乱划和拉锯式的切割，以免造成组织切口过多或破坏病变的自然景象。

(3)肌肉应顺纤维切开，非必要不得横断，以免形成巨大的哆开性切口，破坏商品外观，招致细菌侵入或蝇蛆的附着。

(4)受检的淋巴结应纵向切开，不要横切，尽量暴露较大的切面。当发现不明显的病变时，应将淋巴结采下，纵向切成薄片，仔细观察。为防止碰伤手指，任何时候都应顺着手指平行的方向切割在握的淋巴结。

(5)当切开脏器或组织的病变部位时，要防止病变材料污染产品、场地、设备、器材和检验人员的手等。

(6)为了顺利地进行检验，检验人员在工作期间，每人应配备两套特制的检验刀、钩，交替使用。被污染的器械在清除病变组织后，应立即进行消毒。

(7)在整个检验过程中，检验人员都应十分注意自身的防护。

二、猪宰后检验的要领和器官常见病变及处理

猪的宰后检验一般分头部检验、体表(皮肤)检验、内脏检验、旋毛虫检验、胴体检验和复验六个基本环节，整个检验工作需按上述程序进行。各环节的检验目的和技术要领、常见病理变化及处理原则分别介绍于后。

(一)头部检验

1.检验目的和技术要领　猪的头部检验可于放血或烫毛后进行。首先从放血刀口纵向切开皮肤和肌肉，剖检两侧颌下淋巴结，仔细检查剖面的性状。其主要的目的是检查猪的局部性咽炭疽、结核和淋巴结脓肿。然后剖检两侧外咬肌，检查猪囊虫(囊尾蚴)，必要时检查咽喉黏膜，会厌软骨和软腭口面中央沟两侧扁桃体，目的在于发现炭疽、猪瘟等传染病。为了检查炭疽，必要时还要剖检颌下副淋巴结。在做上述检查的同时，还应注意观察鼻盘、唇、齿龈及眼结膜的状态，以期发现口蹄疫、猪传染性水疱病、猪瘟等传染病。

2.常见病变

(1)头部被检淋巴结的解剖部位　淋巴结是机体的重要器官，具有造血功能和免疫功能，可产生各种淋巴细胞和抗体，抵抗疾病同时它还是一个过滤装置，来自组织间隙的淋巴进入血管前至少要经过一个淋巴结，它将淋巴带来的有害物

质、异物或微生物扣留下来，使其不能进入血液循环。每一个淋巴结都有一定的管辖范围。当微生物侵入动物体后，在达到一定程度的情况下，淋巴结就以肿大、充血、出血和组织坏死等形式表现出来。根据淋巴结的变化情况，可以初步判定相应的器官是否受到侵害，所以观察淋巴结的大小、色泽、韧度和组织学变化在肉品品质检验中具有重要意义。

①颌下淋巴结：位于下颌间隙、颌下腺的前方，被腮腺的前部覆盖，形成一个长 1.5～2 cm，宽 1～1.5 cm 的小囊，数目 1～2 个。颌下淋巴结可反映头的前半部、咬肌、舌、喉、扁桃体、唾液腺，以及前至下唇端，上至腮腺，后至颈前部的皮肤是否发生了病变。

②颌下副淋巴结：位于腮腺后腹角的内侧，颌下腺的后方，颈静脉的分叉部，数目 2～4 个。

(2)颌下淋巴结及其他淋巴结常见病变

①充血：淋巴结轻度肿胀、发硬、变红，切面潮红，按压有血液渗出，常见于炎症初期。

②水肿：淋巴结肿大，富有光泽，切面苍白、隆突，质地松软，并流出多量透明淋巴液。

③浆液性炎：淋巴结显著肿大、变软，切面红润或有出血，按压时流出多量黄色或淡红色浑浊的液体，多见于传染病，尤其是伴有大量毒素形成的病原感染。可于综合判断后局部割除。

④出血性炎：淋巴结肿大，富有光泽，深红至黑红色外观，切面稍隆突，呈现出深红色与白色相间的大理石样花纹。多见于猪瘟等急性传染病，但也见于外伤出血。随具体疾病不同，其病变也各有特征。

⑤淋巴结脓肿：多由 E 群链球菌引起，也有由其他化脓菌引起的。病变淋巴结柔软，表面或切面有大小不等的黄白色化脓灶，按压时流出脓汁。后来整个淋巴结形成一个脓包，周围有厚层结缔组织包囊，脓汁带绿色，浓稠无臭。脓肿破溃排脓后以疤痕的形式愈合。

⑥淋巴结炭疽：病猪颌下淋巴结肿大(1～3 倍或更大)，多半局限于一侧，刀切肿大的淋巴结时有硬而脆的感觉，切面干燥，呈砖红色或淡红色，有散在暗红色或紫黑色凹陷的坏死灶，淋巴结周围有或多或少的淡黄色胶样渗出液。感染时间较长的，颌下淋巴结逐渐变成淡红色、灰黄色，坏死灶变为黑色或灰色；伴发化脓菌感染时，淋巴结可形成脓肿，有时在脓灶中心仍可发现淡黄色、灰色的坏死斑点、硬块。

⑦淋巴结结核：病变淋巴结轻者稍肿大，仅在切面见有针头大或粟粒大浑浊、

灰黄色病灶，中心干酪化或钙化。严重者淋巴结肿大数倍至数十倍，被膜增厚而粗糙，切面可见大小不等的结核结节与增生的灰白色淋巴组织，有时可见大面积的干酪样坏死和钙化与残留的淋巴组织交织一起，致使切面呈现灰白色和淡黄色斑纹。

(3)咬肌的猪囊尾蚴寄生　咬肌是猪囊虫病的好发部位。剖检两侧内外咬肌，见肌间有高粱米粒大至黄豆大，乳白色半透明的水泡，囊内有透明液体，囊壁上有一小米粒大至高粱粒大的白点，即头节，整个虫体很像石榴籽。局部肌肉组织一般无可见病变。

(4)舌的常见病变　宰后在舌黏膜，特别是舌尖和舌侧缘的黏膜上有大小不一的出血点和不规则的糜烂灶，这是猪瘟的常见病变之一。如果没有出血点，仅有烂斑，则应进一步检查有否口蹄疫存在。如果囊虫寄生在舌肌，可见其表面有豆粒大的凸起。

(5)扁桃体的病变　在检查颌下淋巴结发现有可疑传染病变时，可用检验钩钩住舌根部，用刀在一侧切开拉出舌根，观察扁桃体和喉头黏膜。扁桃体黏膜上有灰白色或灰黄色，有时带有血液的纤维素样物覆盖，撕去此层假膜则见黏膜滤泡增大，破溃，有不规则的溃疡，有时还有出血。切开可见溃疡深达黏膜下层，后期假膜脱落，溃疡修复，留下略低于黏膜的灰白色疤痕，这种病变多见于猪瘟。扁桃体黏膜充血、出血、水肿和溃疡，其表面常被覆一层灰黄色痂膜，将扁桃体作一横切面，在痂膜下数毫米深处可见1～3处暗红色或砖红色楔形或缺齿状病灶，其中有针头大紫黑色、黑色或灰色坏死斑点，这种病变多见于猪的颌下淋巴结炭疽，从斑点处涂片镜检，常可检出炭疽杆菌。

(6)咽喉部的病变　咽喉部及其周围组织出血性浆液性炎，并有大量胶冻样淡黄色稍透明的水肿液是猪肺疫的特征性病变之一。喉头黏膜、会厌软骨有小点出血，常见于猪瘟。

(二)体表(皮肤)检验

1.检验目的和技术要领　在烫毛之后屠猪解体之前，为及早发现传染病，避免扩大污染范围，对带皮猪施行详细的皮肤检查很有必要。当发现有传染病可疑时，打上记号，不行解体，立即转到病猪检查点，进行全面的剖检和诊断，这对于检出和控制猪瘟、猪丹毒、猪肺疫和口蹄疫等病有很大的意义。

检验的方法主要是视检和触检，必要时可剖检局部皮肤，观察皮肤深层及皮下组织。剥皮猪的猪皮可平铺在特制灯箱的毛玻璃上，检查有无猪丹毒的疹块。

2.皮肤的常见病变

(1)皮肤的机械性变色　宰后常见全身或局部皮肤上出现红斑。运输时暴露在冷空气中可引起全身皮肤充血发红，反之过度暴露于日光下也能引起红斑，白皮猪尤为多见。上述原因引起的皮肤红斑称运输斑，猪屠宰前刁。适当的运动也能引起皮肤充血。另外，宰前猛抓猛打，宰后皮肤上可见明显的红色抓痕和棒打痕，损害了商品的外观。上述种种皮肤变色，颇易与猪瘟、猪丹毒、猪肺疫等传染病的皮肤病变相混淆。一般来说，上述传染病的皮肤红斑面积较大，而且烫毛后变色部分更加明显。机械性原因引起的皮肤变色，虽然淋巴结也能充血，但并不肿大，同时胴体和其他器官也没有任何病变。机械性皮肤变色一般不必处理，严重的机械性损伤需作局部修割。

(2)黑色素沉着　黑色素的异常沉着，常见于黑色素瘤和黑变病。

猪的皮肤黑色素瘤大小差别很大，从直径数毫米至数厘米不等，稍稍突起于皮肤表面，单发或多发，硬度不一，生长较快，呈深黑色或棕黑色，切面干燥，小的瘤可长期存在，因此在宰后常能发现。猪黑变病时，成黑色素细胞异常地沉积于猪的皮肤，尤其是猪的乳腺及其周围脂肪组织内，使其呈现灰黑色，俗称“灰肚脯”。黑色素沉着对肉品质量无影响，只需作局部修割。

(3)猪瘟、猪丹毒和猪肺疫皮肤病变的特征

①猪瘟：皮肤有深紫红色小点出血，散布于四肢、腹下、耳根、甚至全身。

②败血型猪丹毒：体表薄皮部位，如耳根、颈部、胸前、腹壁、鼠蹊和四肢内侧等处，常见不规则淡紫红色的充血区，这种红斑可相互融合，稍稍隆起于周围正常皮肤的表面。发红部位的皮下脂肪也呈暗红色。病程稍长的，可在红斑上出现浆液性水疱，水疱破裂后，浆液流出，结成干固的黑褐色痂皮。

③疹块型猪丹毒：疹块通常发生于颈部、背部往后直至尾根部，偶尔头、耳、腹部及四肢也有出现。疹块比周围的正常皮肤略隆起，且有明显的界限，大小不等，多呈方形、菱形或不规则形，鲜红色或暗红色，或边缘红色而中心苍白色，或整个疹块均呈苍白色。各种疹块均比正常皮肤稍硬。

④猪肺疫：典型的败血型猪肺疫病猪皮肤色泽潮红，皮下脂肪发红，皮肤及皮下脂肪有出血小点，但见出血点分布不均匀，有的部位多，有的部位少，在出血点多的地方密集融合成弥漫性出血，色泽多是暗红色。有的颈部和前胸部红肿，皮下组织有浆液性浸润或胶冻样渗出物。

(4)猪口蹄疫和猪传染性水疱病皮肤变化的特征　猪口蹄疫和猪传染性水疱病的水疱主要见于蹄冠、蹄踵和蹄叉等部皮肤，水疱米粒大、蚕豆大。有时水疱液带红色。水疱破溃后形成糜烂，如无细菌感染，1周左右结痂痊愈。如继发感染，严重者侵害蹄叶，则可导致蹄壳脱落。有时在鼻盘(尤其是吻突顶端)、乳房部皮肤有水疱和烂斑。

(5)脓疱性皮炎　为猪常见的皮炎之一，是由链球菌或葡萄球菌引起的一种接触性传染性疾病，蔓延迅速。开始为皮肤红斑和水疱，之后形成脓肿，其特点是水疱和脓疱发生于表皮的表层，非常容易破裂，破裂后形成干燥的厚痂。脓疱大小不等，直径 1 mm 到 1 cm 或更大。少数脓疱，作局部修割后胴体可不受限制出厂；严重的全身性脓疱，剥去皮肤，胴体加工熟制。

(6)结节性坏死性毛囊炎　这种病变在猪的宰后检验中很多见，常发生于背部、臀部或腹部皮肤。烫毛后，肉眼见局部皮肤肥厚、粗糙，凹凸不平，形成高粱粒大、黄豆大乃至蚕豆大的结节，质地坚硬，切面见皮肤肥厚，真皮部有大量的针头大或高粱米粒大、圆形或不整圆形的坏死灶，其中含有灰白色黏稠的脓样物或碎屑物。将病变割除废弃，胴体和内脏如未继发感染可出厂。

(7)湿疹与昆虫叮咬

①皮肤湿疹：表现红色丘疹，高出表皮，往往由动物擦痒而致使表皮破损，并时有血浆渗出形成的淡黄色痂膜覆盖于患部表面，剖开局部病灶只局限于表皮，真皮及皮下组织一般无变化。

②蚊虫等昆虫叮咬：也可在皮肤上呈现细小的淤点。仔细观察这种淤点，可见中心红色或暗红色，周边有一圈苍白的水肿区带与正常组织分隔，真皮、皮下组织不见病变。

(三)内脏检验

内脏检验在开膛后进行，先检查胃、肠、脾，后检查心、肝、肺。

1. 胃、肠、脾的检验　首先检验胃肠浆膜及肠系膜，然后左手提起盲肠头，展视回、盲、结肠，使小肠肠系膜淋巴结伸直，右手用刀纵向剖开淋巴结 12 cm 以上。注意有无肠炭疽和结核等病变。检查肠炭疽最好是剖检十二指肠和空肠前段的肠系膜淋巴结。必要时，将胃肠移至特定地点，剖开检查黏膜的变化。注意色泽是否正常，有无充血、出血、水肿、胶样浸润、痈肿、糜烂和溃疡等病变。

胃肠检查之后，用左手提起脾脏，视检其形态，剖检脾髓和脾门淋巴结。

(1)肠系膜淋巴结的常见病变

①猪瘟：肠系膜淋巴结多半有可见变化。淋巴结一般不肿大或稍肿，外观红色或暗紫红色，形似黑枣。切面周边出血，常与灰白色的淋巴组织相间，呈大理石样外观。仔细观察在灰白色的淋巴组织内可见针尖大或粟粒大的灰黄色坏死点。

②肠炭疽：淋巴结肿大出血，切面呈暗红色、樱桃红色或砖红色(病程较久者)，质地硬脆，散发紫黑色稍凹陷的小坏死灶，有时切面无坏死灶。局部肠系膜出血性胶样浸润，散布纤维素凝块。与肠管相连的淋巴管因出血而呈红线状或虚线状。个别病例可见淋巴管变为粗大，纵剖开来，可见砖红色小病灶，其中尚有针

头大黑红色小坏死灶。

③肠系膜淋巴结结核:多数由禽型结核杆菌所引起。其病变特征是淋巴结呈不同程度的肿大、坚实,有一个以上较大而软的干酪样区。虽也有弥漫性增生现象,但包膜形成不明显。干酪样坏死区的钙化也不明显,这种干酪样坏死区有时可波及整个淋巴结。

④猪弓形虫病:小肠肠系膜淋巴结群内各个淋巴结显著肿大,密集排列成串,形似绳索,坚硬,其被膜和周围结缔组织常有黄色胶样浸润。切面充血、水肿、多汁,有大小不同的出血点和坏死灶,坏死灶周边无炎性反应。

(2)胃的常见病变

①急性卡他性胃炎:胃黏膜特别是胃底腺部黏膜呈现弥漫性充血、肿胀,黏膜面被覆多量灰白半透明黏液,有时散发点状出血或糜烂。常见于毒物、细菌、寄生虫、霉变饲料及污浊饮水的直接刺激,长途运输和感冒也可引起,猪瘟、急性猪丹毒常继发急性卡他性胃炎。

②出血性胃炎:剖检可见胃黏膜肿胀,呈弥漫性或点状、斑块状出血,黏膜表面被覆多量红褐色黏液。出血性胃炎多见于霉败饲料和化学物质的中毒,也见于猪瘟、猪丹毒等急性传染病经过。

③纤维素性胃炎:剖检见胃黏膜被覆灰黄色纤维素假膜。假膜剥离后,可见黏膜肿胀、充血、出血和糜烂,黏膜下层水肿。这种胃炎多因误咽腐蚀性药物或投予峻泻剂引起,有时也伴发于猪瘟的经过中。

④胃溃疡:一种以溃疡或坏死性干痂的形式表现出来的胃炎。呈局灶性,也可是弥漫性。剖检见胃黏膜有大小不一的溃疡,呈圆形或不正形。溃疡的深度,由浅在的黏膜糜烂至达深层,或完全穿孔;溃疡中心因坏死组织被胃液消化,显示柔软液化,并呈污秽褐色。由猪瘟等急性传染病引起的胃黏膜常有严重出血和水肿,呈现出血性溃疡的景观。

⑤慢性胃炎:由急性胃炎转变而来,也可由寄生虫引起。剖检见胃黏膜面被覆多量灰白色黏稠的黏液,胃黏膜肥厚且多皱襞,苍白色;有时黏膜表面呈现高低不平的颗粒状;有的胃壁变薄,皱襞减少。胃黏膜上常寄生有颚口线虫,虫体头部深陷在胃壁内,割开胃壁,见胃黏膜插着数量不等的灰红色灯蕊草样虫体,强行拉下虫体,胃黏膜上留下一个细而深的小洞,周围胃黏膜有红色的炎症出血带,胃壁黏膜呈不均匀的肥厚,有的甚至形成溃疡。大量寄生可引起弥漫性出血、坏死。有的病例呈现胃壁黏膜增厚,皱襞很多,胃黏膜苍白,黏膜下层水肿。

以上胃的常见病变,如果是传染病引起的按传染病处理,非传染病引起的轻者剥离胃黏膜后高温处理,重者全胃销毁。

(3)肠的常见病变

①急性卡他性肠炎:主要发生在小肠。剖检见发炎的黏膜潮红、肿胀,有时散发斑点状或线状出血,有时沿黏膜皱襞的边缘呈现充血,肠内容物一般不含血液。黏液分泌增多,肠孤立淋巴滤泡和淋巴集结肿胀,形成2～3 mm的灰白色小结节,凸起于黏膜表面如半球状。淋巴集结增厚,从浆膜面上即可见到,周围可有充血带包围。急性卡他性肠炎多见于猪瘟,猪丹毒的早期和中期,也常见于猪传染性胃肠炎、急性大肠杆菌病。

②出血性肠炎:剖检见肠壁水肿,黏膜层有血液浸润,深红色,呈斑块状或弥漫状分布。肠内容物中混有血液。如果发生在肠道前段,血液因部分消化而呈棕色;肠道后段出血则呈鲜红色。有些严重的病例,肠系膜和肠系膜淋巴结也出血、水肿。出血性肠炎多发生于霉败饲料和化学物质的中毒以及猪瘟、炭疽、猪密螺旋体性痢疾(猪血痢)等。

猪血痢时,主要损害大肠,有时只限于结肠。急性期的典型病变为肠系膜充血水肿,浆膜外表可见节段性病变,呈暗红色或紫红色,出血肠段长达几厘米至20 cm以上不等。病变部两端界限分明,切开肠壁可见不同色彩(节段性),混有黏液、血液和脓汁的稀粪,酸臭而黏稠,呈咖啡色;肠黏膜肥厚水肿,皱襞消失,被大量混有黏稠血液和黏液的稀粪所覆盖,刮去覆盖物可见孤立淋巴滤泡严重肿胀,离肛门30 cm左右的直肠黏膜增厚,严重出血。病变严重的,弥漫整个大肠,在肿胀的肠黏膜上呈线点状坏死,如覆盖一层薄薄的豆腐渣样的坏死物(纤维素性渗出物),刮去后露出鲜红色炎性黏膜面。病变轻微的,可见肠黏膜不同程度的肿胀,而使黏膜呈深浅不等的褶皱,其上覆盖有黏液、血液和脓汁的混合物。

猪肠炭疽时,一般为痈型,主要局限于十二指肠和空肠的前段。眼观痈部的肠浆膜明显充血、出血,并有纤维素样物被覆,透过肠浆膜有时可见到砖红色的肿块。剪开肠管见肠黏膜肿胀,严重出血,呈暗红色。集合淋巴小结高度肿大,呈圆形或椭圆形,紫黑色,向肠腔凸出,其黏膜往往坏死而形成火山口状溃疡,上面覆有褐色或黑色硬痂,也可愈合变为星状疤痕。相应的肠系膜淋巴结周围胶样浸润,呈出血坏死性淋巴结炎的变化。

③纤维素性肠炎:这种肠炎的病变特征是肠黏膜表面形成凝固的纤维素性假膜,纤维素的量多少不等。假膜呈淡黄色、黄白色、灰棕色或污绿色。黏膜充血、水肿,并常有小出血点。炎症可深达黏膜下层。肠内容物稀薄,混有纤维素的凝块和碎片。较严重的,肠黏膜发生凝固性坏死,黏膜组织和纤维素性渗出物凝结在一起,黏着在肠黏膜上。

慢性猪副伤寒肠炎的特征是肠壁明显增厚,淋巴小结肿大,中心坏死并与渗出的纤维素凝结，形成灰黄色或黄褐色糠麸样坏死灶。慢性猪瘟肠炎的特征是在回、盲、结肠口部的黏膜有局灶性的轮层状坏死(纽扣状溃疡)，相互间界限清楚，一个一个单独存在，也常见于盲肠和结肠，纽扣状溃疡被认为是继发感染沙门氏菌或坏死杆菌之故。

④肠气泡症：宰后有时在空肠和回肠区的肠与肠系膜连接处含有多量气泡，多发者状如葡萄，各个气泡均以短小的根蒂附着在肠上。新形成的气泡有一层半透明的泡壁，随后由于气泡的压迫和气体的刺激而引起炎症反应，使泡壁全部或部分变得晦暗，呈粉红色。如果气体串入黏膜及黏膜下层，在肠壁上便可见到多发性大小不等的气泡。触摸肠黏膜表面，可听到咕唧声。局部淋巴结也常含有多少不等的气泡，严重者状似海绵，包膜透明，压之有捻发音。淋巴管呈串珠状。

⑤粘连性腹膜炎：在宰后的猪体开膛时有大量淡黄色或浑浊的腹水流出，腹水中常混有凝絮样的纤维素。早期腹膜呈树枝状充血，后来在腹膜表面被覆有纤维素凝块，充血消失。最后纤维素可被结缔组织取代，使腹膜肥厚或由于内脏的运动、摩擦而在腹膜上形成细长的绒毛。增生的绒毛可与对侧腹膜粘连，严重时整个腹腔脏器均粘连在一起而难以解离。如果有继发感染，可见腹腔内、腹膜表面有大量脓样渗出物。

肠常见病变的处理原则与胃相同。

(4)脾脏的常见病变

①脾血肿：屠宰猪较常见，宰后在脾头，尤其是在脾脏的中 1/3 处有一个巨大的血肿，触摸时有的呈波动感，有的具弹性或较硬。切开血肿，内含半凝状态的血液，有时混有纤维素。有的血肿，由于血液完全凝固，切开时较结实，剖面血块干燥，易碎裂，呈暗红色。血肿发生在脾头处时，脾头膨大呈椭圆形，直径可达 10 cm 以上。脾血肿多由于长途运输或粗暴捕捉造成外伤所致。

②淤血脾：脾脏富含静脉血，因而体积增大，被膜紧张，边缘钝圆，表面和切面均呈暗红色。剖检脾脏白髓不明显，切面流出暗红色血液。脾小梁等支架组织质地一般良好。急性淤血脾多发生在急性心麻痹或窒息性急死猪，偶尔见于屠宰猪。

“屠宰脾”的形态特征与淤血脾很相似，在猪宰后检验中时有发现。脾脏充血膨大，而猪体、淋巴结均正常，细菌检验阴性。一般认为这是由于动物门静脉系统大多不存在瓣膜，从脾脏、肠等器官静脉流出来的血液，在屠宰时很容易逆流回去，从而形成脾淤血。也有人认为交感神经系统的缩血管中枢位于延脑，如果延脑受损，妨碍血管收缩，从而使血管扩张，血压降低，导致脾、肝等脏器淤血。因此，任何影响延脑的疾病、外伤以及不合理的屠宰方法均可引起，故称“屠宰脾”或

“血脾”。脾髓通常不软化是屠宰脾的重要特征。在宰后检验中,发现脾脏肿大,不能都认为是屠宰脾。必须从严掌握,查明发生原因,必要时应作微生物学检查,最后才能作出可靠的诊断。

③多发性出血性脾梗死:梗死灶多发生于脾边缘,脾尾多于脾头,大小及数量不等。梗死灶暗红色,稍隆突,呈不正圆形,与周围脾组织界限明显,触摸有坚实感。有时梗死灶表面有灰白色、凝卵状纤维素黏附。切面暗红色,稍干燥,呈类三角形,尖端指向脾实质深部,底边位于脾被膜。

梗死区与非梗死区临界清晰。整个脾脏一般不肿大,被膜有时散发小点状出血,切面脾白髓不肿胀,含血较少,呈暗红褐色,脾髓无软化现象。脾多发性出血性梗死多见于急性猪瘟。

④急性猪丹毒脾炎:脾脏充血而显著肿大,呈樱桃红色,被膜紧张,边缘钝圆,质地柔软,切面隆突,呈鲜红色,脾白髓和小梁结构模糊,用刀背可刮下多量脾髓。切面上,特别是脾头和脾尾的切面上,在变换切面角度时,可在白髓周围发现一圈暗红色和紫红色、边缘整齐的红晕。脾显著肿大,呈樱桃红色以及白髓周围有红晕,是急性猪丹毒有诊断价值的特征性病变。

⑤脾脏脓肿:宰后有时见猪脾脏表面及切面上有大小不一的脓肿,脓肿周围有清晰而厚的脓肿膜。表面的脓肿上常覆有纤维素,故较粗糙。脾脓肿多由于其他部位的化脓灶转移而引起。

⑥脾脏结核:轻症者在被膜有少数粟粒大至胡椒粒大的干酪样坏死灶,重症者则密布胡椒粒大的结节,或形成多个榛子大到核桃大的干酪样坏死灶。上述结节或病灶外观呈圆形或不规则形,凹凸不平,隆起于脾表面,切面上大结节是由多个较小的结核结节融合而成,除每个小结节周围有结缔组织包绕外,整个大结节外围还有厚的结缔组织包囊。结节中心常有干酪样坏死和钙化。脾脏常萎缩变形。

⑦脾脏霉菌性肉芽肿:猪的宰后检验中时有发现,多由毛霉菌引起,常与肝脏及肝门淋巴结同时存在。脾脏中有数个黄豆大、核桃大甚至更大的圆形结节,质变较硬,呈灰白色。切面上结节中心较疏松,有的整个结节呈均匀的致密结构,很似椰蓉。结节周缘有结缔组织包裹,故与周围组织分界清晰,有时用刀尖轻拨结节切面,结节即可与包囊分离而脱落。镜检结节中心为坏死组织,内有大量不分隔的霉菌菌丝,呈苏木紫染色。坏死物周围有大量的多核异物巨细胞,外层有大量上皮样细胞、浆细胞和淋巴细胞,结节周围有普通结缔组织层。

⑧猪脾脏淋巴肉瘤:猪的淋巴肉瘤甚为多见,主要发生在淋巴结、脾脏、肝脏、肾脏等器官。宰后检验最突出的病变之一是脾脏显著肿大,达正常的5～7倍,呈

红棕色或黑褐色，坚韧，切面外翻，小梁不清晰。

处理：上述所有病变的脾脏均应销毁，如果由传染病引起的按传染病的处理原则进行处理。

2. 心、肝、肺的检验

心、肝、肺的检查，一般在开膛、取出胃肠之后进行。将心、肝、肺一起从胸腹腔拉出，让其自然悬挂于屠体下面进行悬垂式检查。也可将心、肝、肺一起割下，置于与胴体同步运行的检验盘内进行检查。

肺脏的检查：观察其外表，注意肺脏的形态大小；肺表面有无出血、气肿、炎症，化脓灶和纤维素黏附；注意有否呛水、呛血等不良加工引起的变化。然后触摸两侧肺叶，检查肺内有无结节和硬块。剖开硬结部分，注意有否结核，实变、寄生虫（肺丝虫）和其他炎症性变化。必要时还要剖检喉头、气管、支气管和纵隔淋巴结，检查有无猪瘟、巴氏杆菌病、结核、弓形虫病和猪喘气病等。

心脏的检查：首先仔细检查心包有无增厚、纤维素渗出、粘连等；然后剖开心包，注意心包液及其颜色、透明度和量，同时观察心脏的外形、心外膜的状态，确定肌僵的程度；有无浆膜丝虫和囊虫寄生；心外膜下有无出血或坏死灶，因为猪瘟等传染病时常有出血。于左心室肌肉上作一纵斜切口，露出心室，观察心肌有无囊虫寄生，心内膜有无出血，心瓣膜有否赘生物等，同时注意血液的凝固状态。

肝脏的检查：先察其外表，触检其弹性和硬度，注意大小、色泽、表面损伤及胆管状态。然后剖开肝门淋巴结，并以浅刀横断胆管，压出内容物（检查肝吸虫），必要时剖检肝实质和胆囊，观察有否变性、坏死、寄生虫或肿瘤等。

现将心、肝、肺常见病理变化分述于下：

(1)心脏的常见病变

①心包炎：常由传染性因素引起。眼观常见心包表面充血、水肿、增厚，由于心包腔内蓄积渗出液而心包紧张。剪开心包时，内蓄积有大量液体。初期为浆液性，淡黄色、透明或浑浊：后期为浆液纤维素性，渗出液中混有絮状的纤维素团块。心外膜也有充血、浑浊现象。急性者心外膜表面附着薄层的黄白色纤维素，容易剥离。如果经时较久，纤维素可成层地不断沉着，或因心脏搏动的结果，心外膜表面的纤维素被搅成绒毛状，称为“绒毛心”。慢性者充血、水肿消失，心包液被吸收，纤维素发生机化，形成灰白色纤维素性绒毛，有时心包膜和心外膜发生纤维素性粘连。

②心外膜、内膜出血：这是猪宰后检验常见的病变，仔细观察心外膜和剖视心内膜，常可见数量不等、大小不一、分布不均的出血点或出血斑。经常见于猪瘟、急性猪丹毒等传染病，但也见于电致昏不当的情况，应该仔细加以鉴别。电致昏、

屠宰不当引起的出血,出血点针尖大,常密集于心基部分,出血的颜色呈鲜红色,外形比较圆整,心肌无变质性变化。猪瘟的心外膜、内膜出血,出血点大小不一、边缘不整齐,颜色呈暗红色,常发部位为心耳外膜、冠状沟、左右纵沟处及心内膜、乳头肌等处,心肌往往有变性或出血变化。

③心肌变性:主要为颗粒变性(浑浊肿胀),也有脂肪变性。除见于各种热性传染病外,也常见于长途运输、日晒、过度疲劳、中毒及热射病等非传染性因素。颗粒变性时剖检心肌表面和切面丧失固有光泽,呈煮肉样浑浊。脂肪变性者呈褪色黏土样变化,质度柔软脆弱,手捏易碎,不发生或仅有轻微肌僵,肌组织结构模糊,心壁增厚。

④心肌炎:心肌灰黄色似煮熟状,质地松弛,往往呈扩张状态。尤以右心室更为明显。病因不同,其病变特征也各异。

恶性口蹄疫的心肌炎:心脏外形正常,但质地柔软,色彩变淡,心内膜和心外膜有出血点。心肌纤维发生局限性颗粒变性、脂肪变性、蜡样坏死和间质的炎症反应,故在心壁的中隔及心壁上,散在有灰白色、灰黄色的斑点和条纹状病灶,因其色彩形似虎皮斑纹,故称“虎斑心”。

桑椹心:发生原因为日粮中不饱和脂肪酸含量过多,维生素 E 和硒相对缺乏。剖检特征为心外膜有广泛出血斑点和出血条纹,主要在右心房室部,因外观色彩如桑椹状而得名。出血严重时,同时见于心肌、乳头肌和室中隔的心内膜下。眼观不呈心肌变性或心肌扩张,心肌肌僵完全。心包水肿、浑浊,常因心包积液而扩张,心包液内悬浮有条纹状或絮状的纤维素。严重的,心肌呈现变性和缺血性坏死。处理时销毁病变心肌。

⑤心肌肥大:多由于心脏瓣膜疾病和心包疾病(粘连、愈着)引起。剖检心脏外观体积增大,横断心脏观察可见两种情况:一种为心壁,特别是左心室壁显著肥厚,但心腔大小无改变,为单纯性心脏肥大。另一种为心壁显著肥厚,且心腔缩小,称为向心性心脏肥大。镜检肌纤维增粗,微细结构正常,无退行性变化。

⑥心脏囊虫病:剖检心脏的表面和剖面上有数量不等、小豆或黄豆大的白色囊泡,结构与舌、咬肌中见到的相同。

⑦猪浆膜丝虫病:宰后检验可见心脏表面有小泡状、乳斑状、条索状和砂粒状病灶,挑破水疱,往往有两条以上乳白色、细似毛发的猪浆膜丝虫。

⑧猪心瓣膜水疱和血泡:是一种胚胎期就存在于瓣膜实质内的裂隙积液扩张而成。表现为水疱还是血泡,一般取决于裂隙是否与血管相通。若裂隙与血管不相通,表现为水疱(可能是组织液的潴留);若裂隙与血管相通,则表现为血泡。其形态特征是水疱呈球形,单发或多发,通常以单发为主。水疱的大小不一,绝大多

数见于二尖瓣，三尖瓣仅偶尔见到。水疱色灰白，或透明，或晦暗。透明的水疱内容物为清亮的液体，晦暗的内含较稠的液体。血泡除颜色呈红色或暗红色外，其余与水疱相同。水疱和血泡的周围组织一般不见异常。

⑨疣状心内膜炎：疣状物多见于二尖瓣的心房面，也见于主动脉瓣的心室面。疣状物最初为黄白色小结节，或呈串珠状，容易剥离。以后逐渐增大，加之血栓的机化，结果在瓣膜上形成灰白色或灰红色的花椰菜状疣状物，表面粗糙不平，无光泽，不易剥离。镜检，炎症初期心内膜肿胀，内皮下水肿，内皮细胞变性、坏死、脱落，结缔组织呈纤维素样坏死。心内膜上初期的疣状物是由纤维蛋白、白细胞和血小板构成的白色血栓，其中常混有细菌团块。以后血栓机化而逐渐被肉芽取代。猪的疣状心内膜炎是慢性猪丹毒的特征性病变之一，但也可由链球菌、化脓性棒状杆菌引起。

⑩心脏纤维瘤：是宰后检验中常见的病变之一，且很容易与慢性猪丹毒的疣状心内膜炎混淆。心脏纤维瘤的生长部位在左心靠近二尖瓣的乳头肌处，有时肿块可长入心房腔内。腱索有时增粗，但肿块与腱索不粘连。肿块从蚕豆大以至核桃大，圆形或椭圆形，表面不平，但较光滑，呈肉红色；质地不太硬，触摸柔软而有弹性，外形上很像母猪的卵巢；用刀切开，内含少量黏稠物质。

处理：以上心脏常见病变除电致昏、屠宰不当引起的出血可出厂，其余情况均应销毁。

(2)肝脏的常见病变

①肝淤血：宰后发现肝淤血较多，这除某些传染性和中毒性原因外，常常与宰前的长途运输、饮水不足、过度疲劳或持续性受惊等因素有关。肝有不同程度的肿大，包膜紧张，边缘钝圆，切面隆突，轻压流出暗红色血液。肝表面和切面均呈暗红褐色，质地稍脆。淤血时间长的肝脏，肝小叶中心暗红色，周边呈灰黄色(脂肪变性)，红黄相间，很像槟榔的断面，又称“槟榔肝”，小叶间质一般无可见变化。宰后有时还发现肝脏的某一部分或一叶呈暗红褐色的淤血状态，其余正常，这是由于局部受压引起的局部性肝淤血。

处理：局部压迫引起的局部性肝淤血，实质正常者鲜销，全肝轻度淤血者高温；全肝严重淤血，实质变性显著，质脆者作销毁处理。

②肝出血：引起肝出血的原因较多，病变特征各异。由于致昏不当或强行屠宰，濒死期呼吸困难或挣扎引起的肝出血，一般出血点细小、均匀、整齐，而且呈鲜红色；由于急性传染病、中毒引起的肝出血，出血点呈暗红色，大小不等，形状不规则，肝包膜下、实质均有分布，同时肝实质常有变性和坏死等退行性变化；当细颈囊尾蚴、蛔虫幼虫、肾虫幼虫等寄生在腹腔内移行时，对肝脏造成机械性损伤而引

起的出血，其出血点大小差异很大，形状也极不规则，表面尤其是切面上可见蚁道样出血样虫道，虫道内有凝固的血液。新鲜的寄生虫性肝出血呈鲜红色，较久后为暗红色，故在同一平面上可见若干鲜、暗不同的出血点、血道或出血斑。宰后有时还可见肝包膜下有鸡蛋大或拳头大、表面光滑或有少量纤维素黏附的圆形肿块，手摸有波动感，呈暗红色或蓝紫色，有时整个包囊明显增大，呈蓝紫色，用刀戳破，流出暗红色的血样液，内常有黑红色的凝血块，这是由运输或驱赶时机械力造成肝组织损伤，血管破裂而形成的血肿。

处理：因电致昏不当、强行屠宰引起的出血，可不受限制市销；肝实质、包膜下有散在暗红色出血点的或有严重不规则出血的，肝脏销毁；肝血肿实质无可见变化的，局部修割后鲜销。

③肝脂肪变性和浑浊肿胀：这是肝脏最常见的两种变性，常并发于急性传染病和急性中毒。脂肪变性和浑浊肿胀共同的病变特征是肝脏有不同程度的肿大，边缘钝圆，肝厚度增加，颜色变淡，切面上小叶结构均模糊不清。但两者又是有区别的：脂变呈土黄色、灰黄色；浊肿呈灰白色浑浊。脂变有油脂样光泽；浊肿则暗淡无光，灰暗。用刀轻刮脂变肝切面，易刮下软泥样油脂样物，并留下网络样的小叶间质组织；浊肿切面干燥，不易刮下肝组织。脂变肝松脆易碎；浊肿硬脆。另外，从重度脂变的肝上切下的薄片，可浮于水面，说明重量减轻，浊肿没有这种情况。中毒引起的肝脂变脂肪滴首先出现于肝小叶周边部的肝细胞内，由传染病、肝淤血等缺氧引起的脂变首先发生在肝小叶中心部肝细胞。

处理：非传染性疾病引起的轻度脂变和浊肿的肝脏，可高温处理后食用；脂变和浊肿严重，或者由传染病引起的，且变色明显的则销毁。

④肝坏死：是指肝脏表面及切面上有多发性灰黄色或灰白色干燥的坏死斑点。它并非孤立的病变，而是宰前多种疾病在肝脏上的形态表现。引起肝坏死的原因不同，其形态特征也各异。其一是磷、砷、汞、铅、四氯化碳、棉酚等化学毒物或某些有毒植物引起的肝坏死，其坏死灶往往比较小，周围无炎性反应，但常常表现全肝性的脂肪变性或浑浊肿胀等中毒性肝病变。其二是由细菌（如沙门氏菌）、病毒和寄生虫以及它们的毒素引起的肝坏死，坏死灶的大小不一，多呈局灶性，如沙门氏菌引起的坏死灶常似针头大，在肝小叶内，结核杆菌引起的干酪样坏死常常比较大，弓形虫、细颈囊尾蚴、蛔虫等幼虫也可引起肝坏死。由上述生物性因素引起的肝坏死，在坏死灶周围有时有环绕的红晕（炎性反应）。缺氧常常引起肝小叶的中心性坏死。此外，某些营养物质缺乏、长途运输或肠道疾病时肠内有毒物质吸收入肝也可导致肝坏死。这类肝坏死，肝的变性不明显，而常常可见间质由于水肿而呈现增宽的现象。

处理：仅局部有少量坏死点，修割后出厂；全肝有散在的坏死灶，无法修割，或全肝有多量密布的坏死灶，则全肝作销毁处理。由传染病引起的按传染病处理。

⑤肝硬变：肝硬变是由多种病因引起的，以肝脏实质细胞发生严重变性、坏死，而间质结缔组织显著增生为特征，使正常小叶结构和血液循环被破坏、改建，从而使肝脏形态结构改变，质地变硬的病理变化，故称肝硬变。

猪宰后常见的肝硬变有萎缩性肝硬变、中毒性肝硬变和寄生虫性肝硬变三种。

萎缩性肝硬变又称门脉性肝硬变，是由营养缺乏、慢性中毒及化学毒物中毒等多种因素作用而引起的。病变的早期或中期肝实质损伤轻，结缔组织开始明显地增生，外观肝脏体积增大，有时可达正常肝脏的2～3倍，质地稍软，表面平滑或略呈颗粒状，形成肥大性肝硬变。肝硬变的后期，肝实质细胞严重破坏消失，增生的结缔组织成熟，细胞减少，纤维增多而且收缩，从而呈现典型的肝硬变。肝脏体积缩小，边缘锐利，硬度增加，表面呈颗粒状。肝被膜明显增厚，肝表面的颗粒多呈半球状隆突，直径0.5 cm左右，少量颗粒直径超过1 cm。肝切面上可见到多量圆形或类圆形的岛屿状结节，弥漫性地分布于全肝。小结节周围均由增生的结缔组织包绕。结节的颜色有很大的差异，有的呈黄褐色（肝细胞脂肪变性），有的呈黄绿色（肝细胞内胆色素沉积），纤维性间隔多呈灰白色。

中毒性肝硬变又称坏死性肝硬变，是肝慢性中毒性营养不良造成实质细胞大量坏死而形成的。中毒性肝硬变的特点是肝细胞坏死严重，波及范围较广，病灶分布不均，肝表面可见大小相差悬殊的颗粒或结节，肝脏体积缩小，重量减轻，质地变硬。它与萎缩性肝硬变的不同之处是，硬变的肝表面有悬殊颇大的结节，小结节0.5 cm左右，而大结节可在5 cm以上，称“马铃薯肝”。结节之间有一凹陷较深的疤痕，切面可见结节之间有较宽的纤维组织，肝脏结构完全破坏，纹理不清，常可见纵横交错、分布不均的纤维组织。病变严重者，肝实质有的发生萎缩，有些肝小叶则发生代偿性肥大。

寄生虫性肝硬变是由猪蛔虫、肾虫等寄生虫破坏肝脏后形成的。猪患蛔虫病时常可引起肝硬变，是其幼虫作用的结果。当幼虫在体内移行时，可产生一种特征性的局灶性间质性肝炎，称为“乳斑肝”。眼观肝包膜下有多量直径1～2 cm、界限模糊的乳白色斑块，此为增生的结缔组织。这种白斑有时布满整个肝脏，导致肝脏发生硬变，但肝脏的外形并不发生明显的改变，也没有结节形成。显微镜下，早期可见小叶间质有多量嗜酸性白细胞浸润，有的病变呈弥漫性或条纹状，但大多数呈边缘不整的灶状分布。小叶间质明显增宽，肝细胞因受增生的结缔组织持续压迫而发生萎缩和消失。有时可在肝实质中见到残留的虫体，其周围有巨噬细胞和浆细胞浸润。

处理：肝硬变时有大量结缔组织增生，所以一般没有食用价值，全肝作销毁处理。

⑥纤维素性肝包膜炎：宰后常见肝包膜局部或整个肝包膜表面附着许多灰白色的纤维素。这种纤维素大多已机化，有的呈绒毛状，有的呈云雾状而使肝包膜增厚。多数情况下，这种绒毛状或云雾状的纤维膜易与肝包膜分离而被剥下，而原有的肝包膜仍很光滑。但有时难于分离而不能剥下，若强行剥离则往往和包膜一起被拉下，而显露肝实质。肝脏的这种纤维素性包膜炎一般是由于某些寄生虫如细颈囊尾蚴的移行破坏，引起腹膜炎症或肝脏炎症时的渗出物被机化的结果。

处理：纤维素包膜凡能剥离干净、肝实质良好者，剥离后鲜销；难于剥离但实质良好者，修割后高温；无法剥离，实质又有结缔组织增生或其他病变者，作销毁处理。

⑦肝脏的寄生虫：猪肝脏常见的寄生虫性病变除蛔虫幼虫引起的“乳斑肝”外，细颈囊尾蚴、华枝睾吸虫、棘球蚴和猪肾虫等都会引起肝脏不同程度的病变。

a. 细颈囊尾蚴：细颈囊尾蚴最常寄生在猪的大网膜、肠系膜和肝脏。幼虫在腹腔内移行引起肝表面有云雾状纤维蛋白渗出。幼虫进入肝脏或在肝包膜上发育长大，形成豌豆到鸡蛋大的囊泡。囊泡内充满液体，幼虫的头节固着在囊壁上。有时在肝脏的表面和肝门等处有成串的大小不一的囊泡。寄生在肝实质的囊泡多被增生的结缔组织包裹，有时形成很厚的囊壁。包囊周围的肝组织受压迫而萎缩。

b. 华枝睾吸虫：该虫形体较小，柳叶状，前端较尖，大小为(10～25)mm×(3～5)mm。少量寄生时往往不引起明显病变，大量寄生时则常引起胆管炎、胆囊炎、胆管周围炎、结缔组织增生、胆管壁增厚，甚至引起肝硬化。

c. 细粒棘球蚴：肝脏体积显著增大，表面凸凹不平，有半球状突起的包囊，有位于肝脏内部的包囊，包囊大小为黄豆大至直径 10 cm 的囊体，包囊周围肝组织萎缩。切开包囊内有淡黄色液体，在液体内和囊壁上，有砂粒状子囊和孙囊，俗称“棘球砂”，取其“砂粒”压片镜检可发现有排列整齐的头节，每个头节上有 4 个吸盘，顶端有一圈小钩。

d. 猪肾虫：其幼虫在肝内移行数月，使肝脏受损。肝包膜下有幼虫移行的虫道，引起局限性出血性坏死性炎，结缔组织增生，质地变硬，水肿。切开组织，内有红褐色的血栓块，可在其中找到幼虫。肝脏表面有不规则索状隆起或灰白色结节状病灶，切开后也可发现淡红色虫体。

处理：以上寄生虫侵害的肝脏，除细颈囊尾蚴寄生的肝脏修割后可鲜销外，其他三种寄生虫寄生的肝脏均应销毁，胴体鲜销。

⑧肝结核：肝表面和切面可见散在或密布的灰白色圆形结节，坚硬，针头大、粟粒大或豌豆大，有结缔组织包膜，较大的结节中心常发生干酪化和钙化。

处理：凡有结核病灶的器官应销毁，胴体高温处理。

⑨肝脓肿：多数由于其他部位的化脓灶内化脓菌经血流转移至肝脏后引起。可见肝脏表面有散在粟粒大或黄豆大的乳白色化脓灶，初期周围有时有红晕，后期脓肿扩大，红晕消失，刺破脓灶，内有脓汁。脓灶周围有结缔组织包膜包绕，与周围组织分界清晰。有时在肝脏上仅见一个或数个核桃大或鸡蛋大的脓灶，呈半球形隆起于肝脏表面，周围肝组织受压而萎缩。内有大量脓汁，若水分被吸收，也可见干酪样，偶见钙化。这种较大的脓肿一般都有厚层的脓肿膜，常不易破溃。

处理：肝脏上只有个别脓肿灶，经修割后高温；有多量或弥漫性小脓肿，全肝销毁。

⑩肝脏霉菌结节：成年猪的肝脏霉菌结节多由毛霉菌寄生所致，见肝脏表面和切面有多量核桃大到鸡蛋大的圆形结节，结节稍高于肝脏表面。结节切面呈乳白色、黄白色或粉红色。结节的质地早期松脆、较硬，膈面上的结节常多于脏面。结节周边有薄层结缔组织包围，且易与肝组织分离。镜检肝脏的霉菌结节，见肝细胞萎缩、坏死或溶解消失，坏死组织内有大量毛霉菌寄生。毛霉菌菌丝粗大，壁厚，直径 5～60 μm，粗细不均，有的很细，直径仅 2～4 μm，大多数直径 10～15 μm。不分隔，有时可形成皱褶，易误认为分隔。分枝较少而不规则，常呈钝角或直角分枝。在组织内一般无孢子。毛霉菌菌丝在 H·E 染色切片中容易被苏木素着色，因此明显可见，不难诊断。

处理：全肝作销毁处理。

⑪猪营养性肝病：由于日粮中缺乏维生素 E、硒及含硫氨基酸所致的一种综合征，可引起肝脏呈弥漫性变性和坏死（黄脂病），骨骼肌及心肌变性（白肌病），浆液渗出，胃黏膜溃疡以及小动脉纤维素样坏死等病变，但这些病变不一定在同一猪身上出现。一般称此综合征为营养性肝病。病猪的典型变化为肝脏大片坏死，最严重的部位是在膈面。肝脏肿大，质脆发黄，胆囊常水肿。除肝脏的上述变化外，常伴发胃溃疡；全身脂肪黄染；骨骼肌色泽苍白如煮肉状，有时有出血和黄白色的坏死斑块；心扩张，心肌柔软苍白，可见黄白色条纹状局灶性蜡样坏死。

处理：肝脏作化制或销毁，胴体高温。

⑫饥饿肝：非单纯由饥饿引起，而是宰前不安、挣扎或长途运输等应激综合征的表现。宰后检验中常见肝脏的色泽较淡或呈土黄色，颇似肝脏脂肪变性。饥饿肝容易与各种急性传染病或中毒引起的肝脂肪变性相混淆，应注意鉴别。典型的

饥饿肝呈灰土黄色，体积不肿大，肝小叶间质显著水肿而增宽，因此每个小叶的界限十分清楚。这种结构可与一般脂肪变性相区别。

处理：轻度者不受限制市销；肝脏变色严重可熟制后市销。

⑬肝脏色素沉着：宰后猪肝脏的色素沉着主要有黑色素沉着和胆汁色素沉着两种。

a. 黑肝：肝脏的解剖结构无异常，膈面和脏面都呈黑色。肝脏切面含有少量血液，切面平整呈黑色。镜检最突出的病变是在肝小叶周边带的肝细胞胞浆内见数量不等的黑褐色颗粒状色素沉着，通常呈不均匀的散布，或聚集成团，或围绕于肝细胞周围。色素沉着过多时，肝细胞核常被掩盖，镜检仅隐约可见，其他无色素沉着的肝细胞均未见特殊异常变化。其次，在肝小叶内的一些星状细胞由于吞噬多量色素颗粒，胞核被色素掩盖，镜下观察呈纺锤形或不正形黑褐色团块。另外，在一些中央静脉、叶间静脉及汇管区的间质内也可见数量不等的吞噬黑色素颗粒的巨噬细胞，它们的形体不清晰，成为黑褐色颗粒状团块。

经研究证实，上述沉着的黑色素是动物肠道内由于蛋白质分解产生的酪氨酸被肠内相应的酶类氧化的结果，然后通过肠黏膜吸收，经门脉循环而沉着于肝组织内，与先天性黑变病不同。

处理：肝脏作销毁或化制。

b. 胆汁色素沉着：胆汁色素沉着又称黄胆肝，肝脏体积一般无多大变化，表面和切面均呈绿黄色，质地稍软。后期肝脏体积可稍增大，质地稍坚硬，表面或切面均可见大小不一的被胆汁染成褐绿色或深绿色。这实质上是胆汁性肝硬变。

处理：轻度沉着黄染，肝脏高温处理。

⑭肝囊肿：在肝脏包膜下可见含有透明或微带黄色浆液的，黄豆大乃至拳头大的囊肿；囊肿周围的肝组织受压萎缩。在囊肿与肝组织连接处的囊肿膜上常覆以薄层的肝组织。

处理：少数囊肿，可修割后鲜销；囊肿数量多且肝组织破坏严重者，作化制或销毁。

⑮肝气泡：在宰后检验中，有时在肝包膜下和肝实质间见有许多气泡，有的散在，有的密集，呈粟粒大到绿豆大，或更大些。划破气泡，气泡立即消失，但不见有液体存在。一般认为是长途运输、管理不善引起急性肠臌气，肠道内的气体随营养物质吸入肠黏膜血管后转入肝脏所致，也有可能是死猪肠道内容物迅速发酵产生气体，继而经肠黏膜血管进入肝脏引起的。

处理：死猪销毁；如属管理不善引起，肝实质无其他可见变化的，可以鲜销。

⑯肝灌水：是屠宰加工引起的变化，见肝包膜下有淡黄或灰红色的、形状不规

则的水泡隆起，颇似皮肤的风疹。刺破即流出淡黄色或淡红色的液体。

处理：修割后不受限制鲜销。

(3)肺脏的常见病变

①肺萎陷：在宰后检验中经常可以见到。眼观萎陷的肺体积缩小，较正常组织向下凹陷，呈暗红色或紫红色，质地似肉样，缺乏弹性，投入水中，下沉水底。肺萎陷应注意与肺炎的肝变期相区别。肺萎陷部分的病变组织向下凹陷，较柔软；而肺炎肝变期的肺组织体积增大，隆突于表面，质地坚实。镜检肺萎陷部的肺组织，见肺泡、肺泡管和细支气管均萎陷成平形排列的裂隙，肺泡腔狭窄或完全消失，肺泡间隔毛细血管扩张充血，细支气管黏膜呈皱襞状。病程长的，可因结缔组织增生而发生纤维化。

处理：萎陷部分不超过1/2时修割后鲜销，超过者化制或销毁。

②肺气肿：是肺脏因含气过多而呈现体积膨大的一种病变。屠宰家畜常因电致昏不全，造成剧烈挣扎和嘶叫而引起，也可由其他病变引起。肺泡性肺气肿可以是某些小叶和小叶群，或某一、两个肺大叶，甚至全肺均发生。眼观气肿部位肺组织膨大，颜色苍白(贫血)，缺乏弹性，指压留有压痕，重量减轻，投入水中则漂浮于水面。局部肺泡由于扩张而清晰可见，并有大小不一的空泡突出于肺表面。切割气肿表面常发出捻发音，切面呈海绵状或蜂窝状。如因肺丝虫所致的肺气肿，则见支气管和支气管周围有慢性炎症反应以及有大量嗜酸性白细胞浸润。当肺脏有渗出性或增生性炎症病变时，病灶周围的肺泡表现强烈扩大而形成大气囊，这为病灶周围的局灶性代偿性肺泡气肿。

处理：间质性肺气肿，经修割后可鲜销；气肿范围大又无法修割或有肺炎者，作化制或销毁。

③肺淤血：由于肺脏血液经肺静脉向左心回流发生障碍而引起。主要发生于心脏衰弱，心瓣膜病或垂死挣扎时间过长，以及待宰病畜长时间的侧卧等。肺淤血一般均伴有肺水肿，由此可与死后的血液沉坠相区别，后者只发生于一侧肺脏。急性肺淤血时，肺稍膨大，表面呈暗红色或灰紫色。由于肺组织内含有大量的血液，故重量增加，淤血肺组织放入水中，呈半沉半浮。切开时，切面暗红色，从血管断端流出大量暗红色凝固不良的血液。如果肺脏淤血稍久，则血浆从血管渗入肺泡腔、支气管和间质，见支气管内有大量白色泡沫样液体，间质增宽，呈灰白色透明状。处理：非传染病所引起的轻度肺淤血高温处理；较严重的作化制或销毁。

④肺出血：常发生于猪瘟等急性传染病，也见于屠畜的挣扎、电致昏不当等情况。急性传染病所发生的出血，常呈点状、楔状、针尖大、粟粒大、豌豆大，偶见拳头大的血肿；有时呈斑片状，出血灶均呈暗红色。

屠畜在放血的濒死期，由于强烈挣扎和极度呼吸困难，常在肺膜和肋膜上特别是肋骨上端出现有散发的点状出血。采取横卧姿势屠宰时，由于胸壁下半侧受压，吸气动作困难，常使上半侧的胸廓运动更加剧烈，胸腔强度扩张，故出血点往往是上侧肺多于下侧肺。这种出血可称窒息性出血。出血点往往较细小，新鲜，并呈鲜红色，应注意与传染病引起的出血相区别。传染病引起的出血，一般支气管淋巴结有病变。

经电致昏的屠畜，由于时间过长或电流强度过大，可使肺毛细血管遭受损伤而引起非病理性的出血现象（麻电性出血）。这种出血的特点是出血点较细小，均匀，有时很稀疏，有时出血点数目特别多，彼此密集呈片状出血现象。出血点一般分布于左右两肺的背侧肺膜下，颜色鲜红，清晰，肺脏无其他可见变化。

处理：传染病引起的出血，肺脏作化制或销毁；电致昏或濒死期窒息性出血，仅少数的，可以鲜销，大量出血经修割后鲜销。

⑤呛血肺：由于刺杀放血不当误伤气管，致使血液在猪吸气时吸入肺脏的现象，俗称呛血。呛血肺外观有鲜红色或暗红色，或大或小的呛血区，多见于肺脏的背缘，其范围常常不规则，一侧或两侧发生，有时局限于肺尖叶，触摸时有弹性。剖检呛血区的肺组织呈弥漫性鲜红色或暗红色，切开支气管和细支气管，有条状凝血块。呛血肺放入水中不下沉，支气管淋巴结仅见蓄血现象，但不肿大。

处理：切除肺脏呛血部分，其余仍可鲜销。

⑥肺水肿：肺脏的淤血和炎症是肺水肿的主要原因，滴滴涕等某些毒物中毒也可导致肺水肿。肺脏发生水肿时，体积增大，重量增加，肺胸膜紧张、湿润而有水样光泽。颜色苍白，如同时存在淤血，则呈暗红色。切开肺脏，见切面浑浊，灰黄或呈暗红色，并有大量泡沫状的液体流出。肺间质显著增宽并积有微黄色的胶样液体。支气管淋巴结也充血水肿。镜检可见肺泡壁毛细血管扩张充血，肺泡腔内有多量粉红色的浆液，并混有少量脱落的肺泡上皮细胞。如因炎症引起的肺水肿，在肺泡的渗出液内混有多量的炎性细胞，肺间质因水肿液蓄积而增宽，结缔组织呈疏松网状，淋巴管也扩张。

处理：病变肺脏销毁，由传染病或中毒引起的肺水肿，胴体及内脏按病性处理。

⑦肺呛水：这是一种屠宰加工引起的变化。猪屠宰放血后在尚未死亡的濒死期即放入热水池中浸泡，经温热刺激，猪在临死挣扎时强行吸气，或当肺收缩而肺中空气减少的情况下，致使盆汤污水压入气管而进入肺脏所引起，俗称“呛水”。由于猪只倒挂加工，故呛水多坠积于一侧，或两侧肺的尖叶、心叶及其他肺叶的下垂部分。外观呈浅灰色或淡黄褐色，透明、湿润，切开呛水区流出多量温热的浑浊

液，其中往往混有污血、被毛等残渣。肺门及支气管淋巴结无异常变化。肺呛水应注意与肺水肿相区别。

处理：呛水轻者，割除废弃呛水部分后可鲜销；严重呛水、无法修割者销毁或化制。

⑧支气管肺炎：炎症常发生于左右两肺，病变多数在肺的尖叶、心叶和膈叶的前下部。发炎的肺组织坚实，病灶部因充血而呈暗红色，散在或密发多量粟粒大、米粒大或黄豆大的灰黄色病灶。切面也呈暗红色，在暗红色的背景上，上述灰黄色的炎性病灶呈岛屿状散布于各肺，病灶的中心常见有一个细小的支气管。手压支气管断端流出灰黄色浑浊液体，有时支气管被栓子样炎性渗出物堵塞，支气管黏膜潮红、肿胀。病灶部周围的间质组织有炎性水肿。支气管肺炎灶往往融合扩大，形成融合性支气管肺炎；如果感染化脓菌，可形成化脓性支气管肺炎；若感染腐败菌，则形成污绿色、组织腐败分解并具恶臭的腐败性支气管肺炎。猪霉形体肺炎（猪气喘病）就是较为常见的一种典型的融合性支气管肺炎。

处理：肺脏销毁。

⑨纤维素性肺炎：纤维素性肺炎是以支气管和肺泡内充填大量纤维素性渗出物为特征的急性炎症。炎症的过程往往迅速均等地波及一个大叶，甚至一侧肺叶或全肺，所以又称大叶性肺炎。纤维素性肺炎的发展一般有充血水肿、红色肝变、灰色肝变和溶解吸收四个时期，不同时期的炎症变化，可同时在肺组织内见到。炎区往往见灰红肝变与灰白肝变的小叶群相间存在，切面似大理石样，呈多色状。肝变区组织结构致密、质硬、干燥，红色肝变呈暗红色，灰色肝变呈灰白色或灰黄色。充血水肿和溶解吸收期呈充血、水肿变化，切面湿润，流出浑浊带泡沫的液体。镜检充血水肿期肺泡壁毛细血管充血，肺泡腔内有浆液；红色肝变期，毛细血管充血严重，肺泡腔内有纤维素和大量红细胞；灰色肝变期，毛细血管充血消失，肺泡腔内有纤维素和大量的中性白细胞；溶解吸收期，毛细血管再度充血，肺泡腔内有多量浆液，纤维素和白细胞崩解破坏。猪的纤维素性肺炎最常见于散发型猪肺疫，如属继发于猪瘟（胸型猪瘟），则呈现出血性纤维素性胸膜肺炎的变化。

处理：病变肺脏销毁。凡是传染病引起的纤维素性肺炎，应按该传染病规定处理。

⑩化脓性肺炎：因感染化脓性细菌而发生大小不等的化脓性病变。特点是：在支气管肺炎病灶的基础上，出现大小不等的脓肿。肺胸膜下的脓肿多突出于肺胸膜面，该部胸膜肥厚粗糙，呈黄白色，有时有波动感。时间经久者，脓肿周围常包绕一层脓肿膜；若脓肿侵蚀、破坏病灶内的支气管，则在肺内常形成空洞性病灶。病变部的间质内有多量灰白色浆液，间质增宽十分明显，在病变部的支气管

内含有多量黄白色浑浊的脓性渗出液。若是由机体的其他部位化脓灶经血液转移而来的转移性化脓性肺炎，则在肺组织内可见均匀散布的大小不等的脓肿。脓肿的边缘充血、出血和水肿，时间经久也有脓肿膜围绕，而支气管病变一般不明显；偶尔可见鸡卵大、拳头大的脓肿，并有厚层的脓肿膜，内有黏稠的、黄绿色脓汁。

处理：病变肺脏全部销毁。

⑪间质性肺炎：是以肺间质结缔组织呈局灶性或弥漫性增生为特征的炎症。多半由慢性支气管肺炎和纤维素性肺炎转化而来，但也可以原发于肺丝虫病、弓形虫病，也可由于蛔虫幼虫从血液移行到肺脏引起。病变部黄白色或灰白色，坚实，呈局灶性结节，也有的为小叶性，融合性或大叶性间质性肺炎。慢性病例则纤维化，不易切割，切面有纤维素的走向。如继发化脓，切面上有脓肿，并有包囊形成。胸膜见有结缔组织增生和粘连。间质性肺炎仅凭眼观变化较难判断，必须依靠组织学检查，镜检特点是支气管周围、血管周围、肺小叶间和肺泡壁的结缔组织显著增生，并有较多的组织细胞、淋巴细胞、浆细胞或嗜酸性白细胞浸润，伴发有代偿性肺泡气肿。病变严重时，由于间质和肺泡壁的结缔组织大量增生，可使肺组织纤维化。

处理：病变肺脏销毁。

⑫猪肺脏的寄生虫：主要有肺丝虫、弓形虫和肺吸虫。

a. 猪肺丝虫性肺炎：由猪后圆线虫引起。剖检特征是在肺的膈叶下缘和后缘有局灶性肺气肿和慢性卡他性支气管炎，病灶部位色泽苍白，稍久凸起于肺的表面，用手触摸，可感觉到有粟粒至黄豆大的硬结节。剪开病变小叶的支气管，可见管腔黏液中混有如棉线样粗细的成团的虫体。

处理：轻度修割后鲜销；严重的销毁或化制。

b. 猪弓形虫肺炎：由一种叫龚地弓形虫的原虫引起。病变肺脏膨胀，肺胸膜紧张、湿润而有光泽，呈淡红色或橙黄色，显示淤血、水肿，切面间质增宽，有多量浆液流出，有时散布灰白色坏死灶。支气管中积留多量泡沫样液体，胸腔通常有透明或半透明的胸水。

处理：病变肺脏作化制或销毁，胴体高温处理。

c. 卫氏并殖吸虫病（肺吸虫病）：在肺表面常形成豌豆大小的暗褐色或灰白色结节，外围绕以结缔组织包囊。切开病灶，在包囊内有虫体，并流出铁锈色液体。结节也可能化脓或穿孔，形成脓肿或破溃。

处理：整个肺脏销毁或化制。

⑬肺黑色素沉着：它与遗传因素有密切关系。在肠道、心外膜、肺、肝、肌肉等

器官组织中出现局灶性黑色素沉着区,外观如黑玉样斑块,这种黑色素沉着称为黑变病。由于间质内的黑色素母细胞分裂增殖,使整个肺脏布满了黑色斑块。镜检见单个黑色素颗粒呈球形、细小、棕色的小体,大小均匀。大多数黑色素位于黑色素母细胞和黑色素细胞内。细胞形体扩大,充满色素,细胞结构不清。大量存在时,整个细胞变成棕色的球形团块。

处理:病变肺脏销毁。

(四)旋毛虫检验

检查旋毛虫的方法有显微镜检查法、集样消化法、血清学方法(酶联免疫吸附试验,ELISA)、变态反应、旋毛虫荧光染色、激光扫描压缩标本等方法,但在宰后检验中,目前仍多采用镜检的方法。

1.采样　当开膛取出猪的内脏之后,从胴体内侧左右膈肌脚各采取重量不小于 30 g 的肉样一块(长 4.4 cm 左右),编上与胴体相同的号码,送检验室检查。轻度感染时,虫体常发现于一侧,因此不可只采一侧。

2.制片及镜检　首先撕去肌膜,将肌肉纵向拉平,要注意呈露滴状或呈乳白色,脂肪样外观的小点病灶,然后用剪刀顺着肌纤维在肉样的不同部位剪取 12 个麦粒大肉粒(两块肉样共剪取 24 粒),依次附贴于玻片上,盖上另一玻片,用力压扁,然后将压片置于40～50 倍的低倍显微镜或投影器下观察,逐个检查 24 个肉粒压片的每个视野。

在获得肌肉中发现旋毛虫的报告后,即在胴体上打上相应标记,并控制猪头和食道肌,整个屠体均应化制。

(五)胴体检验

1.胴体检验的目的和要求　胴体检验是评价肉品卫生质量的重要步骤,在检验过程中要仔细检查皮肤、皮下组织、肌肉、脂肪、胸腹膜、骨骼(尤其是剖开的脊椎骨、骨盆及胸骨)、关节及腱鞘的状态,剖检具有代表性的胴体中主要淋巴结。注意可能发生的放血不良、出血、皮下组织和肌肉水肿、脓肿、蜂窝织炎、肿瘤、外伤、肌肉色泽异常、四肢病变和骨折等各种变化。

按照我国屠宰加工的习惯,肾脏一般连于胴体上,故通常肾脏腰肌的检验和胴体检验一同进行。先仔细观察腰肌的表面,有无白色细带状卷曲的裂头蚴,检查时从最后腰椎处开始,与脊椎平行,向下将两侧腰肌切开,一般每侧腰肌可切2～3刀,检查有无囊尾蚴和孟氏裂头蚴寄生,然后检查肾脏,观察肾脂囊和输尿管起始部,肾门的状态,并用刀轻轻划破肾包膜,检查包膜剥离状态,表面有无凹凸不平、出血斑点、化脓灶、坏死灶、梗死灶,注意肾脏的大小、形状、色泽、硬度等有无异常变化。必要时纵剖肾脏,观察切面及肾盂黏膜的状态。借以判断猪体有无传染病、寄生虫病和某些全身性病理过程，在评价肉品卫生质量上有着特殊的意义。

进行胴体检验过程中，如发现淋巴结有可疑病变，头部和内脏有某种传染病，或疾病全身化可疑时，必须增检其他一些有关的淋巴结。如果在检查腰肌或头部和内脏时，发现有囊尾蚴寄生，就应进一步剖检肩胛部、腰部、股臀部及腹部的肌肉，以查明虫体的分布情况和感染强度。

2.被检淋巴结的选择　除了前面讲的头部和内脏器官检验中应检查相关淋巴结以外，在胴体检验中按规定应选择以下淋巴结进行剖检。

(1)颈深淋巴结　沿气管两侧分布在咽喉头至胸腔入口之间，分颈深前、中、后三部。颈深前淋巴结(1～5 个)和颈深后淋巴结(1～4 个)是固定的，颈深中淋巴结有时不存在。其中又以检验颈深后淋巴结最为重要，其淋巴来自喉、甲状腺、咽、颈部的食管和气管、颈部腹侧肌肉、第 3～5 颈椎以及肋颈淋巴结、腋淋巴结和胸腔入口处淋巴结。

(2)腹股沟浅淋巴结　在母猪称乳房淋巴结。位于腹壁皮下脂肪内，最后一个乳头稍上方(胴体倒挂时)。收集猪体后半部下方和侧方的表层组织以及乳房和外生殖器官的淋巴液。

(3)腘淋巴结　在大多数的猪体中，由浅、深两组淋巴结组成。浅组位于跟腱后的皮下组织内，在股二头肌和半腱肌之间；深组位于股二头肌和半腱肌之间的深部，腓肠肌的表面。数目总共有 4～6 个，但屠宰后检验时主要剖检浅组，收集自膝关节以下、蹄以上的整个后肢深浅组织的淋巴液。

(4)髂内淋巴结　位于腹主动脉和髂外动脉夹角中。

(5)腹股沟深淋巴结　这组淋巴结常常缺少或并入髂内淋巴结。位于旋髂深动脉起始部的后方。收集来自腰肌和腹肌，后肢全部游离部分，以及由腹股沟浅淋巴结、腘淋巴结和髂下淋巴结来的淋巴液。

3.皮下组织、肌肉和脂肪的常见病变

(1)放血程度的判定　放血程度是评价肉品品质的重要指标之一。屠畜宰前患病、衰弱、过度疲劳、屠宰致昏和放血方法不当，均可造成放血不良。

放血不良的表现：肌肉的颜色发暗，皮下静脉血液滞留，特别是穿行于背部结缔组织和脂肪中的微小血管，以及沿肋骨两侧分布的肋间血管充盈，清晰可见，全身脂肪轻度发红；切开肌肉，可见到暗红色区域，挤压切面有少量血滴流出。如果放血不良是由致昏或放血方法不当造成，则胴体经悬吊后，残留血液会从血管断端流出，且随着尸僵的产生，余血可逐渐流尽，使肉色恢复鲜艳的色调；如果是由于屠畜宰前患病而造成的放血不良，因为通常尸僵缓慢而微弱，残留血液不易流出，随着时间的延长，肌肉切面的暗红色区域不但不减弱，反而由于血红素的浸润扩散而变得更为明显。

（2）组织水肿　通常有局部性和全身性水肿。当发现胴体的任何部位有水肿时，首先应排除急性或亚急性炭疽的存在。

局部水肿通常是由外伤、昆虫叮咬等引起的炎性水肿，呈局灶性，常伴有充血，切开局部，组织结构疏松，并有微黄色的液体流出，有时呈胶冻状。

全身性水肿主要见四肢和腹下部的皮下组织呈胶冻状，肌肉间质增宽，切面有白色透明条状纹理，并有微黄色的液体流出。严重者全身脂肪组织呈浆液性胶样萎缩而变成淡黄色或红黄色，肌肉松软、多水，颜色变淡，淋巴结肿大，切面多汁水肿。

处理：非炭疽性局部水肿，修除水肿病变部分，其余不受限制发放。全身性水肿时，如肌肉无变化，从肉的外观上认为可食用时，应进行细菌学检查，阴性者，可切除病变部分，迅速出厂利用；阳性者，高温处理后出厂。全身水肿同时伴有淋巴结肿大、水肿，胴体放血不良，肌肉松软、多水、色淡者，应全部送作化制。

（3）蜂窝织炎　是发生在皮下和肌肉间等处疏松结缔组织的一种弥漫性化脓性炎症。通常由溶血性链球菌引起，发展迅速，局部结缔组织坏死溶解，与周围正常组织无明显界限。切开炎灶，疏松结缔组织内充满黄白色或金黄色乳糜状脓汁，伴有出血时呈红黄色，脓汁可从切口流出。有时可见曲直、粗细不一，或呈树根样分枝的瘘管。

处理：局部性的蜂窝织炎，肌肉仍保持正常的外观和性质时，割除病变，其余出厂利用；炎症范围大，且胴体放血不全，心、肝、肾及淋巴结充血、出血、变性，肌肉有变性等退行性变化，说明疾病已全身化，整个胴体均应作化制。

（4）脓肿　是发生在组织内的局限性化脓性炎症，常在皮下和肌肉间形成球形的脓包。宰后猪体的颈部、腹部、乳房和臀部的皮下、肌间以及椎管骨间时常可以检出脓肿。脓肿都有厚薄不等的脓膜包裹，与周围正常组织分界清楚，脓包内充满脓汁，在皮下和肌间的脓肿多单个存在。

处理：单个的脓肿可切除，其余可鲜销。

（5）肌肉出血　宰后肌肉出血比较多见，局灶性的出血多见于臀部、背、小腰肌、腹部等处的皮下及肌肉，往往呈现局限性的出血性浸润，周围肌间结缔组织有红黄色的胶冻样血浆渗出，使局部肌肉间质增宽，严重的可在上述部位肌间形成血肿，甚至在肾旁、体腔有积血。局灶性的出血性浸润和血肿一样是由于对活猪野蛮的敲打、粗暴的运输而引起的外伤和骨折等机械力作用的结果，一般只需作局部修割后便可出厂鲜销。

然而肌肉出血不能简单地归结是由机械性损伤所致。屠畜宰前全身性中毒、传染病或脓毒败血症等病理过程时，也往往在肌间、肌膜有细小的出血点，呈暗红色，边缘较整齐。此时应检查局部淋巴结，可见肿大、多汁、周边出血等变化。有时在肌间，特别是颈部肌间结缔组织见到新鲜血，呈现边缘不整齐的小红点，局部淋巴结虽然可见小点出血，但不肿大，这种出血通常是由于电致昏不当或强行屠宰引起的。急速驱赶和吊宰，常常在跗关节、耻骨联合部肌肉及大腿部、腰部肌肉和膈肌有微小斑点状出血，这可能是由于肌纤维撕裂引起的。

处理：机械力引起的局灶性出血，只需作修割，其余不受限制出厂；电致昏、驱赶等引起的微小出血点不受限制出厂；由中毒、传染病、脓毒败血症引起的出血，应分别按中毒、传染病、败血症的规定进行严格处理，皮下脂肪可炼油。

(6)红膘　红膘是由于充血、出血或血红素浸润所致，仅见于猪的皮下脂肪。一般认为与感染急性猪丹毒、猪肺疫、猪副伤寒以及其他原因引起的剧烈腹泻，或者背部受到冷热和机械刺激有关。除皮下脂肪发红外，有时皮肤也同时发红，在这种情况下，应仔细检查内脏和主要淋巴结。

处理：当内脏和淋巴结有典型病变时，应结合疾病判定处理。如内脏和淋巴结没有病变或病变不明显时，将胴体和内脏进行高温处理。

(7)脂肪坏死　脂肪坏死是宰前畜体脂肪组织的一种分解变质变化，宰后检验时，在猪、牛、羊中都可见到，依其发生原因不同，可分为三种形式。

①创伤性脂肪坏死：是指机械性创伤区中的脂肪坏死，常见于猪的背部皮下脂肪，有时在猪丹毒皮肤病灶区皮下发生脂肪坏死。眼观坏死的脂肪组织呈坚实、浑浊的白垩状，由于坏死脂肪的刺激，局部有急性或慢性炎症。创伤区内常有渗出物蓄积，故易被误认为脓肿或创伤感染。切开坏死区，里面含有一种黄色或白色的油状渗出物；有的则渗出物很少，是由于慢性炎症产生多量的结缔组织。坏死脂肪细胞中释出的游离脂肪，可随淋巴运到局部淋巴结，贮存于皮质窦和小梁周围窦内，从而刺激淋巴结引起慢性炎症，致使淋巴结肿大和纤维化，切面上有油滴流出。

②胰性脂肪坏死：主要见于猪，是由于胰腺炎、胰腺导管阻塞或遭受机械性损害，胰脂酶游离出来将脂肪分解的结果。病变多发生于胰腺间质及其附近的肠系膜脂肪组织，有时可波及网膜和肾周围的脂肪组织。病变部外观呈小而致密，浑浊灰白色的颗粒状，有的呈不正形的油灰状，质地坚硬，正常的弹性和油腻感消失。

处理：不论哪种脂肪坏死，如变化轻微，无损于商品外观，可不受限制出厂，切除病变部，胴体可出厂。如系传染病所引起，应结合具体疾病进行处理。

4. 肾脏的常见病变

(1)肾淤血　常见于猪肺疫等传染病经过中，也见于长途运输、过度疲劳或饲养管理不善、放血不良等情况。病变肾脏稍肿大，表面呈暗红色或蓝紫色，小血管呈细网状扩张。切开时，切面流出多量暗红色血液，皮质呈红黄色，靠近皮质的髓质呈暗紫色，两层界限明显。长时期的淤血，可引起结缔组织增生，肾脏硬化变小，并带有蓝红色，这种肾脏又称蓝色萎缩肾。如果一侧肾脏明显淤血，另一侧肾脏淤血变化轻微或不见淤血，这多半是动物死后因重力关系，血液向下沉积的结果。此时应考虑有否死宰的可能，可结合检查肺脏，发现同侧肺也有明显淤血，全身放血不良，则可认为是死宰。

处理：轻度淤血，可高温后出厂；严重淤血的肾脏应化制；如患有传染病，应按该病的有关规定处理。

(2)肾出血　宰后检验中，肾脏的出血较多见，引起的原因也很多。猪瘟、猪丹毒等传染病时，肾脏表面及切面往往散发有点状的出血。猪瘟时，肾脏一般不肿大，色淡或呈土黄色，出血点的多寡、大小都不一致，出血点可分布于肾脏的任何部分；猪丹毒时，肾脏的出血一般在皮质部，肾脏充血而色鲜，出血点细而大小均匀，肾脏稍肿大，两者并不难区分。

某些中毒病(如汞中毒)和其他败血性疾病时，肾脏往往也有出血性变化。汞中毒时肾脏的病变是最主要的，肾脏体积肿大，开始时因充血、出血而呈红色，以后因出血坏死而变灰红或灰黄色。猪的急性关节炎，尤其是后肢的踝关节、膝关节炎症以及很多全身性感染都可在肾皮质形成淤点。

当蛔虫幼虫进入体循环时，可造成肾脏的小点出血，这是机械性移行和幼虫分泌有毒物质作用的结果。

电致昏不当或强行屠宰的濒死挣扎都可在肾脏表面出现鲜红色的小点出血；腰部受猛烈的打击，肾脏常发生出血，有时甚至包膜下有血肿，此时检查腰肌也往往有明显的出血性变化。

处理：一般性的轻度出血，数量很少，可不受限制出厂；出血点较多，应高温处理，严重的出血，则废弃；由于传染病、败血病、中毒引起的肾出血，按各种疾病的有关规定处理。

(3)肾梗死　在猪的宰后检验中，有时可见到肾脏表面有不规则的暗红色、灰黄色、苍白色的斑块，一般两侧肾脏同时存在。具暗红色斑块的肾脏，其色彩一般比正常淡，呈淡黄褐色；而具灰黄色或苍白色斑块的肾脏，色彩与正常者相仿。红色斑块与肾脏表面相平；灰黄色、白色斑块往往略高出肾表面。切开斑块，无论暗红色的或是苍白色、灰黄色的，病灶均呈倒锥体形(楔形)，顶端指向弓状动脉区。尖端所在处的弓状动脉内均清晰可见暗红色的凝血块，而使动脉增粗。红色斑块的切面纹理尚清晰；灰黄或苍白色斑块的切面浑浊。无论从肾脏表面或肾切面观察，病灶的边缘一般都没有充血、出血与渗出所致的炎症反应带。同一肾脏上面可同时存在红色斑块与灰黄、苍白色斑块。肾脏多发性梗死形成可能与宰前的长途运输、粗暴驱赶、打击、饮水不足、高温、寒冷等应激性因素有关。

处理：只需将病变的肾脏剔除，胴体及其他脏器如无特殊病变可不受限制出厂。

(4)肾色素沉着　猪宰后肾脏的色素沉着主要呈棕褐色或黑色，棕褐色与老龄性或某些药物有关，肾脏形状、大小正常，其他器官无可见变化。黑肾的体积稍肿大，质地较柔软，脆弱，肾表面和切面都呈黑灰色，切面轻度出血。

处理：一般的肾色素沉着不作处理；若色泽异常，具有肿胀者作化制；黑肾时如其他器官未发现特殊病变，只需将黑肾废弃，胴体和其他器官不受限制出厂。

(5)肾脏浊肿　常伴发于某些急性热性传染病过程中，也见于一般的急性中毒过程。眼观肾脏明显肿大，包膜紧张，划破包膜则肾脏迅速滑出；色苍白或灰黄至土黄；切面稍外翻，组织纹理模糊，浑浊暗淡似煮肉状，组织干燥，无光泽，质稍硬、脆而易碎。

处理：轻度的可高温，严重的化制，由传染病引起的按传染病的规定处理。

(6)肾脂肪变性　常伴发于急性传染病或磷、砷中毒。肾脏发生脂肪变性时，眼观肾脏肿大，表面呈弥漫性或局灶性的黄褐色，切面皮质增宽，也呈黄褐色或灰黄色，严重时有油脂光泽。如肾脏呈局灶性脂变，肾切面则有灰黄色的条纹病灶。

处理：与肾脏浊肿相同。

(7)肾小体肾炎　是一种肾小球和肾小囊的炎症过程。肾小体肾炎常伴发于链球菌感染。弓形虫病、沙门氏菌病、猪瘟、猪丹毒等疾病过程中，生猪长途运输、过度疲劳、饮水不足或受寒、感冒等应激性因素对本病的发生具有促进作用。

肾小体肾炎初期，肾脏稍肿大，被膜紧张，容易剥离。剥离后肾表面平滑，呈淡黄褐色。切面皮质稍增厚，密发针尖大红色(肾小体出血)或灰白色小点，这种肾脏病变又称“大彩肾”。中期，肾脏肿大显著(可达正常的2倍)，质地较柔软，色泽苍白或灰黄，故又称“大白肾”；切面外翻，皮质增厚呈灰黄色，用放大镜观察见皮质内肾小体呈灰白色小斑状突出，皮质与髓质界限清楚。后期，肾脏体积显著缩小，质地变硬，被膜与皮质粘连而不易剥离，表面凹凸不平，呈弥漫而细小的颗粒状，故又称颗粒性肾萎缩或固缩肾；肾切面皮质变薄，皮质、髓质界限不清。由于肾小管阻塞，常有细小的囊肿出现，囊肿腔内含有淡黄色液体。

处理：轻度肾炎，变性肿大不明显者可鲜销；有少量出血，实质尚好者高温；严重变性或结缔组织增生显著者销毁。

(8)间质性肾炎　常伴发于慢性钩端螺旋体病、大肠杆菌病、布鲁氏菌病等传染性疾病过程，有毒植物、寄生虫及肠内产生的毒物也可引起。致病因素由血源途径侵入肾脏，故常使两侧肾脏同时受累。根据病变累及的范围及其发展经过，间质性肾炎有三种类型。

①弥漫性间质性肾炎：多为全身感染的并发症。在钩端螺旋体病的初期和慢性猪瘟常可见到。病变肾脏稍肿大，被膜略显紧张，但易于剥离。肾表面有多量灰白色的小斑点，其直径约 1 mm，轮廓不甚清楚。表面所见的灰白色斑点在切面上呈放射状条纹伸入皮质深部，波及整个皮质和髓质浅层。

②局灶性间质性肾炎：是钩端螺旋体病常见的后遗病变。病变肾脏轻度萎缩，在表面有多量灰白色结节状斑块散布，直径 0.5～1 cm，其中较大的结节突出皮质表面呈半球状，并与被膜发生粘连，这种肾脏又称“白斑肾”。切面上可见这些病灶集中于皮质，部分在髓质浅层。结节的切面结构如淋巴组织，病灶边缘可能有充血带，但通常与周围实质并无明显界限。

③慢性间质性肾炎：由于结缔组织的显著增生，肾实质受压迫而萎缩。增生的结缔组织发生疤痕性收缩，使肾脏体积缩小，坚硬(固缩肾)。肾表面凹凸不平，凹陷部多呈黄棕色或铁锈色，凸起部分是代偿性肥大的残留肾组织，呈灰红色，使肾脏表面呈现大小不一的颗粒状。肾被膜增厚且与肾皮质粘连而难于剥离，强行剥离时，被膜上连有部分肾实质，肾切面皮质变薄，正常结构消失，皮质、髓质中增生的结缔组织呈灰白色。有时皮质和髓质可见小囊肿形成。慢性间质性肾炎的病变通常很难与慢性肾小体肾炎相区别。一般认为，慢性肾小体肾炎肾脏表面的颗粒较细，被膜粘连不太显著，肾脏各部分的病变发展比较一致。

处理：轻度的弥漫性间质性肾炎，实质不坚硬者高温处理；各型明显的间质性肾炎均销毁。

(9)栓塞性化脓性肾炎　是一种血源性化脓性肾炎，多由身体其他部位的化脓菌经血液转移至肾脏而引起。一般两侧同时发生。肾脏常肿大，被膜容易剥离，肾表面播散有粟粒大、黄豆大的黄白色化脓灶，数量多少不一，多时可满布于整个肾脏。脓灶稍隆起，边缘围有红晕(炎性反应带)。切面上病变多见于皮质，呈结节状、锥形状或线条状。线条状病灶可伸入髓质，与髓放线相平行，甚至深达肾乳头部。

处理：病变肾脏销毁，并应寻找原发性化脓灶，如属脓毒败血症的局部反映，则整个胴体销毁。

(10)肾盂肾炎　为尿源性化脓性肾炎，两侧肾脏可同时发生或仅波及一侧，化脓菌由泌尿道上行感染引起。化脓过程同时波及肾盂和肾实质。淘汰母猪最为多见。病变肾脏肿大而柔软，被膜容易剥离，肾表面有灰白色斑点，稍稍隆起于表面。切面上可见灰黄色的放射状条纹，由溃烂缺损的肾乳头顶端向髓质和皮质部伸展，或呈灰黄色锥体状结节向髓质和皮质展开。肾盂扩张，积有脓液，脓液内常混有钙盐颗粒。肾盂黏膜充血或出血，被覆有纤维素性或纤维素性脓性渗出物。严重时不仅肾乳头坏死，且向周围扩展，致使肾组织顺次发生溃蚀而形成大脓肿。有时整个肾脏被脓性溶解而变成一个满贮脓液的囊袋，称"脓肾"。

处理：病变肾脏及其他泌尿器官一律销毁。

(11)肾盂积水　是尿道至肾盂的输尿道各部位发生完全或不完全阻塞而引起肾盂和肾盏扩张的一种病变，同时伴有肾脏萎缩和囊状扩张。肾盂积水可以是一侧性或两侧性，但宰后常见的为一侧性。肾盂积水，开始时肾盂和肾盏发生进行性扩张，肾锥体的尖端变钝圆。最后这些锥体可变成突出的多房性囊肿，与肾盂相通，囊肿之间有结缔组织中隔相分离。严重的病例，整个肾脏变成一个薄壁的囊袋，周围实质仅留下一薄层萎缩的皮质，甚至肾盂黏膜可直接与纤维包膜相接，这种肾脏称"膀胱肾"。

处理：销毁。

(12)肾囊肿　大部分是先天性的，也有后天形成的。囊肿的肾脏内有大小不等的水囊形成，呈多发性，但也有单个的。多发性的囊肿一般较小，直径在 1 cm 以内。多发而细小的囊肿，常位于肾实质深部，切面呈不规则的蜂窝状，较轻病例，在囊肿间尚有肾实质小岛散在，但肾脏外形变化不大，被膜一般完整，仅是肾脏体积有不同程度的增大。有时整个肾脏，特别是皮质部均由细小而均匀的囊泡构成，囊泡的直径仅数毫米，但整个肾脏体积增大，苍白色或淡黄色，呈海绵状，又称"海绵肾"。这种肾囊肿多为先天性。肾脏单个的囊肿，直径可达 5 cm 以上，常呈球状突出于肾脏的表面，囊壁薄而透明，内壁光滑，内含透明或略带淡黄色的液体。有时由于出血，囊内含有红色的液体。

有时，肾囊肿表现为黏液性囊肿。这类囊肿可孤立存在，或同时伴有一些小囊形成。囊肿多为单侧性，其发生位置也不一定，大多在肾脏的一极。囊泡呈球形或卵形，外表光滑，囊壁较厚，半透明。切面上可见囊肿为单房、双房或多房性，有时在一单房囊肿内有不完全的中隔存在。囊泡内一般含灰白色半透明的胶样黏稠液体，有的呈淡黄褐色，若同时伴有出血，则为暗红色的血样黏液。

处理：病变肾脏化制，胴体不受限制出厂。

(13)肾变位和肾畸形

①肾脏的变位：常见的有单侧或双侧肾脏先天性的生长于骨盆腔内或骨盆腔前口，称为变位肾；若后天性的成为可动性肾脏，称为游走肾，母猪较为多见。

②肾脏的畸形：宰后有时发现左肾缺损(肾缺损)；有时左肾过小，右肾发生代偿性肥大，此时，左肾称肾脏发育不全，右肾称肾脏代偿性肥大；若先天性的肾脏

发育过大,则称巨大肾;左右两侧肾脏在后端愈着成为一个马蹄形肾者,称为马蹄肾;表面光滑的单叶肾,肾脏呈异常分叶的称分叶肾。

处理:肾脏的异位和畸形,只要肾组织正常,仍可利用。

(六)复验

为了最大限度地控制有害肉和劣质肉出厂(场),胴体经上述检验后,还须经过一道复验。检验人员须对胴体各部位进行一次全面复查,尤其要注意观察脊柱骨断面有无脓肿、出血病变,有害腺体是否已摘除等,并做出最终的卫生评价。在实际的宰后检验中,这项工作通常同胴体的打等级、盖检印结合起来进行。

在头部、内脏或胴体的检验时常出现单凭感官检查不能得出确切判断的情况。在这种情况下,微生物学检验、组织病理学检验和理化检验的运用是必要的,这在炭疽的确诊上更是必不可少的重要环节。为了不致使检验发生错乱,凡确定进行微生物学等检验项目的头、内脏及胴体都必须进行编号,打上标记,以便检验人员采取样品。

第四节　宰后检验的处理和结果登记

一、检验后的处理原则

胴体和内脏器官经检验后,根据综合判定的结果提出处理意见。要本着食用无害人类健康,有利于防止动物疫病的传播,在保障人畜安全的条件下利用的原则进行处理。判为健康活猪屠宰的新鲜肉类,盖肉品检验合格验讫印章,准予出厂(场)销售。

根据国家《畜禽病害肉尸及其产品无害化处理规程》(GB 16548—1996)的规定,对猪的传染病、寄生虫病和中毒性疾病的肉尸及其产品(内脏、血液、骨、蹄、角和皮毛)应按以下原则进行无害化处理:

第一,凡确认为炭疽、恶性水肿、狂犬病、肉毒梭菌中毒、非洲猪瘟、猪瘟、口蹄疫、猪传染性水疱病、猪密螺旋体性痢疾、急性猪丹毒、钩端螺旋体病(已黄染的肉尸)、李氏杆菌病、布鲁氏菌病等传染病和恶性肿瘤或者两个器官发现肿瘤的病猪尸体,从其他患病猪各部分割除下来的病变部分和内脏,均应销毁。操作时用密闭的容器运送,处理方法可分为湿法化制和焚毁。湿法化制是将整个尸体投入化制(熬制工业用油)机,大型肉类加工厂一般都应有此设备。焚毁是将整个尸体或修割下来的病变部分和内脏投入焚化炉内烧毁炭化。

第二，凡病变重、肌肉发生退行性病变的上述所列的传染病以外的其他传染病、中毒性疾病、猪囊虫病、旋毛虫病以及自行死亡或不明原因死亡的整个尸体或肉尸和内脏，均应化制。其操作方法是将原料分类，分别投入化制机内化制，凡干化的原料也可采取湿法化制。

第三，凡经宰后检验确认为猪肺疫、猪溶血性链球菌病、猪副伤寒、结核病、弓形虫病等病猪的肉尸和内脏，且病变轻微、肉质良好和放血完全者，均应在卫检人员的监督下高温处理后食用，高温处理后的肉品应严格防止二次污染。此外，凡确认一项所列传染病的同群猪以及怀疑被其污染的肉尸和内脏，也应高温处理。高温处理的方法可分为高压蒸煮法和一般蒸煮法。将肉尸切成重不超过 2 kg，厚不超过 8 cm 的肉块。高压蒸煮法是放在密闭的高压锅内，在 112 kPa 压力下蒸煮 1.5～2 h；一般蒸煮法是放在普通锅内，煮沸 2～2.5 h（从水沸腾时算起）。

除了上述原则以外，在肉类加工企业的产品出现以下不堪食用的肉也应进行化制：

(1)家畜体内规定切除的某些腺体（不利用的甲状腺、肾上腺）及加工、检验中修割的废弃物。

(2)有异常气味或污染面较广，且不易除去的肉。

(3)由母畜子宫剥出的胎畜。

(4)不具有正常色、香、味等感官性状，肉质粗劣、瘠瘦衰老的种猪肉。

(5)一般性病变占全胴体面积达 1/3 以上而割除困难的胴体。

经宰后检验发现肉品卫生质量有问题，对人体健康和畜禽疫病流行构成危害，但经过适当处理后可以消除或控制，不再对人畜健康构成威胁，对这种肉品的特定处理称为肉品的“无害化处理”。长期以来，在肉品卫生管理中无害化处理的方法，除了高温处理以外，还包括冷冻处理（主要是对猪囊虫病等寄生虫病肉的处理）、产酸处理（是对口蹄疫病猪及其同群猪骨骼肌的处理）、盐腌处理（主要是对猪囊虫病和布鲁氏菌病病肉的处理）和炼食用油（主要是对某些病害肉脂肪的处理）。但是在 1997 年实施的《畜禽病害肉尸及其产品无害化处理规程》中，只保留了高温处理。废除某些处理方法是生产和科学技术发展的需要，是提高人民生活质量的需要。

二、检验后的盖印

经过检验的胴体和脏器，不管属于合格食用、有条件食用、化制和销毁四种方式的哪一种，都必须标以与判定结果相一致的印记，这在肉品卫生管理上有很大的意义，据此，可以防止混乱和不合格的肉品上市。凡认为品质良好，适于食用的胴体和脏器，加盖肉品检验合格印记，对需要经过无害化处理后才可供食用的胴体和脏器，根据不同的处理要求，分别盖以高温、复制、炼食用油等印戳；对判定品质低劣，不适于食用的胴体和脏器，应加盖非食用或销毁的印戳。

盖印的部位和数目，对于外销产品应根据合同办理；对于适于食用的内销产品原则上规定在胴体两侧臀部各盖一枚合格印戳；对判定有条件食用和化制、销毁的胴体、脏器等要求在各部位都加盖相应的印戳。

检印的种类和图案如下：

(1)肉品检验合格验讫印章　①铜质材料，日期可调换；②印章直径 75 mm，“××××”为厂(场)名，要刻制全称；③印章上中线距圆线 5 mm；④字体均为宋体。

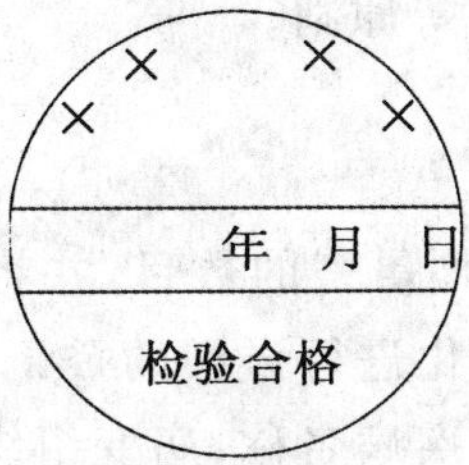

(2)非食用印章　长 80 mm，宽 37 mm。

(3)高温印章　等边三角形，边长各 45 mm。

(4)食用油印章　长 45 mm，宽 20 mm。

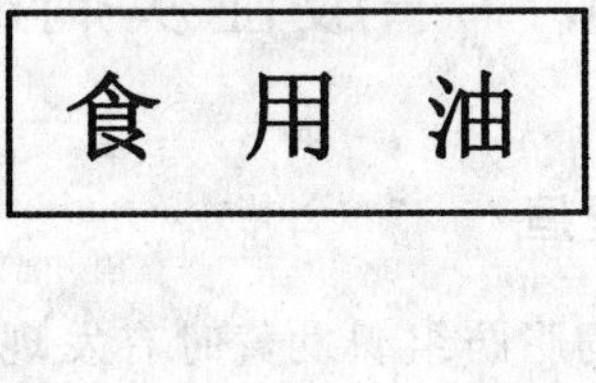

(5)销毁印章　对角线长 60 mm。

(6)复制印章　菱形，长轴 60 mm，短轴 30 mm。

盖检印所用的颜料和化学药品要符合对人体无害，易于印染在组织表面，颜色鲜艳，烹调或加工时易于褪色等原则。

三、检验结果的登记

宰后检验必须准确统计被检屠畜的数目，并将检验中所发现的各种传染病、寄生虫病和其他品质不良的变化进行详细的登记，登记的项目包括胴体编号、屠畜种类、产地名细（畜主姓名）、疾病名称、病变组织器官及病理变化、检验人员的结论（包括处理意见），可使检验人员及时把握本地区畜禽疾病的发生和流行规律，这是宰前及宰后对照检验所必需的。

如此经过多年的积累，再来分析这些丰富的统计资料，就能够得出有关肉品卫生方面有价值的结论和研究论据。这些结论和论据，是提高肉品卫生检验水平、制订动物防疫措施和改善家畜卫生的基础，同时也是兽医和卫检学术研究及教学的宝贵资料和最好教材，应当作为技术档案长期保存备查。

当检验中发现因屠宰技术影响肉品品质时，应向车间主任领导报告，采取相应措施，及时加以改进。发现某种危害严重的传染性疾病或寄生虫病时，应及时报告主管部门，及时通知畜产地相关机构，使之及早采取有效的防疫措施。

第五节　一般性疾病的检验

一、黄脂病、黄脂和黄疸

在猪的宰后检验中，猪的脂肪组织发黄时有发现，包括皮下脂肪和腹腔脂肪，俗称"黄膘猪"或"黄脂猪"。这种全身脂肪组织发黄,依其发生原因不同,分为三种:一是全身性黄疸的局部表现;二是单纯的脂肪组织内黄色素增多,无其他病理变化;三是除脂肪组织发黄外,同时伴有脂肪组织的炎症过程,是一种营养代谢性疾病,通常称为黄脂病。

(一)黄脂病

黄脂病又称脂组织炎。常见于饲喂鱼粉、鱼制品残渣(鱼肝油渣、鱼皮、鱼头等)、蚕蛹以及其他含不饱和脂肪酸饲料的情况下,一般在喂饲1个月以后即可发生。高不饱和脂肪酸与缺乏维生素E,可在脂肪组织内形成一种棕色或黄色的小点或无定形的小体,性质为油状或蜡状,通常称为类蜡质。它的沉积可使脂肪组织变浑浊,并刺激组织呈现炎症反应,故称脂肪组织炎。

眼观,皮下脂肪和腹部脂肪呈亮黄色或淡黄棕色,稍浑浊,质地变硬,一般具有鱼腥味,加温时更为明显。镜检,在脂肪细胞之间的间质内出现与脂肪细胞本身大小相仿的类蜡质颗粒,都位于脂肪细胞的外面,有时还存在于巨噬细胞内。这种类蜡质颗粒抗酸染色呈深复红色,苏木素-伊红(H·E)染色呈嗜碱性,不溶于脂溶剂。类蜡质的沉着、刺激引起脂肪组织发炎,脂肪细胞间有巨噬细胞、嗜中性白细胞、嗜酸性白细胞,偶有多核异物巨细胞浸润,但不见脂肪坏死和纤维化。

(二)黄脂

其发生可能与猪个体遗传因素有关,往往有地区性。它的发生一般认为与饲喂玉米、胡萝卜、紫云英及鞠菁等含脂溶性植物黄色素的饲料有关。长时间饲喂上述饲料时,饲料中的黄色素使脂肪组织发生非正常沉积黄染。眼观,皮下、网膜、肠系膜、肾周围、腹膜等部位的脂肪组织呈深黄色,有的呈淡黄、中黄,少数呈南瓜黄色。肌间的脂肪组织着色较浅,其他组织通常不着染。镜检,脂肪组织不见发炎现象,也无类蜡质沉着,故可与黄脂病相区别。黄脂在多数情况下,胴体放置24 h以后即可褪色,冷藏情况下更易褪去。

(三)黄疸

黄疸是由于胆红素形成过多或排出障碍,以致血液中胆红素浓度过高,引起全身组织(神经与软骨除外)染成黄色的病理现象。黄疸并不是一种病,而是某些疾病的一种症状。根据发生的原因不同,可分为实质性黄疸、阻塞性黄疸和溶血性黄疸。发生黄疸时,除脂肪组织发黄外,皮肤、黏膜、眼结膜、关节液、组织液、血管内膜、肌腱,以至实质器官均染成不同程度的黄色,尤其是滑液、组织液和皮肤的发黄,在黄疸的确定与黄脂和黄脂病的鉴别上具有重要的证病意义。80%以上的黄疸病例肝脏和胆道都有病变。宰后黄疸的屠体越放越黄。

在发生黄疸的情况下,需查明黄疸的性质,是传染性的还是非传染性的,特别要注意钩端螺旋体病的检查。

黄疸和黄脂可用化学方法加以鉴别,具体方法是:取被检脂肪,剪碎放入试管内,加5%氢氧化钠水溶液5 mL,振荡煮沸1 min后经流水冷却,加等量的乙醚充分振荡后静置。胡萝卜素等黄色素溶于上层的乙醚层而呈黄色,即为黄脂;胆汁色素形成水溶性钠盐,在下层的氢氧化钠层中呈黄绿色,即为黄疸。

黄脂、黄脂病和黄疸的宰后处理:黄脂,无其他病变者,完全可以食用;黄脂病,脂肪组织化制,胴体和内脏不受限制出厂;黄疸,脂肪可炼油,胴体高温,内脏作化制或销毁。如系传染性黄疸,则应结合具体疾病进行处理。

二、卟啉症

卟啉症又称卟啉色素沉着症、紫质症。本病是一种隐性遗传性疾病。血红素合成过程中先天性的存在某些酶缺陷而产生卟啉代谢障碍,致使骨髓中半数有核红细胞不能完成卟啉(无铁血红素)代谢过程,体内产生的大量尿卟啉和粪卟啉沉着于全身,即引起卟啉色素沉着症,最常见于猪和牛。

由于尿卟啉对钙化的结构具有亲嗜性,因此宰后检验见全身骨骼、牙齿和内脏有红棕色或棕褐色的色素弥漫性沉着,骨骼均呈淡红棕色、棕色或黑色,屠宰工人称之为“乌骨猪”;牙齿因牙本质和牙骨质内有卟啉色素而呈淡红棕色,故又称“红牙病”。骨膜、软骨、关节软骨、韧带及腱均不着色,骨的结构也无改变。这有助于和其他色素沉着相区别。肝、脾、肾等器官也可有卟啉沉着,外观呈棕褐色;全身淋巴结稍肿大,切面中央部分呈棕褐色。

处理:内脏和骨骼剔除化制或销毁,其他不受限制出厂。

三、猪营养性肝病

猪营养性肝病旧称中毒性肝营养不良,是由于日粮中缺乏含硫氨基酸、维生素E(或生育酚)及微量元素硒所致,故又称食饵性肝病。饲喂大量含碳水化合物高的谷物类饲料,而蛋白质的质和量不足以及猪舍寒冷潮湿是本病的重要诱发因素。

猪营养性肝病的典型变化为肝脏大片坏死,最严重的部位是在膈面。肝脏肿大,质脆发黄。胆囊水肿。全身脂肪黄染。骨骼肌色泽苍白状如煮肉,严重时可见出血和黄白色坏死斑块,有时见关节出血。淋巴结水肿,切面多汁。若伴有胃溃疡,胃肠道内可见游离的或已消化的血液,则常呈现贫血。腹膜被覆纤维性渗出物,浆膜腔积有少量富含蛋白质的液体。肺淤血水肿。心内膜可见出血,心肌柔软苍白,并可见局灶性的黄白色条纹状蜡样坏死。

处理:病变器官化制或销毁,胴体高温处理后出厂。

四、线猪肉

线猪肉,以肌纤维的变性或坏死形成线状结构为特征而得名,是一种营养缺乏性代谢障碍性疾病。其发生原因尚不清楚,一般认为与硒缺乏、维生素E不足及营养不良等因素有关。

线猪肉的宰后检查,见全身骨骼肌,特别是背最长肌和部分臀肌变性,色泽变淡,呈煮肉样。肌囊膜增厚,呈灰白色,并富有光泽。肌纤维呈麻皮状物被筋膜紧紧包裹。有的筋膜延长变细,变为长丝线状或白色尼龙线状。若分离出一些麻皮状的肌囊,用力抖动数次后,即成一束乱麻状物,该物外观粗细如麻线状,极其坚韧而不易拉断,故称为"线猪肉"。镜检,肌纤维纵横纹消失,固有结构破坏,呈均匀一致着染,形成蜡样结构。浓缩的细胞核紧贴肌膜,可见肌纤维再生现象,部分肌纤维中细胞核消失。肌纤维之间缺乏血管。结缔组织明显增生,并有较多的淋巴细胞浸润。机体其他脏器和淋巴结均无明显的可见病变。

处理:剔出病变肌肉作化制或销毁,其他不受限制出厂。

五、猪软脂肉

猪软脂肉是因饲喂含大量不饱和脂肪酸的饲料如花生饼、豆粉、鱼虾下脚料等所致。有证据表明,饲喂潲水或饲粮严重不足时,往往产生软脂;寒冷环境较温暖环境产生更多的软脂。有资料指出,在英国,从美国进口的汉普夏种猪较英国当地品种容易产生软脂,这或许与特异品系种畜有关。还有一些报告指出,选择瘦肉型猪往往带来软脂问题。

软脂症的特征是体脂变软或呈半液化状态,严重病例油脂自屠体上滴下。由于淋巴窦内充满大量油性物,致使淋巴结肿大变软,切面湿润油亮。软脂肉非病变所致,胴体不受限制出厂,但往往不易销售。软脂的胴体难于处理与分割,并表现呈油腻状,以致对顾客无吸引力。用软脂肉制成的产品在蒸煮损失与酸败机会上都多于其他产品。

第六节　肿　瘤

肿瘤是机体在各种致瘤因子作用下,引起局部组织细胞异常增生而形成的新生物,这种新生物常表现为局部肿块或引起组织器官弥漫性肿大,甚至在其他器官和组织引起新的肿瘤。

机体在生理状态下以及在炎症、损伤修复时的病理状态下也常有细胞、组织的增生。但一般来说，这些都是针对一定的刺激而发生的反应性增生，是适应机体需要的，其所增生的组织基本上具有原来正常组织的结构和功能，一旦引起增生的原因被消除后，就不再继续增生，所以，这种增生对机体通常是有利的。因此，在生理情况下以及在炎症、损伤修复时的增生与肿瘤性增生有着本质上的区别。

肿瘤细胞也是从正常细胞转变而来的，但这种异常增生的肿块有其固有的特点：它生长旺盛，呈相对的无限制性，与整个机体不协调，并在不同程度上失去了发育成熟的能力，有些甚至具有接近幼稚的胚胎细胞的表现；其形态结构(细胞形态、组织结构)、功能和代谢也与其发源的正常组织有不同程度的差异，肿瘤细胞在功能上对机体是有害无益的。

一、肿瘤的特征

(一)形态与结构

1. 形态　眼观肿瘤的形态多种多样，并可在一定程度上反映肿瘤的良恶性。

形状：肿瘤的形状多种多样，有乳头状(菜花状、绒毛状)、蕈状、息肉状、结节状、分叶状、弥漫肥厚状、溃疡状和囊状等。肿瘤形状的这些差异，与发生部位、肿瘤的性质和生长方式有一定的关系。生长在机体或器官表面的良性肿瘤，常呈息肉状、乳头状或蕈状；发生在皮下或实质器官内的良性肿瘤多呈结节状并有包膜；卵巢的良性肿瘤常呈囊状。恶性肿瘤，一般无完整包膜，并因生长快速，中心得不到血液供应还往往发生坏死、出血；生长在皮肤和黏膜者还可向表面破溃，形成溃疡；在实质器官内部生长的恶性肿瘤，一般多呈树根状或蟹足状向四周伸展，边界不清；有些呈弥漫性浸润生长的恶性肿瘤，不形成明显肿块，而使整个器官体积增大和硬度增加，称弥漫性肿瘤(如白血病的肝脏)。

大小：肿瘤的大小不一，小的极小，肉眼不能察见，在显微镜下才能发现，如原位癌；大者极大，可重达数十千克。一般来说，肿瘤的大小与肿瘤的性质(良、恶性)、生长时间和发生部位有一定的关系。

数量：大多为一个，但也有同时或先后发生多个同一类型的肿瘤(称多发性肿瘤)，甚至大量存在，如母鸡卵巢癌，可以布满整个腹腔的浆膜面，牛的皮肤多发性乳头瘤也可在全身皮肤出现。

颜色：肿瘤的颜色与肿瘤的组织种类及继发变化有关。由黑色素细胞组成的黑色素瘤呈黑色；脂肪瘤、纤维瘤呈黄色；纤维肉瘤、淋巴肉瘤等肉瘤呈鱼肉色；癌呈灰白色；富于血管的如血管瘤呈灰红色；出血的区域呈红褐色(含铁血黄素和血红蛋白崩解)，坏死区域呈浑浊白色或黄色；肝癌、肝腺瘤由于胆汁积聚而有黄绿色。

硬度：肿瘤的硬度取决于肿瘤组织的种类，以及肿瘤内实质和间质的比例。如脂肪瘤质松软；骨瘤质地坚硬；富含间质的肿瘤比较坚硬，如乳腺硬癌，而富含实质的肿瘤则硬度较小，称为软性瘤，如髓样癌(呈脑髓般柔软)。

2. 结构　肿瘤和其他组织一样，亦由实质和间质两部分组成。

肿瘤的实质：这是肿瘤的主要部分，由肿瘤细胞所组成，不同肿瘤其实质细胞是不同的，由它决定肿瘤的特性。机体内几乎任何组织都可以发生肿瘤，因此肿瘤实质的形态也是多种多样的，根据实质的形态可识别各种肿瘤组织的来源和进行组织学诊断。一般来说，一个肿瘤只有一种实质，但也可有两种或两种以上的实质，如乳腺纤维瘤，就有纤维和腺体两种实质；畸胎瘤(多见于卵巢、睾丸等处)可同时见到骨组织、软骨组织、纤维组织和脂肪、肌肉组织等。

肿瘤的间质：肿瘤的间质是肿瘤的非特异性组织，由结缔组织及血管等组成，有时还有淋巴管。肿瘤间质主要起支架和营养作用。

有些肿瘤，如癌，间质和实质分界不清楚，实质为癌巢，间质则是外围的结缔组织。有些肿瘤，如肉瘤，实质和间质混杂在一起，分界不清，仅实质细胞间混有少量纤维。

(二)异型性

肿瘤组织无论在细胞形态和组织结构上，都与其发源的正常组织有不同程度的差异，这种差异称为异型性。异型性反映了肿瘤组织的成熟程度(分化程度)。异型性小，说明它与正常组织相似，肿瘤组织成熟程度高(分化程度高)；异型性越明显，表示瘤组织分化越不好。区别异型性是诊断肿瘤，区别其良、恶性的主要组织学依据。恶性肿瘤常具有明显的异型性。

1. 组织结构的异型性　肿瘤组织结构的异型性主要表现在瘤细胞的排列、层次、实质与间质的比例及其相互关系方面。

良性肿瘤与其发源组织很相似，异型性小。因此，从这些肿瘤组织的结构能比较容易地判断其来源。例如，纤维瘤的细胞和正常纤维细胞很相似。

恶性肿瘤的组织结构异型性明显，细胞排列紊乱，失去正常的层次和结构。例如，从纤维组织发生的恶性肿瘤——纤维肉瘤，瘤细胞很多，胶原纤维很少，排列紊乱，与正常纤维组织的结构相差较远；从腺上皮发生的恶性肿瘤腺癌，其腺体的大小和形状十分不规则，排列也较乱，腺上皮细胞排列紧密或呈多层。

2. 细胞的异型性　良性肿瘤细胞的异型性小，一般与其发源的正常细胞相似。恶性肿瘤细胞常具有高度的异型性，表现为以下特点：

(1)细胞的多形性　即瘤细胞的形态及大小不一致，一般比正常细胞大。形状多样，不规则，有时出现瘤巨细胞。分化很差的肿瘤，瘤细胞体积小，圆形，核小深染，胞浆少。

(2)细胞核的多形性　细胞核大小、形状及染色不一致。体积增大(核肥大)，胞核直径与细胞直径的比例比正常值大[正常为1∶(4～6)，恶性肿瘤细胞则接近1∶1]，并可出现巨核、双核、多核或奇异形的核。核染色深，癌细胞胞核染色质呈粗颗粒状，分布不均匀，常堆积在核膜下，使核膜显著增厚。核仁肥大，数目也常增多。非典型核分裂相多见，特别是出现不对称性、多极性及顿挫性核分裂等病理性核分裂相，对诊断恶性瘤具有重要的意义。

(3)细胞浆　较正常少，但各个细胞的胞浆多少不等。染色性改变，弱嗜酸性、嗜碱性或兼嗜性。电镜下，线粒体、内质网和高尔基体等均不发达。如为癌瘤，其细胞间连接松散，桥粒减少或消失。

(三)生长和扩散

1.生长

(1)生长速度　各种肿瘤的生长速度有极大的差异，主要决定于肿瘤细胞的分化成熟程度。一般成熟程度高、分化好的良性肿瘤生长较缓慢，常可生长几年甚至几十年。如果一个长期存在、生长缓慢的良性肿瘤，其生长速度突然加快，就要考虑发生恶性转变的可能。成熟程度低、分化差的恶性肿瘤生长较快，短期内即可形成明显的肿块，并且由于血液和营养供应相对不足，发生坏死、出血等继发性变化。

(2)生长方式　肿瘤的生长方式有下列三种。

膨胀性生长：这是大多数良性肿瘤所表现的生长方式。由于这种瘤细胞的生长力、破坏力不强，周围的正常组织对其有一定的限制，随着肿瘤体积的逐渐增大，有如充气而逐渐膨胀的皮球，将四周组织推开或挤压，但并不侵入邻近的正常组织内。这样生长的肿瘤往往呈结节状，周围常有完整的包膜，与周围组织分界清楚。这种肿瘤对局部的器官、组织只有挤压或阻塞作用，一般均不明显破坏器官的结构和功能。

浸润性生长：瘤组织像树根或蟹足那样伸向周围组织，形成一个没有明显界限，没有包膜，坚硬固定而不易推动的肿块，亦即不是依靠推开周围组织而是侵入邻近组织的间隙、淋巴管、血管、神经鞘膜内，从而使肿块不断延伸扩展，此种生长方式称浸润性生长。大部分恶性肿瘤都可以此种方式生长。此种生长方式不仅压迫周围组织，还能转移和扩散到机体全身，危害性较大。

外生性生长(突起性生长)：这种生长方式多见于上皮性肿瘤，表现为过度生长的瘤细胞向上皮表面突起，形成许多皱褶。这种生长方式发生于体表、体腔表面和自然管道表面的肿瘤，常向表面生长，呈乳头状、息肉状、蕈状或菜花状突起。但恶性肿瘤在外生性生长的同时，其基底部位往往呈浸润性生长。有时由于生长迅速，血液供应不足，这种外生性生长的肿物容易发生坏死、脱落而形成底部高低不平、边缘隆起的癌性溃疡。

2. 扩散　扩散是恶性肿瘤的重要特征之一。扩散不仅可以在原发部位继续生长蔓延（直接蔓延），而且还可以通过多种途径扩散到身体其他部位（转移）。

（1）直接蔓延　随着肿瘤的不断长大，瘤细胞常常连续不断地沿着组织间隙、淋巴管、血管或神经、腺管等管腔，向各方延伸侵入，破坏邻近正常组织器官，并继续生长，称直接蔓延。如乳腺癌向四周扩散，向深部可穿过胸肌和胸壁而侵入胸腔甚至肺脏，向体表可累及皮肤。

（2）转移　所谓转移是指瘤细胞自原发瘤脱落下来，经淋巴管、血管或其他途径（如自然腔道）被运至其他部位，生长繁殖而形成同样肿瘤的过程，所形成的瘤称转移瘤或继发瘤。常见的转移途径有：淋巴道转移、血道转移、种植转移。

淋巴道转移：是癌的主要转移方式。瘤细胞侵入淋巴管后随淋巴流到达局部淋巴结，先聚集于边缘窦（皮质），继后生长繁殖而累及整个淋巴结，并随淋巴流继续转移到其他淋巴结或经胸导管到腔静脉，再通过血液循环通路到达实质器官而形成新癌灶。

血道转移：肉瘤富含血管，且管壁薄易被侵犯，故血道转移多见于肉瘤。血道转移是侵入血管的瘤细胞，随血液的运行方向转移。由于动脉壁厚，富含弹性纤维，不易侵蚀，且血管内压力高，故瘤细胞多经静脉入血。血道转移的运行途径与栓子的运行途径相似，如体循环静脉的瘤细胞多经右心到达肺脏，门脉系统的肿瘤细胞首先发生肝转移等。

种植转移：位于浆膜腔（腹腔、胸腔、脑室等）的肿瘤细胞常脱落下来由一个浆膜面凭借机械接触或腔液的携带转移到另一个浆膜面，继续生长繁殖，发展成新的肿瘤的过程称种植转移。这种转移癌常为多发性，如鸡的卵巢腺癌，从卵巢脱落下来的癌细胞，可在腹腔脏器表面形成大量转移癌。

二、肿瘤的命名原则

各种肿瘤可根据其发生部位、组织来源及良恶性来命名。

（一）良性肿瘤

在其来源组织名称后面加一“瘤”(-oma)字，如纤维组织的良性肿瘤称为纤维瘤(fibroma)，来自腺上皮的良性肿瘤称腺瘤。有时也根据其形态特征来命名，如黏膜、皮肤上的乳头状良性肿瘤称乳头状瘤。有时为进一步表明肿瘤的发生部位，可加上部位的名称，如乳头状瘤发生于皮肤的称皮肤乳头状瘤，发生于膀胱的称膀胱乳头状瘤。

(二)恶性肿瘤

一般是在其来源组织名称后面加上“癌”或“肉瘤”。来源于上皮组织的统称为“癌”(carcinoma)，命名时在来源组织名称之后加一“癌”字，如食道癌、鳞状细胞癌、肝癌等；由间叶组织(包括结缔组织、脂肪、肌肉、脉管、骨、软骨以及淋巴造血组织等)发生的恶性肿瘤统称为肉瘤(sarcoma)，肉瘤之前冠以发生组织名称，如纤维肉瘤、淋巴肉瘤、骨肉瘤、脂肪肉瘤等。

有少数恶性肿瘤起源于幼稚细胞则称为母细胞瘤，如神经母细胞瘤、髓母细胞瘤、肾母细胞瘤等。

有些恶性肿瘤的成分复杂或组织来源尚有争论，还可在肿瘤的名称前面加“恶性”二字，如恶性黑色素瘤、恶性畸胎瘤等。

此外，还有些是习惯以人名作为肿瘤的名字的，如鸡的 Rous 肉瘤，Marek 氏病，Wilms 氏瘤(肾母细胞瘤)等。

三、良性肿瘤与恶性肿瘤的特点

良性肿瘤与恶性肿瘤的根本区别，在于肿瘤细胞的分化程度，一般需通过组织学检查才能做出确诊。必要时结合临床症状和形态特征等全面考虑、综合判断。良性肿瘤与恶性肿瘤的特点见表 10-1。

表 10-1　良性肿瘤与恶性肿瘤的特点

项目	良性肿瘤	恶性肿瘤
形状	多呈结节状或乳头状；界限明确，常有包膜	形状多种多样；界限多不明确，常无包膜，表面往往出血、感染、发炎
生长方式	多为膨胀性或外生性生长；无侵袭性和破坏性	多为浸润性生长或外生性生长；有侵袭性和破坏性
生长速度	缓慢，偶尔中途生长停止或退化	迅速
转移与复发	不转移，切除后极少复发	常转移，切除后较多复发
异型性	较小，分裂相少或无	大，分裂相多
对机体的影响	影响小，致命者罕见；主要为局部压迫作用，如发生于重要器官，可导致不良后果	影响较大，常引起贫血、出血、继发感染、发热、剧痛和恶病质，常可致死

四、猪常见肿瘤的形态学描述

(一)乳头状瘤

乳头状瘤是由皮肤或黏膜的被覆上皮发生的良性肿瘤,呈疣状或乳头状。多见于头、颈、外阴、乳房皮肤和口腔、食管、膀胱黏膜。各种家畜均可发生,尤以马、牛、羊、兔较常见。当其由许多细小的手指样突起构成时,可称为绒毛样乳头状瘤。每个绒毛状突起有一个由结缔组织间质构成的轴,通常称纤维脉管束,内含血管、淋巴管和神经。

肿瘤表层覆以大量排列整齐的肿瘤上皮细胞,它们比正常上皮细胞稍大,胞浆略嗜碱性,核染色质丰富,无间变及有丝分裂活性。基膜完整,但在切片中常可见到手指样突起,给人以入侵的假象。如瘤组织同时有炎症,基底膜可因此破裂,易被误认为恶性。乳头状瘤可根据其上皮的性质分为两大类:复层鳞状细胞乳头状瘤,见于皮肤和皮肤型黏膜,如马的阴茎乳头状瘤,蕨中毒时牛的膀胱。此外,家畜还有一种从表皮基底细胞发生的瘤,称为基底细胞瘤,常见于犬和猫,其他家畜罕见。较大的肿瘤表面常有溃疡。

(二)腺瘤

由腺上皮发生的良性肿瘤称腺瘤。它里面是一些由腺泡构成的集团,腺泡壁为生长旺盛的上皮细胞,呈柱状或立方状。内分泌腺体的腺瘤通常没有腺泡,由一些形态一致的多角形或球形细胞的集团所构成。

腺瘤可发生在任何一种腺体器官,常见于肝(肝细胞腺瘤、肝内胆管腺瘤)、卵巢(乳头状腺瘤)、肾上腺(腺瘤)、甲状腺(滤泡性腺瘤)、乳腺和唾液腺等。腺瘤常呈圆球状或结节状,外周有包膜,但胃肠道的腺瘤多突出于黏膜表面,呈乳头状或息肉状。

腺瘤有两个变种:①囊腺瘤,多见于卵巢,有时也可见于甲状腺;②纤维腺瘤,主要见于乳腺。

(三)纤维瘤

纤维瘤是由纤维结缔组织发生的良性肿瘤,由成纤维细胞和胶原纤维组成,虽然它们的形态和染色性同正常组织中的成纤维细胞与胶原纤维相似,但在数量和结构方面却不相同,纤维瘤的细胞和纤维常以束状朝某一方向伸延,或呈旋涡状分布,纤维束之间互相交错,排列紊乱。根据质地,纤维瘤可分为:①硬纤维瘤,质硬,其中纤维多而细胞少;②软纤维瘤,质软,细胞多而纤维少。必须指出,纤维瘤的软、硬是相对的,统计资料表明,动物纤维瘤的质地大多是比较硬的,即便是有些形成不久的纤维瘤也是如此。瘤组织中可能见到黏液样变化,而老的纤维瘤会发生玻璃样变化和钙化。

家畜家禽的纤维瘤是十分常见的，凡有结缔组织的部位均可发生，但多见于皮下、黏膜下、肌间、筋膜和骨膜。纤维瘤的大小和数量极不相同，但都呈结节状或团块状，界限明确，包膜较明显，切面白色或淡红白色。如位于皮下，可能因摩擦而出血或发炎。

（四）平滑肌瘤

平滑肌瘤是由许多呈螺旋状排列的平滑肌细胞构成的良性肿瘤，细胞间有多少不一的纤维组织。有时，其肌肉成分会由纤维组织所取代，变为纤维平滑肌瘤或纤维瘤。它们还会发生囊肿或者钙化。平滑肌瘤常见于消化道和子宫，呈结节状，质较硬，有包膜，切面淡灰红色。平滑肌瘤外观同纤维瘤比较相似，但镜检时，瘤组织的实质为平滑肌细胞，其特征是：细胞呈长梭形，胞浆明显，核呈棒状，染色质细小而分布均匀。

（五）脂肪瘤

脂肪瘤是由脂肪组织构成的良性肿瘤，见于各种动物。多发生于皮下，呈结节状，切面分叶，颜色同正常脂肪。如位于黏膜或浆膜面，常呈息肉状，以蒂与原发组织相连。镜检，脂肪瘤与正常脂肪组织十分相似，但总有不均的结缔组织条索将其分隔成不规则的小叶。

（六）鳞状细胞癌

鳞状细胞癌简称鳞癌，亦称表皮样癌。它们发生在皮肤和皮肤型黏膜，如乳房、瞬膜、阴茎、口腔、食管、会阴和子宫颈等处。有些部位（支气管、胆囊、鼻咽等）虽不是鳞状上皮，也可通过鳞状上皮化生而形成鳞状细胞癌。

鳞状细胞癌的侵袭性表现在恶性细胞团块穿破基底膜，向深层的结缔组织和肌肉里生长扩散，在深层组织里，癌细胞组成圆形、椭圆形、梭形或长条状癌巢。

鳞状细胞癌所表现的分化程度差异很大。凡是分化好的，癌巢中心发生角化，形成上皮珠（亦称角蛋白珠、角化珠、角珠或癌珠），围绕着它的是棘细胞，最外相当于基底细胞层。分化差的癌巢没有癌珠，癌细胞异型性大，可见较多分裂相。

必须指出，畜禽的鳞癌是一类常见的肿瘤病，我国一些地区屡见的牛瞬膜癌、猪鼻咽癌、鸡食管癌、山羊会阴癌等均属之。

猪鼻咽癌迄今仅见于广东、福建，多发生在年龄大的母猪。主要症状为流浆-黏性鼻液和鼻塞，有时伴有鼻出血，后期出现消瘦。病变主要位于鼻咽顶壁和侧壁。病初，局部黏膜增厚、粗糙，表面呈小突起状，以后可增生成结节状或菜花状，灰白色，质脆，无光泽。镜检癌组织主要由分化程度不等的鳞状细胞团块组成。由此推断猪的鼻咽癌是由黏膜柱状上皮经过鳞状化生瘤变后形成的。

(七)腺癌

腺癌是由黏膜上皮和腺上皮发生的恶性肿瘤,因此较多见于胃肠道、支气管、胆管、胸腺、甲状腺、卵巢和肝脏等。

肝癌:各种畜禽均可发生,以牛、猪、鸡、犬和猫比较多见,与黄曲霉毒素慢性中毒有关。

眼观:肝癌可表现为巨块型、结节型和弥漫型。巨块型肿瘤为一巨大实体肿块,有时可达小儿头大,圆形,多位于肝右叶内,甚至可占据整个肝右叶,肿块质地较正常组织为软,中心部常有坏死和出血;结节型最常见,瘤结节多个散在,呈圆形、椭圆形,大小不等,直径由数毫米到数厘米,有的互相融合,形成较大的结节,被膜下的瘤结节向表面隆起,使肝表面凹凸不平;弥漫型癌组织弥漫于肝内,一般形成极小的结节或无明显的结节形成,常在肝硬变的基础上发生。

镜检:根据组织来源,肝癌可分三类:①来自肝细胞者称肝细胞癌。癌细胞和正常肝细胞有一定相似性,但异型性较大,排列散乱无序,或呈团块状、条索状和腺泡状。胞浆嗜碱性较强,有丝分裂相较多。②来自肝内胆管上皮细胞者称胆管上皮癌。癌细胞多排列成大小不等、形状不一的管泡样结构,有的癌细胞聚集成实心体,其中看不到腔隙。胆管上皮癌的间质大多比较丰富。③既有肝细胞癌成分又有胆管上皮癌成分者称为混合细胞性肝癌。

(八)纤维肉瘤

纤维肉瘤比较常见,其发生部位、形态表现和纤维瘤相似,不同的是能向周围组织浸润和转移,与周围组织界限不清。纤维肉瘤比纤维瘤细胞成分多,肿瘤细胞多呈梭形,核呈卵圆形乃至圆形,核质深染,类似成纤维细胞。肿瘤细胞的大小不均,呈凌乱不规整排列。肿瘤细胞可产生胶原纤维,核分裂相多见。

(九)淋巴肉瘤

淋巴肉瘤是起源于淋巴组织的一种恶性肿瘤,各种畜禽均可发生,而以牛、猪和鸡更为常见。此病发生后,瘤细胞可向附近组织浸润生长并向其他器官转移。原发组织器官肿大,颜色变淡或呈灰白色,正常组织结构消失。其他器官的损害在眼观上主要表现两型:弥漫型——器官均匀肿大,色淡,质脆,或在器官表面和实质散布灰白色斑纹;结节型——器官中可见大小不等的瘤结节,灰白色或淡灰红色,界限明确,但无包膜,质脆,切面均匀、多汁。此外,也可表现混合型——同时具有上述两型的特点。镜检,原发组织结构被毁,完全被瘤细胞充满,正常淋巴滤泡不能辨认。在其他被害组织器官里,瘤细胞或在间质弥散,或在局部集聚,故实质细胞常受压萎缩甚至消失。根据瘤细胞的种类,可把淋巴肉瘤分为四个类型,即淋巴细胞型、淋巴母细胞型、网状细胞型和干细胞型。

(十)黑色素瘤

这是一种恶性肿瘤，故也称恶性黑色素瘤。瘤组织由成黑色素细胞集团构成，瘤细胞形状因黑色素颗粒数量不等而有很大的差异，圆形、长圆形、梭形或不正形。在那些没有或仅有少量黑色素的细胞里，胞核清楚或尚可分辨，如胞浆被色素颗粒充满时，核被掩盖，胞浆与胞核不能区分。

家畜的黑色素瘤主要发生于淡色(白色、灰色)的马骡，但猪的皮肤黑色素瘤也甚为多见。肿块生长缓慢，可在较长时间内不转移，但也可能早期全身化。黑色素瘤多位于尾根、肛门附近、会阴、包皮和乳腺。转移后见于全身许多器官和组织，如淋巴结、肝、脾、肾上腺、肌肉、骨髓、脑膜和松果体等。此瘤多呈结节状，或使局部组织器官弥漫肿大。切面瘤组织呈烟灰色或黑色。

(十一)肾胚瘤

肾胚瘤又称成肾细胞瘤或韦姆斯(Wilms)氏瘤，在猪、牛、羊、鸡、兔和其他幼小的哺乳动物都能发生，在动物中以猪和兔最为多见。一般发生于幼龄期。此肿瘤的来源一般认为来自胚胎期遗留的肾胚芽组织，多发生于肾脏或靠肾脏较近的组织。眼观肿块长于肾脏的一极或全部受损，多为单侧发生，很少双侧发生。肿瘤呈结节状或巨块状，质地较硬，有包膜而且血管丰富，切面呈均匀灰红或白色，有时被间质分隔成分叶状，偶见囊腔和坏死。有些病例，肿瘤会发生转移。镜下肿瘤常由两种主要成分组成：一种是肉瘤性梭形细胞，胞浆稀少，核呈梭形或圆形，深染，这种细胞呈弥漫性、囊状或实体团块状分布。另一种是一些细胞组成肾小球样和肾小管样结构。前者如分化较好，在大小和结构上都和正常肾小球相似，甚至有类似肾小球囊腔的结构；如分化差，仅见圆形的、大小不等的未分化细胞团。肾小管样结构可为1～3层细胞衬附的管壁，甚至有基底模样结构。因其兼有间充质和上皮两种成分，曾被称为腺肉瘤或癌肉瘤。除上述两种成分外，有时还可见横纹肌、平滑肌、骨、软骨、脂肪组织、神经纤维等。

五、动物肿瘤的宰后处理

宰后检验中发现的肿瘤畜禽肉的处理原则，大体依据胴体的营养状况(肥瘦程度)，肿瘤的良、恶性，是否发生转移，在同一器官或同一畜禽上是发现一个肿瘤还是多个肿瘤等。

我国1959年颁布的《肉品卫生检验试行规程》第64条(乙)款第5项规定：患全身性肿瘤者肉尸及内脏全部作工业用或销毁。患全身性肿瘤的畜禽在实际检验工作中很少发现，各地宰后检验遇到的均为个别脏器或局部组织上发现的肿瘤。对于这些畜禽的卫生评价问题，1997年2月10日起实施的《畜禽病害肉尸及其产品无害化处理规程》(GB 16548—1996)已明确规定，恶性肿瘤或两个器官发现肿瘤的病畜禽整个尸体应销毁。

第七节　猪应激综合征

我国商品猪的饲养相对比较分散，需要收购加以集中，再经运输才能到达屠宰加工场地，由于周转环节多，在运输中往往引起畜体掉膘，抗病力减弱，甚至死亡。这些不良后果与屠畜的饲养管理和运输中的应激反应有着密切关系。所谓应激，是机体受各种应激原的强烈刺激(或长时间作用)而处于紧急状态时，所呈现的一系列神经、内分泌反应，并由此引起机体各种机能和代谢的改变。应激是机体的一种非特异性防御反应。引起机体应激反应的应激原包括：突然的恐惧刺激、剧烈疼痛、过劳、饥饿、温度过低或过高、环境突然改变、饲养密度太大、长途运输以及创伤、烧伤、中毒和感染等。对屠宰猪来说，最常见的应激因素是长途运输。猪发生应激综合征时，常因神经和内分泌功能紊乱而引起各种损害性病变，甚至导致病猪突然死亡。发生应激综合征的猪，其肉色变淡，呈灰白色，肉质松软，水分渗出或出现局灶性坏死。现已发现的猪应激综合征病变较多，如突毙综合征、应激性肌病、猪胃溃疡、猪咬尾症、运输病和运输热等。

一、突毙综合征

突毙综合征是指畜禽长途运输、迁移、合圈过程中的咬斗、厩舍拥挤、急剧驱赶追捕以及预防接种、公畜配种等情况下发生的突然死亡。有些猪在死亡前出现尾巴快速震颤，全身僵硬，张口呼吸，体温升高。白色猪还可出现皮肤红斑，一般病程仅为 4～6 min。死亡动物尸僵完全，尸体腐败迅速，剖检可见内脏充血，心包液增加，肺充血、水肿甚至出血，有的还可见臀中肌、股二头肌、背最长肌色泽变淡、呈苍白色。本病的发生与交感肾上腺系统高度兴奋，使心律严重失常并迅速引起心肌缺血而导致突发性心力衰竭有关。

二、应激性肌病

猪的应激性肌病是指肉猪在屠宰之前受到外界环境中的各种应激刺激，如捆扎、运输、驱赶等，在宰后出现以骨骼肌的水肿、变性、坏死及炎症为主要特征的病变，眼观病变肌肉色泽苍白，俗称“白肌肉”。其发生原因还不十分清楚，一般认为与品种的遗传性易感素质有关，病猪的含硒水平在正常范围之内，和白肌病并不相同，在有些地区屠宰厂的宰后检验中极为常见。目前认为属于猪应激综合征的一种表现形式。

据国外报道，猪应激性肌病主要有两种：一种是 PSE 猪肉（pale，soft，exudative pork），又叫水猪肉（watery pork）；另一种是以背肌坏死为主的肌肉坏死，称为背肌坏死（back muscle necrosis，BMN）。我国屠宰场里发现的"白肌肉"除了 PSE 猪肉以外，主要是以腿部肌肉炎症坏死为主，称为腿肌坏死（leg muscle necrosis，LMN），病变性质与国外报道的背肌坏死相似，但发生部位有所不同。

（一）PSE 猪肉

目前，PSE 猪肉（白肌肉）的检出率较高，为 10%～30%不等，有些地区甚至高达 60%～70%，应引起各方面的注意。PSE 猪肉的发生与品种、个体和遗传有着密切关系，同时认为，外界环境中的捆抓、长途运输、剧烈运动、噪声、驱赶、热辐射、拥挤、斗架、高温、电致昏以及环境突变等应激刺激，均有可能产生 PSE 猪肉。

PSE 的屠猪生前不显临诊症状，而是在宰后表现为在负重较大部位的肌肉，主要是后肢的半腱肌、半膜肌和肱二头肌，其次是背最长肌，前肢偶见于臂三头肌及三角肌。后肢肌肉的病变，往往左右两侧对称。肌肉色泽苍白，质地柔软，有液体渗出，经修割后下层即为正常色泽。较严重的呈灰白色，表层比深层严重，肌囊疏松，明显水肿，肌膜常有小出血点，肌间疏松结缔组织呈胶样浸润，淋巴结也常肿大、出血。最严重的肌肉呈明显的灰白色，晦暗无光泽，切面散在大量灰白色小点，偶见局部钙化灶。镜下，肌纤维发生不同程度的变性，肌间组织明显水肿，但无炎症的变化。PSE 猪肉的 pH 在宰后 45 min 低于 6.0，病变愈严重，其 pH 也愈低。其他器官均无明显可见病变。

1. PSE 猪肉的检验

（1）眼观判定　有的国家为进行 PSE 猪肉的调查，根据肌肉断面的肉色、质地、渗出性等程度不同分为轻度、中度、重度三种，再根据个体特性进行综合判断。判定的选择部位在第 4～5 或第 5～6 胸椎间背最长肌的断面；时间是在宰后 24 h，切开后 10～20 min 为准。肉色用合成树脂做的对照模型进行评定。正常肉，切面没有游离肉汁或只有轻度湿润；轻度，有少量肉汁覆盖断面，比正常肉略多；中度，切面湿润，肉汁在凹处潴留，纤维间有隙，背最长肌中心、大腿骨（股骨）周围肌肉发白；重度，全身肌肉发白，浆液渗出在肉块下方呈滴状滞留。根据上述结果可以判定 PSE 肉的发生程度。

（2）测定肉的 pH　猪宰后 45 min，胸部背最长肌和半膜肌的 pH 在 5.7 以下时，属重度或中度，6.3 以上属正常肉，5.8～6.2 属轻度或正常。另外，也可在宰后 2 h 测定肉的 pH，4.9 以下为重度，5.0～5.4 为中度，5.5～5.9 为轻度，6.0 以上为正常。

2. 处理　轻症不受限制，重症修割病变肌肉作复制。

(二)腿肌坏死

我国发现的腿肌坏死(LMN)多见于长途运输后的屠宰猪，主要发生在前、后肢的负重肌群。前肢是臂肌和臂二头肌，后肢主要是半腱肌和半膜肌，其中又以半腱肌的出现率最高。严重病例也见于肱二头肌、腰大肌等肌肉，但背最长肌较少发生。后肢肌肉的病变往往呈两侧对称。病变肌肉的 pH 在 7.0～8.0 之间，这和 PSE 明显不同。

腿肌坏死的病理变化可分为较轻型和严重型两种类型。

较轻型腿肌坏死其外观呈粉红色，湿润多汁，切面粗糙，用手稍加挤压或静置不久即有多量淡红色液体渗出。肌肉 pH 在 7.0 左右。镜检肌肉的组织学变化以急性浆液性炎症为主，肌纤维表现颗粒变性、水泡变性，散在发生坏死崩解，有浆液性渗出物和淋巴细胞、中性粒细胞等炎性细胞浸润。

严重的腿肌坏死眼观呈灰白色，表层比深层严重，肌囊疏松，明显水肿，切面上有液体渗出，肌膜常有小出血点，疏松结缔组织胶样浸润。肌肉 pH 在 7.5 左右，高的达 7.8。最严重的肌肉呈明显灰白色，晦暗无光泽，质地变硬，在切面上可见到大量散在灰白色坏死灶，偶尔还可发现局部钙化灶。镜检主要表现大量肌纤维发生严重变性和坏死，肌间水肿和大量炎性细胞浸润。许多肌纤维断裂，成为长短不一的节段或团块，变性严重的肌纤维，肌浆完全消失，仅留下空壳状。最严重者，肌肉组织呈现广泛坏死和慢性炎症。

(三)背肌坏死

背肌坏死最初由比利时的 Thoonen 等(1960)报道，以后相继在法国、英国等国家均有发现。本症主要发生于 75～100 kg 的成年猪，长白猪和皮特兰等瘦肉型猪尤为多见。轻症病例生前症状不明显，仅能在宰后检验中发现。严重病猪表现为背部单侧或双侧肿胀，有时背部呈香蕉状弯曲，所以也称为“香蕉病”(banana disease)，是应激综合征的一种特殊表现。发病时体温常升高，主要病变为背肌坏死性炎症，有时也见于臀中肌、半膜肌、半腱肌、肋间肌以及三头肌等肌肉。病变肌肉宰后 45 min、1 h 和 24 h 的 pH 均在 7.0 以上。有的患猪最后可因酸中毒而死亡。

三、猪胃溃疡

猪胃溃疡是一种慢性应激性疾病，亦称猪胃食管区溃疡病，本病在集约化、机械化封闭式饲养的猪群中发生较多。在欧美和日本较常见，我国长春、北京、武汉等地的调查结果表明，发生率也很高。据各国屠宰厂统计，猪胃溃疡的发生率可高达 25%，特别是生长快、瘦肉率高的猪最易发生。该病的病因除与饲料粗糙有关外，目前认为噪声，过多的骚扰，圈舍拥挤等应激因素是造成猪发生胃溃疡的重要原因。

患有胃溃疡病的猪一般无临床症状，常于运动、斗架和运输中突然死亡，其直接致死原因是胃溃疡灶大出血。宰后检验时可见胃的食管区有急性或慢性溃疡病变，或在黏膜表面形成黄褐色的硬固干痂，在黏膜下层有多量淡黄色浆液渗出。早期病变（潜在性病变）表现为黏膜角化过度，上皮脱落，但并不形成溃疡。

四、猪咬尾癖

在高密度中饲养，饮水、饲料不足等条件下，常常可以诱发猪的咬尾癖（bite tail syndrome of swine）。发病猪一般对外界刺激反应敏感，防卫性强，并有精神紧张和食欲不振等特征。发病时，猪只一个咬一个，连成一大串。猪只被咬后变成秃尾猪，受伤的猪只易形成化脓灶，从尾椎管向前蔓延，损伤脊髓而使猪死亡。咬尾癖猪对外界刺激敏感，凶恶，食欲不振，发生咬尾的时间多在下午3时左右。据报道，1974年日本一猪场6 700头猪，有咬尾癖猪442头，受害猪3 694头，死亡136头，作为淘汰猪出售的占68.5%。

五、运输病

猪运输病（猪嗜血杆菌病）病原菌主要为猪副嗜血杆菌（*H. parasuis*）和副溶血性嗜血杆菌（*H. parahaemolyticus*）。该病于1910年由Glasser首次报道，故又称格塞尔氏病。同时，本病多因运输疲劳而诱发，因此通常称为运输病。

本病多发生于运输后第3～7天，中度发热（39.5～40℃），食欲不振、倦怠，经数日至1周而痊愈，或恶化而死亡。剖检，其特征性病变为全身浆膜炎，其中以心包炎和胸膜肺炎发病率最高。镜检，肺间质水肿而增宽，有炎性细胞浸润及纤维素渗出。支气管黏膜上皮变性脱落，支气管周围也有炎性细胞浸润和出血。

该病与霉形体性多发性浆膜炎-关节炎在临床上及病理变化上均不易区别，确切诊断有赖于病原菌分离与鉴定。

六、运输热

运输热是指牲畜在长途运输过程中，由于饲料、饮水不足及生活环境的改变造成应激，而且由于拥挤、通风不良等恶劣条件而造成热辐射。

患畜表现呼吸、脉搏加快，体温高达42～43℃，精神沉郁，全身颤抖，有时发生呕吐。动物出现体重减轻、肉质下降。剖检见患畜有大叶性肺炎和肠炎，还可见各种不同程度和不同类型的肌肉病变。

第十一章　各类性状异常肉和劣质肉的检验

第一节　宰后肉质的变化

牲畜屠宰以后，胴体在组织酶和外界微生物的作用下，会发生僵硬、成熟、自溶、腐败等一系列的变化。在僵硬和成熟阶段，肉是新鲜的，自溶现象的出现标志着腐败变质的开始。

一、肉的成熟

屠宰后的牲畜胴体，随着血液和氧气的供应停止，正常代谢中断，此时，肉内糖原的分解是在无氧条件下进行的。糖原无氧分解产生乳酸，致使肉的 pH 下降，经过 24 h 后，肉中糖原量可减少 0.42%，pH 可从 7.2 降至 5.6～6.0。但当乳酸生成到一定水平时，分解糖原的酶类即逐渐失去活力，而另一酶类——无机磷酸化酶的活性大大增强，并始促使三磷酸腺苷（ATP）迅速分解，形成磷酸，因而 pH 可以继续下降直至 5.4。牲畜死后 pH 下降的速率受遗传特性、环境温度以及各种肉类相互混杂放置等影响。一般肉类在 pH 为 5.4～6.7 时即僵硬。肌肉僵硬出现的迟早和持续时间的长短与动物种类、年龄、环境温度、牲畜生前生活状态和屠宰方法有关。通常开始于宰后 8～12 h，经 20 h 后逐渐终止，接着又开始软化。从僵直开始到结束的时间越长，保持新鲜的时间也越长，这期间温度较低，保持时间较长。处于僵硬期的肉，肌纤维粗糙硬固，肉汁变得不透明，有不愉快的气味，食用价值及滋味都较差。

肌肉在进入僵硬阶段时，糖原分解产生的乳酸与 ATP 分解时释放的磷酸，共同形成肉的酸性介质。这种酸性介质不仅能使最初呈中性或微碱性的肉变为酸性反应，同时显著地影响肌肉蛋白质的生物化学性质和胶体结构。肌体蛋白质分子之所以成为亲水胶体，系由于分子表面的多种极性基团对水的亲和性。各种蛋白质的亲水能力不同，而蛋白质的等电点（肌肉蛋白质的等电点一般均偏酸性）对其亲水性也有显著的影响，故在不同 pH 时，蛋白质对水的亲和力也不同。肌肉的含水量大体在 pH 7 时为肌肉本身的容积，pH 6

时为50%，pH 5时为25%。但是解僵开始进入成熟阶段，pH反而提高，这时亲水性又提高了。

宰后放置2～4昼夜的胴体，因为钙离子在酸性介质的影响下，从蛋白质化合物中脱出，并引起部分肌凝蛋白的凝结析出，因而使肌浆中液体部分分离出来，故此种肉的切面水分较多，煮出的肉汤也较透明。此外，酸性介质使肌间粗硬的结缔组织中的主要成分胶原吸水呈明胶化而膨胀软化，不溶性的硬蛋白质开始软化，以及构成肌纤维的肌节中Z线结合松软。结果，使适口性有所改善。加之，适宜的pH使肌纤维细胞器溶酶体中的组织蛋白酶开始发挥作用，缓慢地分解肌肉中蛋白质为小分子肽或氨基酸、核苷酸，这不仅使蛋白质结构松弛，同时赋予肉一种特殊的香味和鲜味。

继僵硬之后，肌肉开始变为酸性反应，组织比较柔软嫩化，具有弹性，切面富有水分，且有愉快香气和滋味，易于煮烂和咀嚼，食用性质改善的肉称为成熟肉。变化过程称为肉的成熟。肉在供食用之前，原则上都需要经过成熟过程来改进其品质，特别是牛肉和羊肉，成熟对提高风味是完全必要的。

肉中糖原含量与成熟过程有密切关系。宰前休息不足或过于疲劳的牲畜，由于肌内糖原消耗多，成熟过程将延缓甚至不出现，从而影响肉的品质。此外，肉的成熟速度和程度也受环境因素的影响。

二、肉的自溶

肉在成熟过程中，主要是糖酵解酶类以及无机磷酸化酶的活性催化作用，而蛋白分解酶的作用几乎完全没有表现出来或者是极其微弱的。但随后或由于肉的保藏不适当，如未经冷却即行冷藏，或者相互堆叠无散热条件，使肉长时间保持较高温度，此时虽然组织深部没有细菌存在，也会引起组织自体分解，这种现象的出现，主要是组织蛋白酶类催化作用的结果。内脏中组织酶较肉丰富，其组织结构也适合于酶类活动，故内脏在存放时比肌肉更易发生自溶。

肉在自溶过程中，虽有种种变化，但主要是蛋白质的分解，除产生多种氨基酸外，还放出硫化氢与硫醇等有不良气味的挥发性物质，但一般没有氨或含量极微。当放出的硫化氢与血红蛋白结合，形成含硫血红蛋白时，能使肌肉和肥膘出现不同程度的暗绿色斑，故肉的自溶也称变黑。此时肌肉松弛，缺乏弹性，无光泽，带酸味，并呈强烈的酸性反应。硫化氢反应阳性。

自溶不同于腐败，自溶过程只分解蛋白质至可溶性氮与氨基酸为止，即分解至某种程度达到平衡状态就不再分解了。自溶是承接或伴随成熟过程发展的，两者之间很难划出界限，同样自溶和腐败之间也无绝对界限。自溶过程的产物，低分子氨基酸是腐败微生物的良好营养物质，在环境适宜时，微生物就可大量繁殖进而导致肉的腐败，因此避免污染和保持肉的清洁十分必要。

当肉因自溶作用已发展到具有强烈的难闻气味并严重发黑时，则不宜销售。如轻度变色、变味，则可将肉切成小块，置于通风处，驱散不良气味，割掉变色部分后，供食用。

三、肉的腐败

肉在成熟和自溶阶段的分解产物为腐败微生物的生长、繁殖提供了良好的营养物质。随着时间推移，微生物大量繁殖，必然导致肉的分解过程更加复杂。这时，蛋白质不仅被分解成氨基酸，而且将由氨基酸的脱氨作用、脱羧作用、分解作用而分解成吲哚、甲基吲哚、酚、腐胺、尸胺、酪胺、组胺、色胺等低级产物，最后生成硫化氢、甲烷、硫醇、氨及二氧化碳等，这就是由微生物作用所引起的腐败过程。

但在肉食品卫生实际工作中所说的腐败，常包括构成肉食品的其他成分（如脂肪甚至糖类等物质），受微生物分解作用，生成各种类型的最低级产物。

腐败过程被认为是肉品变质中最严重的形式，因为腐败分解的生成物，如腐胺、硫化氢、吲哚和甲基吲哚都有强烈的令人厌恶的臭气，胺类还具有很大的生理活性，如酪胺是一种强烈的血管收缩剂，能使血压升高，组胺能引起血管扩张，尸胺、腐胺等胺类化合物，即所谓尸毒在注射到组织中时有毒性作用。

肉类腐败的原因，虽然不是单一的，但主要是微生物。因此，只有被微生物污染，并且在微生物发育繁殖的条件下，腐败过程才能发展。一般微生物污染有两种方式。

屠宰的健康牲畜胴体，本来应该是无菌的，尤其是深部组织，但从解体直到销售，要经过许多环节，接触相当广泛，所以即使设备非常完善，卫生制度相当严格的屠宰厂（场），也不可能保证胴体表面绝对无菌。加工、运输、保藏以至供销的卫生条件越差，细菌污染就越严重，耐藏性就越差。何况肉本身又含有大量的蛋白质、水分和酶类以及一些不稳定物质，故自身极易变质。蛋白质成分又是细菌极好的营养物，如果温度和湿度适宜，非常有利于细菌生长、繁殖。因此，为了防止污染，加强卫生管理就十分重要。及时冷却和冷冻胴体，对延缓细菌生长和抑制细菌活动有一定意义。否则污染的细菌很快生长，并沿着结缔组织、血管周围或骨膜与肌肉间隙等疏松部分向深部扩散，腐败现象必然更加严重和扩大。当然，由于条件的不同，分解仅限于表面，而深层几乎不被波及的情形也是有的。这与宰前健康状况,充分休息与否,以及宰后冷却、成熟过程都有一定关系。

另一种情况是屠畜在宰前就已患病,病原微生物可能在生前即已蔓延于肌肉和内脏,或者牲畜抵抗力十分低下,肠道寄生菌趁机侵入,或者由于疲劳过度使肉的成熟过程进行得很微弱,肉中 pH 没能达到足以抑制细菌生长的程度,所以腐败过程进行得特别迅速。

引起肉腐败的细菌主要是假单胞菌属、小球菌属、梭菌属、变形菌属、芽孢杆菌属,但也可能伴随沙门氏菌和条件致病菌的大量繁殖。随着腐败过程的发展,入侵的细菌种类发生更替。

温度较高时杆菌容易发育,温度较低时球菌容易发育。其侵入肉深部的速度与细菌的种类有关。肉腐败时,细菌数目大量增加,每克腐败肉中所含不同种类的细菌有1亿多。

细菌引起肉类腐败变质,随环境条件、物理和化学因素不同而异。一般在好气状态下,细菌活动主要使肉出现黏质或变色;在厌气状态下,则呈现酸臭、腐败现象。

肉在任何腐败阶段,对人都是有危害的。参与腐败的某些细菌及其毒素和腐败形成的有毒崩解产物,都能引起人的中毒和疾病。此外,由于肉成分的分解,必然使其营养价值显著降低。

第二节 肉新鲜度的检查

肉新鲜度的检查,一般是从感官性状、腐败分解产物的特性和数量以及细菌的污染程度三方面来进行的,只采用单一的方法则很难获得正确的结果。肉的腐败变质是一个渐进性过程,变化又很复杂,同时还受多种因素的影响,因此,只有采取包括感官检查和实验室检查在内的综合检查方法,才能比较客观地对其变质的性质或卫生状况作出全面的判断。

一、感官检查

肉在腐败变质时,由于各组织成分的分解,首先使肉品的感官性状发生令人难以接受的改变,如强烈的臭味、异常色泽、黏液的形成、组织结构的崩解等。人类的感觉器官是相当灵敏的,如肉腐败(蛋白质分解)所产生的微量硫醇和胺类等异臭物质,在一般设备的实验室难以检出,但人们通过嗅觉能明确地感觉到它们的存在。因此,借助于人的嗅觉、视觉、触觉、味觉来鉴定肉的卫生质量,在理论上是有根据的，此法虽然难免主观，但在肉检中是必不可少的，且简单易行，有实用意义。

我国《食品卫生标准》中的鲜猪肉感官指标见表11-1。

表11-1　鲜猪肉感官指标

项目	一级鲜肉	二级鲜肉	变质肉（不得供食用）
色泽	肌肉有光泽、红色均匀，脂肪乳白色	肌肉色稍暗，脂肪缺乏光泽	肌肉无光泽，脂肪灰绿色
黏度	外表微湿，不粘手	外表干燥或粘手，新切面湿润	外表极度干燥或粘手，新切面发黏
弹性	纤维清晰，有坚韧性，指压后的凹陷立即恢复	指压后的凹陷恢复慢，且不能完全恢复	指压后的凹陷不能恢复，留有明显痕迹
气味	具有鲜猪肉固有的气味，无异味	有氨味或酸味	有臭味
肉汤	透明澄清，脂肪团聚于表面	稍有混浊，脂肪呈小粒浮于表面，无鲜味	混浊，有黄色絮状物，脂肪极少浮于表面，有臭味

注：表11-1所列为GB 8—77规定的内容，是1977年发布执行的，以后被GB 2722—81所代替，这个新标准把变质肉一项去掉，仅保留了一级鲜肉、二级鲜肉，并改为一级鲜度、二级鲜度，其内容大致未改变。以后，又被GB 2707—94代替，新标准只保留了一级鲜度。为了使读者掌握各种新鲜度肉的感官性状，本书把原来的标准列出。

值得注意的是，当用感官检查任何腐败变质的肉类时，几乎无例外地总是最先依据其腐败气味而被检出。但腐败气味还不能作为全部肉变质的绝对依据。因此，必要时应采取各种辅助方法以帮助进一步澄清问题。如可把被检肉切成重2～3 g的若干块，放入盛有冷水的烧瓶内，瓶口盖玻璃盖，加水煮沸后把盖揭开，闻其气味，同时注意肉汤的透明度及其表面浮游脂肪的状态。也可以把洁净尖刀先置热水内加温后，迅速刺入肉内，而后拔出嗅察其气味。

二、实验室检查

除了进行感官检查以外，还必须进行实验室检查，才能对肉进行进一步的了解。肉类腐败变质的分解产物极其复杂。多年来许多人曾试图从各方面探索肉类腐败变质的理化检验指标，提出了很多实验室检查方法，但迄今也无确切可靠的结果。目前认为，挥发性盐基氮在肉的变质过程中，能有规律地反映肉品质量鲜度变化，一级鲜肉、二级鲜肉和变质肉之间差异显著，并与感官变化一致，是评定肉品质量鲜度变化的客观指标。我国GB 2707—94规定，鲜猪肉挥发性盐基氮指标为≤20 mg/100 g。pH测定（详见第三部分）、氨反应、硫化氢试验和蛋白沉淀反应，可以为肉品新鲜程度的判定提供参考。

第三节 性状异常肉的检验

一、气味和滋味异常的肉

各种牲畜肉内都存在有不同数量的具有特殊气味的挥发性脂肪酸和其他物质,所以各种牲畜肉具有其独特气味和滋味。肉的气味和滋味异常,在宰后和保藏期间均可发现。引起的原因往往与长期饲喂具有芳香气味的饲料、牲畜的性别、宰前不久投予芳香类药物、体内某些病理因素以及将胴体放置于有气味的环境里有关。

1. 饲料气味和滋味 常见于进食了某些腐烂的块根(萝卜、芜菁、甜菜)、油渣饼、鱼粉、鱼肝油、下脚料、蚕蛹粕以及带浓厚气味的植物(苦艾、独行菜)的牲畜肉。长期喂泔水的猪肉和脂肪也可发出使人厌恶的废水和油毫气味。

2. 性气味 未去势或晚去势(晚阉割和隐睾)的公畜肉,特别是公猪肉、公羊肉,常发出难闻的性气味。这种气味随着去势后时间的延长,而逐渐减轻或消失。性气味可因加热而增加,因此可应用煮沸试验法,或在生产线上应用烙铁烫法鉴定。

3. 药物气味和滋味 宰前不久屠畜灌服或注射具有芳香气味的药物,如醚、氯仿、松节油、克辽林、樟脑、甲酚制剂等,可使肉和脂肪带有药物气味。长期给屠猪饲喂来自含六六六土壤的块根,或者用收割前 2～3 周经六六六杀虫的牧草,都能使肉(尤其是脂肪)带有六六六的气味,甚至在停饲后 2 个月仍能保持这种气味。

4. 病理气味和滋味 屠畜某些病理过程可给肉以特殊气味和滋味。例如:患气肿疽和恶性水肿时,肉常有陈腐的油脂气味;患蜂窝织炎、子宫炎和臌气症时,肉带粪臭味,尤其是膈膜和腹膜最容易察觉到;在损伤性化脓性心包炎和腹膜炎时,肉有粪臭味和氨臭味;患肾脏坏死、慢性肾炎、膀胱炎和尿毒症时,常发出尿味;酮血症时,肉有怪甜味;胃肠道疾患时,肉有腥臭味;砷中毒时,肉有大蒜味。

5. 酸臭 新鲜片猪肉由于冷凉条件不好,如挂得过密或堆叠放置,胴体间空气不流通,肉内部温度不易散发,致使肉不能很快冷却,而引起自体溶解,发生肉的酸臭性发酵。尤其在夏天,由于天气炎热,气温高,早晨宰杀的猪肉,如冷凉不好,不到中午就发生所谓“热夹气”,肉滑腻,色灰红或微灰绿,弹性有些降低,带酸臭。这种肉氨的定性试验呈阴性反应,硫化氢试验为阳性,肉汁呈强酸性反应(pH 5.4～5.6)。

6. 氨臭 肉发生氨臭,原因有下述几种:①宰后片猪肉或分割肉未经充分冷凉而立即堆叠,导致自体溶解,蛋白质分解产生氨气且肉色变黑;②在腐败细菌的作用下，肉蛋白质分解产生氨气；③肉品从外界污染氨臭，如冷藏库的冷气管道跑气或为醋酸铵等化肥污染。

7. 附加气味　当肉品置于具有特殊气味（如油漆、消毒药物、烂水果、鱼虾、氨味等）的环境里（容器、保藏室、运输车厢），或冷库中具不同气味的产品混放，会给肉以异常的附加气味。

处理：肉品在排除其他禁忌症候的情况下，先行通风驱散 24 h，然后进行煮沸试验。如煮沸样品仍有不良气味时，则不宜新鲜食用，应作复制加工或化制。如仅胴体的个别部位或脏器带有不良气味时，则局部废弃，其余部分食用。

二、色泽异常的肉

1. 黄脂和黄疸　见第十章。

2. 红膘和红皮　红膘是由于充血、出血或血红素浸润所致，仅见于猪的皮下脂肪，一般认为与感染猪丹毒、猪肺疫和猪副伤寒，或者背部受到冷热空气和机械刺激有关，或者因剧烈腹泻使机体脱水。除皮下脂肪发红外，有时也有皮肤同时发红者。在这种情况下，应仔细检查内脏和主要淋巴结。红皮是指宰后猪胴体的皮肤发红，弥漫性红染。多见于放血后未断气即浸烫的猪，以及暴晒、应激，也见于长途运输后未经充分休息而立即屠宰的猪。

处理：当内脏和淋巴结有典型病变时，应结合疾病综合判断处理。如内脏和淋巴结没有病变或病变不明显时，将胴体和内脏进行高温处理。

3. 肉色变黑　肉色变黑主要有两种情况。

(1)黑色素沉着　见第十章。

(2)厌氧性腐败变黑　由于在不合理的条件下保藏和运输鲜肉，压得紧而不通气，致使肉长时间不能冷却，肉里组织蛋白酶和腐败性细菌活动，以致肉蛋白质发生剧烈分解，结果肉腐败发黑，并产生强烈氨臭。

处理：化制。

4. 白肌肉　见第十章。

三、消瘦和羸瘦的肉

虽然脂肪减少和肌肉萎缩是机体消瘦和羸瘦的共同特点，但其发生的原因则完全不同，卫生状态也有区别。

所谓羸瘦是指机体明显瘦小，但外表看来健康，没有明显的代谢障碍症状；皮下、体腔和肌间脂肪锐减或消失，肌肉组织萎缩，但器官和组织中不能发现任何病理变化。其发生是由于饲料不足或饲养不合理而引起严重消耗的结果，且往往与牲畜的老年有关。

消瘦则不然，其发生总是与某种病理过程有关。消瘦时，虽然同样见到脂肪减少和肌肉萎缩，但经常伴发其他变化。例如由急性发热病引起的快速消瘦，实质器官肿胀、变性，脂肪组织发红，结构改变，以及充血、出血等；慢性消耗性疾病引起的严重消瘦时，肌肉色泽变淡、松弛、多水、无弹性，淋巴结肿大、多汁，肝、脾萎缩，皮下和肌间组织浆液浸润，脂肪沉积部位呈胶样水肿，骨髓呈胶样或红色半液化状态，且不充满骨髓腔。

当牲畜长期饥饿而严重羸瘦时，由于机体的抗病能力降低，体内可能出现消瘦时的某些病理变化（肌肉高度萎缩，纵隔及脂肪组织呈饥饿性胶冻样水肿）并往往招致沙门氏菌的继发感染。因此，严重羸瘦的牲畜的肉，应注意鉴别和进行细菌学检查。

处理：消瘦肉，依原因不同分别处理。

第四节　其他劣质肉的检验

一、病死猪肉的检验

急宰、死宰和物理性致死猪肉的鉴别是病死猪肉检验的主要内容。病猪垂危时实行的紧急屠宰称“急宰”，其肉意味着病猪肉；动物死后施行放血称“死宰”（亦称冷宰），此肉则为死猪肉；而由于摔、压、勒、溺水、触电等物理性因素引起动物死亡的称物理性致死（亦称横死）。

急宰、死宰和物理性致死的畜肉与正常屠宰的健康畜肉，可以从下列方面进行鉴别。

1. 放血程度　急宰、死宰或物理性致死的畜肉和内脏均有放血不良的特征，表现组织和内脏的色调深暗，鲜红至黑红色，肋间与肠系膜血管充盈显露，全身脂肪轻度发红，表面呈黏腻粗糙感，肉切面潮湿，血管断裂，尤其是皮下血管的断端常有血珠渗出，剥皮的肉类，皮下脂肪的表面有较多的小血珠渗出，将滤纸条插入肉的切口，可见血液超出插入部分 5 mm 以上。肝、脾、肺、肾等实质脏器均严重淤血，切面有多量血液流出。肺、肾等双侧性器官常因死后血液坠积而出现一侧严重淤血，呈蓝紫色或黑红色，这种肺脏一般不伴有肺水肿。淋巴结肿胀、出血，呈玫瑰红色或紫红色，有时在颈部或臀部可发现流血痕迹。上述变化以死宰的表现最为明显，有不同程度失血的物理性致死最轻微。

胴体放血程度的检测：取肉屑 6 g，加水 14 mL，混合后静置 15 min。弃去沉淀,用吸管(每毫升流出 40 滴的吸管)吸取 0.7 mL 于一凝集管中,加 1 滴酸性孔雀绿试剂,混合后再加入 1 滴 1%过氧化氢,混合摇晃,直至稍有泡沫为止,然后静置 20 min。液体清亮呈蓝色者表示放血完全,液体浑浊呈绿色者显示放血中等程度,液体浑浊呈橄榄绿色者表示放血不良。

2. 放血口状态　健畜宰后,其放血口和开膛口常因肌僵而使切面外翻,皮下脂肪切面呈颗粒状凹凸不平,放血口处组织被血红染深达 0.5~1 mm;急宰或死宰病畜的胴体,其放血口切面和开膛刀口均平整而不外翻,放血口无血液浸染。

3. 物理性致死的胴体　常可查见致死的痕迹,如压痕、勒痕和皮肤破损,局部有淤血、出血及渗出的变化。但需注意区别生前骨折和死后断骨,主要看局部有无血肿和肌肉撕裂,有血肿为生前骨折,没有的为死后断骨。

4. 查找注射痕迹　曾经治疗后而死亡的病猪,往往在头颈部、臀部肌肉中有注射痕迹存在。

5. 微生物学检查　健畜宰后一般查不到特异性病原菌,对怀疑是急宰或是死宰的畜体,可采集肝、脾及淋巴结制成涂片,进行革兰氏染色镜检。必要时可作细菌培养,在畜肉中不许有炭疽杆菌、结核杆菌、布鲁氏菌、土拉伦斯杆菌、沙门氏菌、腐败梭菌、魏氏梭菌、产气荚膜杆菌以及其他致病菌存在。

6. 生化学检查　死畜肉 pH 在 6.6 以上,联苯胺反应呈阴性。新鲜状态的肉含有过氧化物酶,可使过氧化氢释放出新生态氧,将联苯胺氧化,而肉浸出液呈蓝绿色。阴性者不显色,缺乏过氧化物酶,肉已腐败。

二、公母猪肉的鉴别

1. 看皮肤　淘汰公母猪的皮肤一般都比较厚而粗糙,松弛而缺乏弹性,多皱襞,且皮肤较厚,毛孔粗。

2. 看皮下脂肪　公母猪的皮肤脂肪很少,且含有较多的白色疏松结缔组织,肉脂硬,尤以公猪的背脂明显。

3. 看乳房　公猪最后一对乳房多半并在一起,母猪的乳房有较明显的乳池,乳房及乳头的大小不一(这是由于哺乳不均匀造成的),乳头皮肤粗糙,乳孔明显,乳房部乳腺虽然已萎缩,但有丰富的结缔组织填充,有时尚未完全干乳,故切开时可流出黄白色的乳汁。

4. 看肌肉特征　一般来说,公母猪的肉,其色泽较深,呈深红色,肌纤维粗糙,年老公猪肩胛骨上面有一卵圆形的软骨面,通常已被钙化。

5. 嗅性气味　公猪一般有严重的性气味,经烧煮后尤为明显。

6. 寻找生殖器官残迹和阉割疤　仔细检查,有时还可见阴囊被切除的痕迹,阴茎根常出现于胴体的一侧，球海绵肌发达强大，母猪则可见子宫韧带的固着痕迹，有时还可见睾丸或卵巢等生殖腺残留，特别是隐睾猪，此种情况尤为多见。

如果是淘汰的公母猪经阉割催肥后出售，公猪在阴囊部位可见较大而明显并不很成熟的阉割的疤痕，阴茎萎缩不明显，仍较粗壮，若已预先摘除，则仍可见发达的阴茎退缩肌和球海绵肌；而母猪则可在腹侧发现较大的阉割疤，胴体的尾下切口很大，因为阴户及肛门往往已被摘除。

7.看腹直肌　母猪的腹直肌往往筋膜化，公猪的腹直肌特别发达。据民间经验，烧煮后皮切口外翻者为母猪肉，皮切口内卷者为公猪肉。

三、注水肉的检验

不法商贩为了赚钱的目的而往肉中注水，严重损害了消费者的利益。注水肉感官性状不良，对这类肉的检验以感官检查为主。

1.感官检查

(1)外观　注水肉不具有正常猪肉的鲜红色、弹性及光泽，而且呈粉红色、湿润，肌纤维肿胀。在加工过程中，可见注水肉粘刀，未注水肉表面形成干膜，不易粘刀。

(2)皮下脂肪及板油　正常猪肉的皮下脂肪和板油质地洁白，而注水肉的皮下脂肪和板油轻度充血、呈粉红色，新鲜肉切面的小血管有血液流出。

(3)心脏　正常猪心冠脂肪洁白，而注水猪的心冠脂肪充血，血管怒张，有时在心尖部可找寻到注水口，心脏切面可见心肌纤维肿胀，挤压有水流出。

(4)肝脏　注水肝脏严重淤血、肿胀，边缘增厚，呈暗褐色，切面有鲜红色的水流出。

(5)肺脏　明显肿胀，表面光滑、呈浅红色，切面有大量淡红色的水流出。

(6)肾脏　肿胀、淤血，呈暗红色，切面可见肾乳头呈深紫红色。

(7)胃肠　胃肠黏膜充血，呈砖红色，胃肠壁增厚。

2.纸黏附试验

(1)燃纸试验　将卷烟纸贴在待检的可疑肉的断面，过少许时间揭下，然后用火点燃。如果出现明火说明纸上有油，肉未注水；如果没有明火，说明纸上有水，则有注水之嫌。

(2)纸张吸水试验　将卫生纸剪成 4 cm×6 cm 的小纸片，贴附于待检样品(肉或脏器)的新切面上。首先观察吸水速度的快慢，再观察黏着度和纸张拉力的大小。注水肉的吸水速度快，纸一接触肉便被湿透，黏着度和拉力均小，未注水肉则相反。以上检验没有明确量的概念，要凭检验者的经验进行判断。

处理：注水肉应销毁。

第十二章 猪各类疫病的检验

第一节 常见人畜共患传染病的检验

一、炭疽

炭疽是由炭疽杆菌引起的呈散发性或地方流行性的人畜共患病，以牛、羊、马等草食动物最易感，且多呈急性败血症的临床表现和病理变化；猪有一定抵抗力，败血性病例罕见，多呈慢性局部性炭疽，猪亚急性病例主要表现为咽喉部急性肿胀，而慢性炭疽多在宰后检验发现；人患病表现为局部炭疽、肺炭疽和胃肠炭疽，严重时也可引起败血症，分别因为接触、吸入和摄食了含有炭疽杆菌的媒介物和肉食而引起。

（一）宰后鉴定

猪慢性局部性炭疽主要见于淋巴结，有时见于肠系膜淋巴结，十二指肠及空肠的前段（肠炭疽）。肺炭疽和败血症炭疽罕见。

淋巴结的典型变化是肿大数倍，切面干燥，脆而硬，呈一定的砖红色，有数量不等的黑红色或者淡灰黄色的小坏死灶，淋巴结周围有淡红黄色的胶样浸润。如果感染时间较短，淋巴结略肿大，切面呈粉红色（或黑红色），有凹陷的小坏死灶，淋巴结周围水肿或者是黄色胶样浸润。如果感染时间较长，病灶陈旧时，淋巴结中等程度肿大，切面呈淡灰色或淡红色，坏死灶不明显，包膜增厚，周围胶样浸润减少，有的淋巴结有小化脓灶。

颌下淋巴结发生炭疽病变时，扁桃体也同时发生炎性肿胀，表面有红色出血性病灶，其断面为楔状，间有灰色坏死灶或化脓灶。如果在检验肠系膜淋巴结出现可疑病变时，应检查其相应的肠壁，多有出血性坏死性病变或溃疡。

猪肺炭疽多见于肺膈叶，有大小不一的实变区，色暗红，切面微密，周围肺组织常有水肿，间质增宽。支气管淋巴结和纵隔淋巴结出血肿大，周围有胶样浸润。

猪败血型炭疽其败血症的病理变化，不如牛、羊病例典型，常见多数淋巴结肿大出血，咽喉水肿，扁桃体坏死，脾脏肿大等。

(二)处理建议

(1)猪宰后发现可疑炭疽后,应立即停止生产,封锁现场,接触病猪的生产人员,禁止到处走动,以免扩大污染。由检验人员割取部分病变装入玻璃或搪瓷容器内,送化验室首先触片镜检,然后再作细菌培养和动物接种试验等。如果触片镜检发现具有荚膜的竹节状大杆菌时,即可作为炭疽处理,立即将胴体、内脏及一切副产品,用密闭容器送去销毁。现场和工具彻底消毒、洗刷、清扫后恢复生产。

(2)凡被炭疽污染的胴体、内脏及副产品,必须在 6 h 内作高温处理后利用。超过 6 h 的应作化制或销毁。毛、血、骨等都化制或销毁。

(3)镜检不能确诊的,应进行细菌培养、动物接种或沉淀反应,确诊后按上述方法处理。在确诊前应将胴体、内脏暂放在特定的隔离冷藏室内,待确诊后再处理。

(4)对有关人员使用的工具和衣着应换下进行彻底消毒,更换工作衣、靴和用具后再进行工作。

二、结核病

结核病是由结核分枝杆菌群引起的人畜共患的慢性消耗性传染病。其病理特征是在机体组织中形成结核性肉芽肿和干酪样坏死灶,以及在坏死灶内形成钙化灶。本病除人外,多发生于牛,尤其是奶牛,其次是猪和鸡,其他少见。

结核分枝杆菌群根据其形态和主要宿主不同分为三个生物型:人型菌,主要侵害人,在肉用畜中也见于牛和猪;牛型菌,主要侵害各种牛,人也较敏感,偶尔见于猪;禽型菌,主要侵害禽类,其中最常见于鸡,有时也见于猪和牛。

(一)宰后鉴定

各种动物的结核结节基本相似,单个结节大小如针头大至粟粒大,也可继续增长变大,或者相互融合成外形和大小不一的结核病变,其中心区发生黄色的干酪样坏死,最后发生钙化。结核病变可以发生在任何组织器官,如牛多见于肺脏、胸膜、支气管和纵隔淋巴结、乳房和乳房淋巴结,猪多见于头颈部和肠系膜淋巴结,肝和脾也比牛多见。

1. 淋巴结核　一般以颌下淋巴结、颈深淋巴结、支气管淋巴结、肠系膜淋巴结以及肝、脾、胃的淋巴结最多见。淋巴结病变常与相应器官的病变一致。病变轻者,淋巴结体积稍肿大,切面仅见有针头大或粟粒大浑浊、灰黄色病灶。重症者病灶增大数倍至数十倍,被膜增厚、粗糙,切面可见大小不等的结核结节与增生的灰白色淋巴组织交织,致使切面呈现灰白色和淡黄色斑纹。

2. 肺结核　猪的肺结核并不多见,在淘汰公、母猪中有时能检出。眼观肺实质内有散在稠密的粟粒性或大灶性结核结节，稍隆突，使肺呈凹凸不平的外观。猪结核可由人型、牛型或禽型结核分枝杆菌引起。由牛型结核分枝杆菌所形成结节病变多半散在，周围有良好的结缔组织包膜形成，结节中心发生干酪样坏死，且钙化明显；由禽型结核分枝杆菌所引起的结节病变，是由上皮样细胞和多核巨细胞组成的弥漫性增生，包膜形成不明显，通常不见干酪样坏死。猪患肺结核时，肺胸膜粗糙增厚，有的与肋胸膜粘连。陈旧的结节与周围组织分界明显，新鲜的结节周围有红晕。

3.肝脾结核　在被膜表面或切面上可见散在的或密布的灰白色结节，结节一般呈圆形，坚硬，针头大至豌豆大，其中心多发生干酪样坏死和钙化，外围有结缔组织包囊。

由于结核病灶可以出现在任何组织器官，因此在宰后检验中，如果发现一处有结核病灶，应扩大检验范围，以明确是局部结核还是全身性结核。

(二)处理建议

(1)多数组织器官有结核结节或结核病灶，同时屠畜胴体消瘦的(全身脂肪消失、肌肉松弛，有胶样浸润)，其胴体及内脏作化制或销毁。

(2)多数组织器官有结核结节或结核病灶，但胴体不消瘦的，将病变部分及其邻近组织彻底切除作化制或销毁，其余部分经高温处理后出厂。

(3)少数淋巴结有结核病变而胴体无变化的，切除整个淋巴结及其周围组织作化制或销毁，其余部分不受限制出厂。前后躯不同部位的体表淋巴结同时出现结核病变的，切除病变淋巴结及其周围组织作化制或销毁，其余部分高温处理后出厂。

(4)肋胸膜和腹膜发生结核病变而胴体不消瘦的，将病变的浆膜及其邻近组织彻底切除化制或销毁，其余部分高温处理后出厂。如果结核病变蔓延至邻近组织器官，且胴体明显消瘦的，其胴体与内脏全部作化制或销毁。

(5)内脏或内脏所属的淋巴结有结核病变时，可将该内脏彻底作化制或销毁，其余部分可不受限制出厂。

(6)患骨结核的，将全身骨骼剔出作工业用或销毁，胴体和内脏经高温处理后出厂。

三、布鲁氏菌病

布鲁氏菌病是由布鲁氏菌引起的人畜共患的地方性慢性传染病。在家畜中，以羊、牛、猪最易感。人与病畜或带菌动物及流产物接触，食用未经消毒的病畜肉、乳及乳制品等均能感染。本病可引起动物流产、睾丸炎、腱鞘炎和关节炎等，其病理变化是一些组织器官发生局部的增生性炎和坏死性病变。人患病的临床表现为波型热，全身不适，盗汗，关节炎和睾丸炎等。布鲁氏菌根据其主要侵害的宿主不同有6个型，但危害人畜健康的主要是羊、牛、猪三型，各对其相应的宿主致病力最强，对人致病力最强的是羊布鲁氏菌。

(一)宰后鉴定

家畜在患布鲁氏菌病后，其病理变化基本一致，具有本病的特异性，但这些变化比较细微，其变化往往在组织学上才能见到，肉眼观察较困难，且易与其他疾病的病理变化相混淆，因此，宰后检验中发现的可疑病变仅能作为参考。

母猪表现为阴道炎和化脓性子宫内膜炎，子宫黏膜深部有较多高粱粒大，黄白色结节，并高出于子宫黏膜表面。公猪可见睾丸高度肿大，切开后有化脓性或坏死性炎，有的睾丸有钙化灶，睾丸萎缩。还有的表现为化脓性关节炎和骨髓炎。肥育猪发病很少。

对上述病变必要时应作细菌学和血清学诊断。

(二)处理建议

(1)确诊为布鲁氏菌病畜的胴体、内脏应销毁。毛皮盐渍60 d后出厂。

(2)宰前血清学或变态反应诊断为阳性，而无临床症状，宰后检验也无病变的屠畜，其生殖器官与乳房作化制或销毁，胴体和其他内脏不受限制出厂。

(3)布鲁氏菌在人畜之间易于传播，可以通过完整的皮肤和黏膜侵入体内而致病，因此在接触病畜及其产品时，应加强个人防护，注意手臂和环境的消毒。

四、猪丹毒

猪丹毒是由猪丹毒杆菌引起的一种猪的常见传染病。其特征是急性者表现为败血症；亚急性者皮肤上有特殊的疹块；慢性者表现为非化脓性关节炎和增生性心内膜炎。其他动物也有感染发病的报道。人感染多数是因为外伤(包括微小的外伤)时，接触病猪或病肉而发病，主要表现全身不适，局部和相应的淋巴结(管)肿大疼痛。人感染本病称为类丹毒。

猪丹毒杆菌在非芽孢细菌中是对外界环境抵抗力较强的细菌之一，广泛存在于土壤和健康猪的消化道内。夏季发病较多，对人、猪造成较大危害。

(一)宰后鉴定

宰后检验时，应注意其不同临床类型差异较大。

败血型：烫毛后可见耳根、颈部、前胸、腹壁、鼠蹊和四肢内侧等部位，出现不规则的淡红色充血区，有的可互相融合在一起，略高于正常皮肤，即猪丹毒性红斑；也有的整个皮肤呈现弥漫性发红，俗称“大红袍”。在发现皮肤有上述病变时，应同时检查内部组织器官。

皮下脂肪轻度发红，全身淋巴结急性肿大，呈红或紫红色，切面多汁，往往带有小出血点。脾脏充血，显著肿大，呈樱桃红色，被膜紧张，边缘钝圆，切面外翻，结构模糊不清。心脏松软扩大，心肌变性，色彩不均，心冠状沟和心耳有出血点，心冠脂肪充血发红。肾脏明显淤血水肿，呈暗红色，有的表现不均匀的云雾状出血，触摸质地变软，其表面有小出血点，肾小球充血。胃和十二指肠黏膜有出血性卡他性炎症，黏膜肿胀发红，有出血点，表面有多量的红色黏液，以胃底部和幽门圆枕最明显。肺脏有明显的淤血水肿，胸腔液体增多且浑浊。

疹块型（亚急性型）：通常由颈部至尾根部较厚的皮肤上出现大小不等、多少不一的菱形、方形或圆形疹块，触摸较硬，略高于周围皮肤，并有明显界限。疹块颜色，有的发红，有的发紫，有的边缘发紫、中央发红或发白。有的疹块相互重叠在一起。另外，有的疹块型病例痊愈后，疹块部分坏死结痂脱落，留下灰色疤痕。其内脏的病变基本上与败血症相似，但较轻微，有的甚至肉眼观察不明显。

慢性型：主要表现疣状心内膜炎和关节炎。心脏剖检时，多见二尖瓣（有时也可见于三尖瓣、主动脉瓣和肺动脉瓣）上，面向血流，有灰白色的菜花状赘生物，大小不等，大的几乎充满房室孔，瓣膜增厚变形，剥去赘生物，瓣膜留有一个浅平的溃疡面。切开腕关节或跗关节的肿胀部分，有黄色浆液流出，其中常混有白色絮状物，滑膜面粗糙，病程长者因组织增生，引起关节愈着和变形。

（二）处理建议

（1）凡急性猪丹毒胴体和内脏有显著病变，其胴体和内脏作化制或销毁。

（2）慢性猪丹毒胴体和内脏病变较轻微，切除病变部分销毁，其胴体和内脏于24 h内经高温处理后出厂；超过24 h者，其胴体应延长处理时间0.5 h，内脏作化制处理或销毁。

（3）病愈者应将皮肤上残留的灰黑色疤痕切除，其余不受限制出厂。

五、口蹄疫

口蹄疫是由口蹄疫病毒引起的偶蹄动物的急性热性接触性传染病。在屠畜中可见于牛、羊、猪，人因接触患病动物或其产品也可以感染患病。动物主要临床特征是口腔黏膜、蹄部和乳房等处的皮肤上发生特征性水疱或烂斑。

本病由于易感动物种类多，传播快，发病率高，因此具有大流行的特点。本病死亡率低，多呈良性经过，水疱形成后病毒从血液中逐渐消失。同时病毒具有多个血清型，目前在世界范围内有7个主型（A、O、C、南非Ⅰ、Ⅱ、Ⅲ和亚洲Ⅰ型）和65个亚型，7个主型之间无交互免疫和血清学反应，这给诊断和防制本病带来一定的困难，严重影响了畜牧业发展和肉类食品卫生。因此，口蹄疫被各国确定为法定控制的传染病之一。

（一）宰后鉴定

猪口蹄疫初期症状不明显，放血后首先应检查蹄部（蹄冠、蹄底和蹄间沟）、吻突、口腔周围和乳房皮肤有无水疱或者糜烂斑（有时还残留一些破溃后的水疱皮）。蹄部的水疱破溃后常伴随化脓。水疱大小不等，小者豆粒大，大者如乒乓球，完整的水疱较少，多数已破溃。猪患病时，胃和食道是否有病变未见报道。如果患恶性口蹄疫时，病毒侵害心脏，可引起心肌的变性和坏死，检查心肌时可见切面有灰白色和黄色相间的斑纹，形成所谓的“虎斑心”。

（二）处理建议

（1）在猪群中发现可疑口蹄疫时，应封锁现场，报告疫情，并注意与猪传染性水疱病（只感染猪）相区别。必要时采水疱皮或水疱液送化验室检验。确诊后猪群全部扑杀、销毁，病猪停留的场所和污染的工具立即进行消毒。宰后发现本病时其胴体、内脏和副产品立即销毁。

（2）病猪的同群猪或可疑被污染的胴体、内脏和副产品应经高温处理后出厂。

（3）屠宰车间、工具和衣物等都应彻底消毒。同病畜及其产品接触过的人员应加强个人防护，注意卫生消毒，因为人也可以感染本病。

六、钩端螺旋体病

钩端螺旋体病是由钩端螺旋体引起的人畜共患自然疫源性传染病。很多野生动物和家畜都是其重要宿主，其中以鼠类和猪带菌情况最多。人可以因接触死畜及其产品而感染，但多数是因接触被病畜粪尿污染的水源而发病。急性者有短期发热、贫血、黄疸、出血、血红蛋白尿、流产、黏膜和皮肤坏死等。但多数是隐性感染，猪多表现为慢性间质性肾炎。

钩端螺旋体是介于细菌和原生动物之间的一类螺旋状的微生物，具有较多的血清型，猪的钩端螺旋体病主要由波摩那型、犬型、出血黄疸型和猪型钩端螺旋体引起，其中以波摩那型最多，成年肥猪感染后多无明显症状。

（一）宰后鉴定

猪钩端螺旋体病根据宰后检验病变不同分为黄疸型和非黄疸型。

黄疸型：多为急性或亚急性经过。皮肤、浆膜、黏膜、皮下组织、各内脏器官周围的脂肪和关节囊均表现为明显的淡黄色或深黄色，并有油脂样的光泽。心包腔、胸腔和腹腔留有数量不等的淡茶色液体，有的澄清，有的浑浊。

肝脏轻度肿大，质脆，呈黄棕色、黄褐色或泥黄色，肝包膜下有粟粒大至黄豆大的丛状密集的出血性病灶，稍突出于肝脏表面。切面有不规则的出血性浸润区，肝小叶上有黄绿色胆汁郁积小点。肝门淋巴结显著肿大。

肾脏淤血肿大发黄，肾盂黏膜黄染明显。膀胱显著膨胀，有深黄色尿液潴留，尿液内常混有黄绿色胶样凝固的小块状物。取尿液沉淀物暗视野显微镜检查，可发现螺旋状的病原体。

非黄疸型：全身黄疸不明显，病变主要见于肾脏，表现为间质性肾炎。可见肾脏表面有许多大小不等的圆形灰白斑块（直径 1～10 mm），稍突起，切面呈楔状，尖端多伸入髓质。也有的肾脏体积变小，质地变硬，表面凹凸不平。肾包膜往往与肾表面粘连不易剥离。切面皮质部变狭窄，与髓质界限模糊。

（二）处理建议

（1）确系本病的胴体，但无黄疸和其他退行性病变时，可切成小于 1 kg 的肉块，煮沸 2 h 后方可利用；无明显病变的内脏与胴体同样处理。但包括肝脏在内的消化器官和排泄器官必须销毁。

（2）有黄疸和其他退行性病变时或者胴体消瘦的，胴体和全部内脏应作销毁。

（3）剥下的皮张应彻底消毒后送皮革厂。

（4）在屠宰加工病猪，或者在处理被尿液污染的杂物时，应注意个人防护。

七、沙门氏菌病

沙门氏菌病是由沙门氏菌所引起的急性传染病。沙门氏菌有 2 000 多个血清型，可以引起人、畜、禽和野生动物的不同形式的疾病。通常所指的沙门氏菌病是指非伤寒性沙门氏菌（动物适应性和非适应性沙门氏菌）引起的某种动物的特殊疾病（如猪副伤寒、禽白痢等）和人的食物中毒。传染源除了病畜以外，人、畜的健康带菌也不容忽视。人类的食物中毒多因肉类食品带菌、交叉污染和对病肉检验及处理不当而引起。

猪沙门氏菌病，又称猪副伤寒，是由猪副伤寒沙门氏菌和猪霍乱沙门氏菌引起的，污染肉食品可引起人的胃肠炎。仔猪患病多呈急性败血型；慢性型消瘦贫血，长期腹泻，粪便恶臭。

（一）宰后鉴定

1.急性型　主要呈败血症的变化。耳、后躯及腹下部皮肤有紫斑。脾脏肿大，呈紫红色，全身淋巴结，尤其是肠系膜淋巴结充血、肿胀。全身浆膜、黏膜有点状出血。胃肠道黏膜呈现卡他性炎症。肝脏淤血肿大，包膜下和切面上有针尖大至粟粒大黄色或灰白色坏死灶。

2.慢性型　主要是肠炎病变，多见于盲肠、回肠和结肠，其典型的病变为散在的或者融合成片状的溃疡,表面覆盖纤维性坏死性假膜,称为糠麸样坏死。脾脏肿大,肠系膜淋巴结髓样肿胀及坏死,肺脏有点状出血或纤维素性炎症。肝脏淤血变性,表面和切面有坏死灶。

(二)处理建议

(1)血液和内脏作销毁。

(2)胴体无病变或病变轻微时,高温处理后出厂。

(3)肌肉有显著病变时,销毁。

八、李氏杆菌病

李氏杆菌病是由单核细胞增多症李氏杆菌引起的一种散发性人畜共患传染病。家畜主要表现脑膜炎、败血症和孕畜流产;家禽和啮齿动物则表现为坏死性肝炎和心肌炎;有的还出现单核细胞增多症;人主要表现为脑膜炎,且可以垂直传播,引起胎儿死亡。

猪患病一般体温正常,有神经症状,病初运动失常,作转圈运动,或者无目的地行走,有的肌肉强直,有时倒地呈游泳状,有的后肢麻痹。仔猪多呈败血症。本病发病率低,但死亡率高。一般经 1～4 d 衰竭死亡,病程长的可达 7～9 d。

(一)宰后鉴定

剖检时通常缺乏特殊的肉眼变化,有神经症状的病例,可能见到脑膜和脑充血及水肿,脑脊髓液增多,稍浑浊,有时脑髓可出现软化灶。在败血症时,可见肝、脾和心肌有小点坏死及皮下组织黄染。确诊应通过细菌学和组织学检查,以便与其他原因引起的脑炎相区别。

(二)处理建议

胴体、头、蹄和内脏全部销毁。

第二节 常见猪传染病的检验

一、猪巴氏杆菌病

巴氏杆菌病主要是由多杀性巴氏杆菌引起的多种畜禽和野生动物的传染病的总称。由于急性病例以出血和败血症为主要特征,也称为"出败"。禽患病称为禽霍乱;猪患病称猪肺疫。人也可以感染,表现为局部炎症,多因动物咬伤或抓伤而引起。

巴氏杆菌是一种重要的条件性致病菌,广泛存在于各种动物的上呼吸道黏膜。猪发病多因长途运输、气候变化、饲养条件改变和过度拥挤等不良条件的影响下，机体抵抗力下降，呼吸道的巴氏杆菌大量繁殖，毒力增强，而引起了内源性感染。病猪排出强毒性病原体，感染其他猪，则成为外源性感染。

猪巴氏杆菌病（猪肺疫）常呈散发性或地方性流行性，也可继发于其他传染病，如猪瘟、猪气喘病等。最急性型呈急性败血症，突然死亡，或者表现为急性喉头炎症状，颈部组织高度炎性水肿，呼吸极端困难，多因窒息而死。急性型主要呈现纤维素性胸膜肺炎症状。慢性型主要表现为慢性肺炎和慢性胃肠炎，持续性咳嗽和呼吸困难，长期下痢。

（一）宰后鉴定

1. 最急性型　颈部皮肤红肿，咽喉部及其周围组织发生急性出血性浆液性炎，切开后流出大量淡黄红色略透明的水肿液，或者有淡黄色的胶样浸润。喉头黏膜充血肿胀，声门狭窄，全身淋巴结有不同程度的浆液性出血性炎症，以颌下、咽背淋巴结最为严重，甚至发生坏死和化脓。全身黏膜、浆膜腔内有多量的浆液性纤维素性渗出物。胃肠黏膜有卡他性炎症。实质器官发生不同程度的变性，但脾无肉眼可见的病变。

2. 急性型　除浆膜、黏膜、脾和淋巴结有出血性病变外，其典型的病变是纤维素性胸膜肺炎，肺脏有大小不等的肝变区，其切面呈暗红色或灰红色，肝变区中央常有坏死灶，小叶间质增宽，肺胸膜和肋胸膜粗糙增厚，常存在纤维素性附着物。胸腔积液，浑浊。心包囊也有浆液性纤维素性炎症。

3. 慢性型　病猪消瘦，肺组织有较大的肝变区，有的甚至坏死和化脓。胸膜粗糙，有的甚至与心包膜相互粘连。支气管淋巴结肿大，切面有坏死灶。

（二）处理建议

（1）胴体和内脏有显著病变者，连同其血液，均作化制或销毁。

（2）病变轻微的胴体和内脏高温处理后出厂，血液作化制或销毁。

（3）病变见于肺脏，肺脏销毁，其胴体和内脏高温处理后出厂。

（4）皮张消毒后出厂。

二、猪瘟

猪瘟是由猪瘟病毒引起的一种急性、高度接触传染性疾病。急性型呈败血症变化。慢性型以纤维素性坏死性肠炎为特征。病猪几乎全部死亡。

猪瘟病毒对人和其他动物均无致病性。但猪在发病过程中，常有猪霍乱沙门氏菌、猪副伤寒沙门氏菌、巴氏杆菌的继发性感染，未适当处理的病猪肉及副产品，不但能传播疫病，还能引起人的细菌性食物中毒。

多年来，由于对猪瘟实行计划免疫，已基本上控制了该病的流行，少数散发型病例多是由于免疫失败而造成的。病猪体温升高，呈稽留热型，精神沉郁，全身发抖，后肢无力。大便稀薄，常混有黏液和血液。有脓性结膜炎。病猪的下腹、腋下、尾根和四肢等部位的皮肤出现由红色到紫红色的出血点。慢性者消瘦，便秘和下痢交替发生。

（一）宰后鉴定

1. 急性型

（1）颈部、腹部、股内、腋下、尾根和四肢皮肤，有暗红色或紫红色小点出血，有时会融合成出血斑。

（2）喉头黏膜（尤其是会厌软骨的口腔面）有大小不等、形状不一的紫红色出血斑点。肺充血，有时伴有水肿，间质增宽，肺表面有玫瑰红色或暗红色的斑点。

（3）脾脏不肿大，有时脾边缘有暗红色的出血性梗死，约为黄豆大，略隆起，切面呈楔状。

（4）心脏内膜和外膜有出血点或斑，以冠状沟和乳头肌处最明显，心耳往往有弥漫性出血点。

（5）肾脏颜色明显变淡（贫血），表面有数量不等的大头针头大的紫红色的圆形出血点，切面皮质部、髓质部和肾盂黏膜也有类似出血点。

（6）全身淋巴结轻度肿大，外观呈暗红色或黑红色。切面边缘和淋巴窦有出血性浸润，同时还有灰白色小坏死灶，因此呈大理石样外观。

（7）膀胱黏膜表面有树枝状充血，并散在有暗红色出血点。

（8）直肠黏膜多见弥漫性出血点。孤立淋巴滤泡肿大，突出于黏膜表面，顶端常有小溃疡。

2. 慢性型　由于慢性型病程较长，多有继发性细菌感染，因此病变比较复杂，宰后检验时可见胴体消瘦，肾脏体积缩小，表面有明显皱纹和少量出血点。盲肠、结肠和回肠瓣部有纽扣状溃疡。

（二）处理建议

猪瘟与急性猪丹毒的处理方法相同。

三、猪传染性水疱病

猪传染性水疱病是由肠道病毒属中的猪水疱病病毒引起的一种急性传染病，其特征是在蹄部、口腔黏膜、吻突和乳房周围的皮肤上发生水疱，水疱破裂后，形成浅表性烂斑，蹄部可形成化脓灶。其症状和病程与猪口蹄疫极相似，但本病只感染猪，牛、羊等其他偶蹄动物不感染，曾有从事本病毒研究人员染病的报道。本病主要流行于猪高度集中的屠宰厂(场)和饲养场,在调运中猪外伤越多,发病率越高。

(一)宰后鉴定

本病与猪口蹄疫极相似,内脏器官一般无肉眼可见的病变,其区别可通过动物试验和血清学试验等方法。

(二)处理建议

参照口蹄疫的处理原则。

四、猪霉形体性肺炎

猪霉形体性肺炎是由猪肺炎霉形体引起的一种接触性传染病,又称猪地方流行性肺炎,俗称猪气喘病。其特征是体温不高,气喘、咳嗽,多呈慢性经过,死亡率低,生长缓慢,造成饲养和人力的浪费。

病原体主要存在于呼吸道内,通过病猪的咳嗽、喘气、喷嚏随分泌物排到外界,经呼吸道感染健康猪。健康猪感染后,病情发展缓慢,逐渐出现咳嗽,尤其是在运动、清晨和吃食时,表现明显的持续性咳嗽。病猪渐进性呼吸困难,表现明显的腹式呼吸,尤其在静卧时。食欲和体温一般无明显变化。

(一)宰后鉴定

猪气喘病的病理变化,只限于肺脏及其相应的淋巴结。根据病期长短,其病理变化有所差异,但其共同的特点是,病变均表现在肺脏的心叶、尖叶、中间叶和膈叶边缘下垂部分,发生不同程度的实变,尤以心叶最明显,往往对称,其他部分往往有不同程度的水肿和气肿,间质明显增宽。

早期可见心叶上有粟粒大或绿豆大的炎性病灶,逐渐扩展融合成较大面积的、与周围肺组织界限明显的、淡红色的病变区,呈水汪汪亮晶晶的半透明状,外观很像鲜嫩肌肉,一般称为"肉变"。触摸肉变部的切面有韧性感,切面平滑致密,从小支气管内流出微浑浊淡红色带气泡的液体。

病程较久的,半透明状减轻,韧性增强,外观很像胰脏,俗称"胰变"。肺脏外观凹凸不平,病变周围的肺组织萎陷。如果有化脓灶或肝变区,多是由继发性感染引起的。

支气管淋巴结和纵隔淋巴结肿大,切面多汁,有时轻度充血。

(二)处理建议

(1)病变的肺及相关淋巴结应销毁或化制。

(2)胴体无限制出厂。

第三节 常见人畜共患寄生虫病的检验

一、猪囊尾蚴病

猪囊尾蚴是寄生在人小肠的有钩绦虫的幼虫。此幼虫是由于猪吃了患有钩绦虫病病人粪便中的虫卵,而在猪横纹肌、心肌(偶尔也可以在猪的大脑和眼睛)发育成为囊尾蚴。人如果误食了虫卵,也可寄生于上述部位,发育成为囊尾蚴,而成为人的囊尾蚴病,严重影响人的健康和生命。猪肉未经煮熟,被人食入活的囊尾蚴时,在小肠内发育成为白色带状(长约 1 m)的有钩绦虫,即为人的有钩绦虫病。

(一)宰后鉴定

(1)发育成熟的猪囊尾蚴为无色透明、表面光滑的囊泡。其外形近似卵圆,略大于黄豆,囊内充满无色透明液体和一个连于囊壁内层呈悬垂状的球形白色头节,大小如粟粒。此幼虫主要寄生在横纹肌纤维之间,其数量多少不一,俗称"米猪肉"。

(2)从肌肉中分离出来的囊尾蚴可制成压片。用低倍显微镜观察,可见其头节的四周有四个吸盘,前端有一个明显的顶突,围有一圈角质小钩(11～16 对,大小钩间隔排列)。

(3)在发育过程中,部分囊尾蚴可能死亡。死亡后的囊尾蚴,其囊壁增厚,囊液浑浊,头节萎僵或崩解,有的甚至发生钙化或被结缔组织代替。

(4)在宰后检验中,主要检验咬肌、舌肌、腰肌、心肌,必要时剖检股内侧肌肉和肩外侧肌肉。由于寄生的数量多少不一,在宰后的检验中也可能漏检。因此,在猪肉分割和销售时也应注意检查。

(二)处理建议

根据《畜禽病害肉尸及其产品无害化处理规程》(GB 16548—1996),猪囊尾蚴病的胴体和内脏均应化制。

二、旋毛虫病

旋毛虫病是由旋毛线虫引起的人畜共患寄生虫病。其成虫寄生于人和多种动物的小肠内,称为肠旋毛虫;幼虫寄生在同一动物的横纹肌中,称为肌旋毛虫。旋毛虫的宿主非常广泛,现在已知有 100 多种动物可以自然感染旋毛虫病,虽然在其发育过程中,中间宿主和终宿主为同一动物,但完成生活史必须更换宿主。

猪感染旋毛虫病是由于食入另一动物肌肉中的活的旋毛虫包囊，最大可能是患病死鼠的肉被猪食入，也有可能是含有旋毛虫包囊的碎肉或厨房泔水被猪食入。自然感染的病猪一般无明显症状，宰杀后仅在旋毛虫检验时发现，以大量肌旋毛虫人工感染猪时，初有食欲减退、呕吐和腹泻等症状，以后有肌肉疼痛或麻痹，声音嘶哑，呼吸、咀嚼和吞咽困难，体温升高等。

人感染旋毛虫病主要是由于摄食了生的或未煮熟的含有旋毛虫包囊的猪肉或其他肉类。人类患病比猪患病严重，可致人死亡。在肠内寄生的成虫阶段可引起肠炎；形成幼虫后进入组织移行阶段致病最严重，可引起急性血管炎和肌肉炎症，高热和全身炎性水肿；在肌纤维之间形成包囊后，急性炎症消退，全身症状减轻，但长期内仍有肌肉隐痛。因此，旋毛虫的检验是肉品卫生检验的重要项目之一。

旋毛虫的成虫，附在宿主的黏膜上，呈短的白细丝状，肉眼勉强可以看到，雄虫(1.4～1.5)mm×(0.04～0.05)mm，雌虫(3.0～4.0)mm×(0.06～0.07)mm。幼虫刚产生时呈细长圆柱状，大小为 100 μm×(5～6)μm，在组织内移行 30 d 后可长到 1 mm。寄生在横纹肌内的虫体，呈螺旋状卷曲，外有椭圆形纤维素包囊所包围，包囊长轴与肌纤维平行，包囊内有囊液和 1～2 条幼虫。包囊的体积为(0.25～0.3)mm×(0.4～0.7)mm，肉眼观察为白色小点。

(一)宰后鉴定

(1)按规定旋毛虫的检验方法是在每头猪开膛后，取横膈膜肌脚左右各一块为肉样(每块肉样重 30～50 g，且与胴体编为同一号码)，先撕去肌膜作肉眼观察，然后再在肉样上顺着肌纤维方向剪取 24 个小肉片(小于米粒大)压片镜检。在 40～50 倍镜下仔细观察，发现虫体时，应按编号查对胴体、头及内脏统一处理。肉眼检查和显微镜检查能互相补充，提高检出率。

(2)尚不具有包囊的幼虫，有的存在于肌纤维的间隙中，虫体伸直，如滴加美蓝溶液染色，可见幼虫微动。还有的钻进肌纤维内，镜检时可见肌纤维沿纵轴形成长梭形空隙，肌纤维中段向四周鼓起，空隙中幼虫伸直或稍微弯曲。

(3)具有包囊的幼虫是旋毛虫检验中最常见的，被寄生的肌纤维显著膨大，外观呈梭形，横纹消失，内部腔隙有一个圆形或椭圆形略透明的包囊，囊内通常有 1～2 条螺旋状卷曲的幼虫。

(4)在较长时间的寄生中，机体的防卫机能增强，使包囊幼虫发生机化或钙化。机化是指包囊周围的结缔组织增生，使包囊壁增厚数倍，眼观是一个较大的白点，压片镜检看不清包囊和幼虫的轮廓而呈现云雾状。此时可滴加 50%甘油溶液，使其透明。若为活虫体，可见虫体周围有一圈明亮的光环；若虫体已死，则无光环；若虫体已崩解，可见其残骸。

钙化可以从包囊两端开始，逐渐向中间扩展，也有的从虫体开始，逐渐向包囊边缘扩展。两者在显微镜下都呈黑色团块。为了正确鉴定，应在钙化点上滴加10%～30%盐酸溶液使其脱钙。如系包囊钙化，镜检可见完整的幼虫虫体；如系虫体本身钙化，可见断裂的虫体。

（二）处理建议

胴体、内脏和头蹄均应化制。

三、棘球蚴病

棘球蚴是棘球绦虫的幼虫，寄生在动物和人的肝脏、肺脏和其他器官，而引起人畜共患的棘球蚴病。

棘球绦虫有细粒棘球绦虫和多房棘球绦虫两种，两者都是小型绦虫，主要寄生在狐、犬、狼、猫等肉食动物的小肠内，虫卵随粪便排出。猪、牛、羊等家畜多因吞食了被虫卵污染的饲草和饮水而感染。人因常与犬、猫接触，其排出的虫卵污染手、食物而感染，犬、猫等患棘球绦虫病是因生食患棘球蚴病动物的内脏而感染。因此，在宰后检验中加强对病变内脏的处理，在兽医公共卫生上具有重要意义。

在实践中，以细粒棘球蚴多见。细粒棘球蚴为黄豆大小到直径10余cm的囊体，称为母囊。母囊是单房性的，囊腔中有清亮无色或微黄的液体，除不孕囊外，在囊内液体或囊壁上有砂粒状的子囊或孙囊，俗称“棘球砂”。在低倍显微镜下压片观察，可见很多单个的或者在其囊壁上排列整齐的头节样的原头蚴，还有的在母囊壁外生出外生子（孙）囊。

（一）宰后鉴定

（1）肝脏、肺脏或脾脏等受害器官体积显著增大，表面凹凸不平。有的在表面可见到呈半球状隆起的包囊，手触有波动感。检查器官内部也有数量不等的包囊。包囊周围的实质萎缩。

（2）剖开包囊，有淡黄色液体流出，其中有大量白色小圆颗粒状的头节，母、子、孙囊壁上也有排列整齐的头节，每个头节在终宿主体内都可发育成一条棘球绦虫。取头节压片镜检，可见头节周围有4个吸盘，顶端有一圈小钩。

（3）有些棘球蚴在生长发育过程中会死亡，肉眼可见囊壁增厚，颜色变深，囊液浑浊或干酪化，头节消失。取囊内残渣置载玻片上镜检可发现有较多的、残缺不全的、呈环状排列的小钩。

(二)处理建议

(1)患严重棘球蚴病的整个器官化制或销毁,轻的可将患部切除作化制或销毁,其他部分不受限制出厂。

(2)如果在肌肉中发现棘球蚴时,应将相应部位的肌肉组织作化制或销毁,其他部分不受限制出厂。

四、猪孟氏裂头蚴病

猪孟氏裂头蚴病是寄生于犬、猫小肠内的孟氏裂头蚴的幼虫——孟氏裂头蚴寄生在猪的体内而引起的疾病。幼虫还可以寄生在鸡、鸭、蛙、蛇和某些鱼类的肌肉内,猪常因吃进带有裂头蚴的未经煮熟或生的蛙肉、蛇肉和鱼肉以及鼠肉而发病,人往往由于吃进上述患病动物的生肉而受到感染。上述患病动物的生肉只有被犬、猫吃进才能在其小肠内发育为成虫——孟氏裂头绦虫。

裂头蚴呈乳白色,扁平,带状,不分节,但收缩时有环状皱褶。头端略带黄色,呈指状,两侧各有一条不明显的纵行吸沟。虫体长短很不一致,由不足 1 cm 到 1 m 以上,宽 0.1～0.8 cm。

猪感染裂头蚴一般无明显症状。但有的报道,一例宰后发现 40 多个裂头蚴的病猪,宰前有明显的营养不良,消瘦,食欲不振,常卧睡等症状。人感染时能丧失劳动力,甚至死亡。

(一)宰后鉴定

幼虫多在屠宰开膛后,检查内脏和胸腹腔的浆膜时发现,在检验中应特别注意浆膜下的各部肌肉(如肋间肌、膈肌、腹肌、腰肌等)和内脏器官周围脂肪(如肾脏脂肪囊)。寄生在肌肉中的一般多卷曲呈圆盘状,外观很像脂肪结节,呈白色或略带黄色;寄生在腹膜下或脂肪浅层的一般呈不规则的弯曲状。

(二)处理建议

无国家统一规定的处理办法。有的厂采取胴体高温处理后出厂。青岛肉联厂冷冻致死试验证明,在−20℃以下冷冻 20 h 以上,胴体内的虫体全部冻死。为了保证肉食卫生,对寄生较多的胴体,应考虑作化制或销毁。

五、华枝睾吸虫病

华枝睾吸虫病是由于华枝睾吸虫寄生于人、猪、犬、猫等的胆囊和胆管内而引起的疾病。

成虫在胆管内产卵,卵随粪便排出,在淡水螺体内发育一段时间后,进入淡水鱼虾体内,发育成囊蚴,人、猪、犬、猫等吞食了含有此囊蚴的、未煮熟的淡水鱼虾而发病。

华枝睾吸虫体型较小，狭长、扁平，前端尖细，后端较钝圆，呈薄而透明的乳白色，似柳叶状。体长一般为10～25 mm，宽3～5 mm。

(一)宰后鉴定

(1)宰后检验时，在肝脏的脏面横切一刀，将部分胆管切断，用刀背挤压肝脏，使胆汁从胆管中流出，仔细观察有无小型吸虫随胆汁流出。必要时再剖开胆囊，检查胆汁内是否有虫体。

(2)少量寄生时不引起明显病变，大量寄生时可引起胆囊炎(胆囊肿大，胆汁浓稠，呈草绿色)和 胆管炎(胆管变粗，甚至呈索状)。肝脏表面小叶间结缔组织增生，有时可引起肝硬化或者脂肪变性。

(二)处理建议

(1)肝脏损害轻微的，切除损害部分，其余不受限制出厂。

(2)脏器损害严重的，整个器官作化制或销毁。

六、弓形虫病

弓形虫病是由粪地弓形虫引起的人畜共患病。弓形虫是一种多宿主的原虫，在肉用畜禽中，猪、牛、羊、鸭及兔均可感染，但最多见于猪。人可因接触和生食患有本病的肉类而感染，也可因和病猫长期接触感染卵囊而发病。

弓形虫整个发育过程需要两个宿主，猫是唯一的终宿主，中间宿主的范围很广泛。虫体根据其不同发育阶段，可分为五种形态。速殖子(又称滋养体)，主要见于急性病例，包囊主要见于慢性病例。两者都是在中间宿主体内。裂殖子、配子体在终宿主猫的肠壁内发育，最后形成卵囊，随猫的粪便排出体外。

猪感染弓形虫病，速殖子在其组织内反复进行内双芽增殖，引起体温升高，食欲减退或废绝，呼吸困难，贫血，眼结膜充血等，类似急性猪瘟和猪丹毒。

(一)宰后鉴定

1.体表　耳、颈、背腰、下腹、后肢等皮肤有紫红色斑块，类似猪瘟的皮肤病变。

2.肺脏　肺充血水肿，显著膨大，呈淡红色，有时散在有灰白色小结节。

3.淋巴结　明显肿大，淋巴结被膜和周围结缔组织呈黄色胶样浸润。切面有大小不同的出血点和坏死灶。以肝门、肺门、肠系膜、胃门、脾门等处的淋巴结变化最明显，其他淋巴结病变较轻。

4.肝脏　肝脏肿大，严重病例，有针尖大淡黄色或灰白色的坏死灶。

此外，可将可疑病变(如肠系膜淋巴结)触片，经姬姆萨或瑞氏染色，在油镜下观察，弓形虫呈逗点状或新月形，细胞质为淡蓝色，靠近钝端有一个呈紫红色的核。应用此法，有时可以较快地与猪瘟及其他传染病相区别。

（二）处理建议

胴体和头蹄高温处理后出厂，病变的内脏和有退行性病变的胴体应作化制或销毁。

七、猪住肉孢子虫病

住肉孢子虫病是由于住肉孢子虫寄生于中间宿主（猪、牛、羊、马和人等）的肌肉间而引起的疾病。其有性繁殖阶段是在终宿主（猫、犬、狐、狼和人等）的肠壁进行。终宿主粪便中的卵囊被中间宿主食入后即可感染住肉孢子虫，在肌肉形成包囊结构的虫体。

住肉孢子虫是一种细胞内寄生虫，目前已报道的住肉孢子虫有100多种。猪住肉孢子虫有三种，即猪猫住肉孢子虫、猪人住肉孢子虫和猪犬住肉孢子虫，其终宿主分别为猫、人和犬。它们对猪都有致病作用，一般表现为不同程度的腹泻、跛行、生长受阻、心肌炎、呼吸困难和厌食等。

（一）宰后鉴定

猪住肉孢子虫较小，多与旋毛虫检验同步进行，检查部分是腹斜肌、大腿肌、肋间肌、咽肌和膈肌。肉眼观察，在上述部位可见与肌纤维平行的白色毛根状小体。镜检虫体呈灰白色方形，内含半月状孢子。如果虫体钙化，则成为黑色团状或黑色直杆状，有时在钙化的虫体周围有卵圆形的透光区，易与钙化的旋毛虫相混，应用酸脱钙后加以鉴别。

轻度感染的肌肉，其色泽、硬度无明显变化。但在重度感染时，虫体密集的部位，肌肉发生变性，色淡，如开水烫过的肉。

（二）处理建议

（1）虫体发现于全身肌肉，但数量较少者，不受限制出厂。

（2）较多虫体发现于全身肌肉，且肌肉有病变时，整个胴体作化制或销毁，无病变者作高温处理后出厂。

（3）局部肌肉发现较多虫体时，该部高温处理后出厂，其他部分不受限制出厂。

应该指出，以上处理原则是1959年制定《肉品卫生检验试行规程》时确定的，当时住肉孢子虫的生活史尚未阐明，现在已经知道住肉孢子虫是肉源性的人兽共患寄生虫病，人既可以是中间宿主，也可以是终宿主，因此应研究其毒性问题和处理方法的可行性及安全性，从严处理。1997年2月实施的《畜禽肉尸及其产品无害化处理规程》对该病未作具体规定。

第四节 常见猪寄生虫病的检验

一、猪肺丝虫病

猪肺丝虫病是由后圆线虫寄生于猪的支气管和细支气管而引起的肺部疾病，故又称猪后圆线虫病。本病呈地方性流行，对幼猪危害较大，严重感染时引起肺炎。成年猪引起慢性支气管炎，长期咳嗽，影响发育。

猪后圆线虫呈白色，长 2～5 cm，其中间宿主是蚯蚓。凡被病猪粪便污染的草地上的蚯蚓，机体内有肺丝虫的幼虫，猪在放牧中，摄食了蚯蚓即可引起发病。

(一)宰后鉴定

(1)在肺脏的各叶边缘表面有大小不等的粉灰色或白色肺气肿病灶，病灶突出肺脏表面，与健康组织有明显界限。一般以膈叶边缘较多见。

(2)有的可见肺脏表面出现类似于肉样硬节、略突出于肺表面的灰白色、灰黄色结节，大小如核桃，与周围组织界限明显。

(3)切开上述病灶，可见小支气管扩张，管壁增厚，其中充满黏稠液体和缠绕在一起的白线状虫体，严重时支气管常被虫体所阻塞。

(二)处理建议

(1)轻度寄生的，切除病变部位，其他部分不受限制出厂。

(2)严重寄生或病变散在多处的，整个肺脏作化制或销毁。

二、猪浆膜丝虫病

猪浆膜丝虫病是 20 世纪 70 年代发现的一种新的寄生虫病。虫体主要寄生在心脏，其次是肝、胆囊、膈肌、子宫及肺动脉基部等浆膜下的淋巴管内。虫体呈丝状，乳白色，细似毛发。雄虫长 12～26 mm，雌虫长 51～60 mm，其生活史尚未搞清楚，但有的认为是由淡色库蚊传播的。

(一)宰后鉴定

在屠宰检验中，主要是通过心脏外膜的检查发现，病变主要分布在心脏纵沟和冠状沟血管丰富处附近的浆膜内，形状不一，大如赤豆，小如粟粒，或者是不规则的弯曲长条状透明包囊，透过浆膜可见其中有缠绕成团的数条纤细丝状虫体，用解剖针挑破包囊后，虫体随淋巴液流出。有些包囊形成寄生虫性结节，结节中虫体有的部分钙化或完全钙化。

由于心外膜淋巴管扩张，渗出性增强，有纤维素性渗出物，形成纤维素性心外膜炎。

(二)处理建议

(1)轻度寄生的只有少数病灶，割除后出厂。

(2)病灶较多者，修割后高温处理。布满病灶有显著病变者，整个心脏作化制或销毁。

三、猪肾虫病

猪肾虫病又称冠尾线虫病，是由有齿冠尾线虫寄生于猪的肾盂、肾周围脂肪和输尿管壁等处引起的一种疾病。肾线虫无中间宿主，虫卵在外界发育成可侵袭性幼虫，经消化道或皮肤感染猪。幼虫在体内移行过程中，可使许多器官特别是肝脏受到损伤。虫体在宿主体内形成结缔组织包囊，包囊内有管道与泌尿系统相通。包囊内除虫体外，还有脓液和大量虫卵，虫卵随尿液排出外界。除猪外，亦能寄生于黄牛、马、驴和豚鼠等动物，常呈地方性流行，是热带和亚热带常见的猪寄生虫病。

虫体粗壮，形似火柴杆，新鲜时呈灰褐色，体壁较透明。雄虫长 20～30 mm，雌虫长 30～45 mm。

虫体大量寄生时，可引起明显的症状。初期有皮肤炎，甚至引起皮肤化脓，病猪后肢无力，跛行或后肢摇摆，尿液中常有白色黏稠状物或脓液，有时可继发后肢麻痹，食欲废绝。仔猪发育停滞，母猪不孕或流产。严重时可导致死亡。

(一)宰后鉴定

(1)在腹腔检查时，可见肾周围的脂肪囊、输尿管壁及其周围的结缔组织中，存在数量不等的脓肿或包囊，大小如鸽蛋，周围常有红色胶样浸润。切开包囊或脓肿，其内充满浑浊黏稠的液体，其中含有数条虫体，类似火柴杆。仔细检查可发现包囊和脓肿内有一条细瘘管与肾盂或输尿管相通。

(2)肾脏贫血，呈灰白色。切开肾脏和输尿管，可见肾盂和输尿管内有黄色透明胶样物质，其中混有虫体。

(3)幼虫在肝脏内移行时，可引起结缔组织增生，质地变硬，并出现水肿。沿门静脉分枝切开肝组织，常见有红褐色小肿瘤状血栓块，切开血栓块，可在其内找到幼虫。幼虫呈淡灰红色，长 10 mm 左右。另外，在肝门部结缔组织中也常发现较大的包囊，切开也可见到幼虫。此外，幼虫也可寄生在膈肌和脊椎周围组织。

(二)处理建议

将有病变的肾、输尿管和肝脏等组织及其周围的脂肪和结缔组织作化制或销毁，其他不受限制出厂。

四、猪细颈囊尾蚴病

细颈囊尾蚴病是寄生于犬、狼等动物小肠内的泡状带绦虫的幼虫——细颈囊尾蚴引起的一种常见寄生虫病，俗称水泡虫、水铃铛。主要寄生在猪及牛、羊、骆驼的腹腔内，有时也见于胸腔器官。我国流行普遍，农家分散饲养的猪感染率相当高，成为猪的常见病。主要影响中、小猪的生长发育和增重，严重感染时也可引起仔猪死亡。

细颈囊尾蚴呈泡状，大小随寄生时间的长短而异，可自豌豆大到小孩头大，囊内含透明液体，肉眼可见囊壁上有一个乳白色的原头蚴，颈部细长，故称细颈囊尾蚴。成虫白色微黄，扁带状，雌雄同体，由250～300个节片组成，长1.0～2.2 m。孕卵节片不断随犬的粪便排出，猪、羊等食入被虫卵污染的饲草易感染，六钩蚴破卵而出，随血流进入肝脏，落入腹腔而发病。犬因食入猪内脏中的囊蚴而患泡状带绦虫病。

(一)宰后鉴定

(1)六钩蚴移行时，引起急性炎症，主要损伤肝脏。肝肿大，表面粗糙，并散发点状出血，肝实质中有虫道，初期出血，继而发生坏死，最后变为纤维化。此外，有时还能引起急性或慢性腹膜炎。

(2)肥育猪在屠宰时，六钩蚴已发育成为细颈囊尾蚴，鸡蛋大至拳头大，多数悬挂在腹腔的大网膜上，少数在肝包膜下或肺胸膜下，随着其增大，压迫周围的肝、肺组织，同时囊蚴被结缔组织所包围，轻轻切开结缔组织包囊，水铃铛流出。取其头节压片镜检，可见有四个吸盘，顶端有一圈小钩。

(3)有时囊蚴被结缔组织所包围，外观呈灰黄色或灰棕色，触摸囊壁较厚，切开包囊，其囊液呈脓样或干酪样，头节已消失或者仅有残骸。

(二)处理建议

轻度寄生的器官，可将病变部分切除，其他部分不受限制出厂；严重寄生的器官，整个作化制或销毁。

第三部分

肉品品质检验操作方法及程序

第十三章　实验室工作的基本知识

一、实验室工作一般注意事项

(1)工作时,应穿戴白色工作衣帽,必要时戴口罩,工作衣应挂在一定地方,不可随便携带至别处,且须经常更换、洗涤,在检验烈性传染病后或被病原微生物污染时,应及时消毒,然后洗涤。

(2)实验室应保持清洁、安静,禁止在室内吸烟及饮食。

(3)当发生病原微生物溅污地面、台面、衣着和器械时,应立即进行消毒。

(4)实验室内各种培养基、培养物、溶液、试剂等,均应加以标记,注明内容物、名称、浓度、配制日期。

(5)凡盛过病原微生物或沾有病原微生物的器皿和废弃培养物应先消毒。

(6)每次检验,须作完整和详细记录,检验完毕,将结果写出报告。

(7)工作完毕,应用肥皂水洗手,必要时先消毒,然后再用水冲洗。

(8)实验室常备的易燃药品如酒精、乙醚等,应远离火焰,放在阴暗处,药品要专人妥善保管。

(9)工作人员下班时,须巡视门窗、水、电及火源一遍,以确保安全。

(10)实验室的仪器、设备使用时,必须严格遵循操作规程,定期检查和保养。

二、病料的采取和送检

(一)注意事项

(1)合理取样。取病理材料时,要有明确的目的。各种畜禽的病原体在体内各组织器官内含量有所不同,因此不同的疾病要求采取不同的病料。如难以判定是什么病,就要全面采取病料或采取病变表现明显的材料,以便送检化验。

(2)如有多数畜禽发病时,应选用症状和剖检变化都较为典型的病畜禽的病料,最好选用未经抗菌药物治疗的病例,否则在检验时可能影响检验结果。

(3)病畜急宰或死亡后,必要时采取病料,夏季不超过 4 h,冬季不超过 24 h,拖延过长,则组织容易发生变质、腐败,影响检验结果。

(4)剖检前,应先对病性、病史加以了解,并详细进行剖检前的检查。如可疑为炭疽时(如突然死亡、皮下水肿、天然孔出血、血液凝固不良、尸僵不全、尸体迅速膨胀等)禁止剖检,在严密消毒的情况下从耳部取末梢血一滴,作涂片染色镜检。排除炭疽之后,方可剖检取材。

(5)为了减少污染机会,一般应先采取微生物学检验材料,然后再取病理组织学检验材料。除病理组织材料和胃肠内容物外,其他病料应以无菌手术采取后放在无菌器皿内。

(6)在采样进行细菌培养时,通常采心血和肝、脾等。先取一小棉球,蘸95%酒精,点燃后,在脏器的表面烧灼消毒,然后用无菌小刀切一小口,以接种环自小口深处取材料接种。

(7)在屠宰车间生产过程中发现可疑为猪炭疽等烈性传染病和肿瘤时应立即采样送化验室检验,作进一步诊断,胴体应立即送入辅助轨道,待检验结果出来方可处理。

(8)凡是接触病料的手、器具、台面等均需消毒。

(二)病料的采取

当畜禽发生疫病,凭临床症状、流行病学和尸体剖检还不能确诊时,常需采取病料,进行微生物学、血清学和组织病理学的检验。

1. 微生物学检验病料的采取　疑为某一传染病时,可根据该病的要求取材。取材应选择典型病变部位。

2. 病理组织学材料的采取　根据宰后病理变化和微生物学检验不能确诊为某一疾病时采样,亦可与微生物学检验同时采样。

取材应选择病变显著或可疑病灶,既要全面,又要具有代表性,能显示病变的发展过程。在一块组织中,要包括病灶及其周围正常组织和器官的重要结构部分。在较大而重要的病变处,可分别在不同部位采取多块组织。一般在采取标本时,可先切稍大组织,待初步固定后再切小、切薄或修理固定。

(三)病料的保存与送检

如病料不能马上检验,或需寄送远方单位时,为使病料保持接近新鲜状态,应有适应的保存方法。无论细菌检验材料或病毒检验材料,最好的保存方法均为冷藏。即保存在冰箱中或放在装有冰块的冰瓶中,迅速送检。也可加入化学保存剂保存,然后送检。

无论是何种病料,送检时,必须附上尸体剖检记录或有关材料的送检单并在送检单上说明送检目的和要求,组织的名称、数量及其他需要说明的问题。

第十四章 细菌学检验

健康的商品畜禽在一般情况下肉品是不含菌的，如果在宰前患有某些传染病，则在肉及脏器中就有相应的病原菌，或者在屠宰加工、运输和保存过程中，肉品被细菌污染。这些被细菌污染的食品在条件适宜的情况下，如温度和湿度较高，则细菌繁殖很快。人们食进含有大量细菌的食品，即能发生食源性感染或食物中毒。为了评价肉品的卫生质量，保证人民的身体健康，在必要时须对其进行细菌学检验。

肉品的细菌学检验主要包括菌落总数的测定、大肠菌群最近似数(MPN)的测定和沙门氏菌的检验等。

一、菌落总数的测定

菌落总数是指 1 g 或 1 mL 食品，经过处理，在一定的条件下培养，所得细菌菌落的总数。

菌落总数主要作为判定食品被污染程度的标志，也可以应用这一方法观察细菌在食品中繁殖的动态，以便对被检样品进行卫生学评价时提供依据。

(一)检样的稀释和培养

(1)以无菌操作，将检样 25 g(或 25 mL)剪碎，放于含有 225 mL 灭菌生理盐水或其他稀释液的灭菌玻璃瓶内(瓶内预置适当数量的玻璃珠)或灭菌乳钵内，经充分振摇或研磨制成 1∶10 的均匀稀释液。

(2)用 1 mL 灭菌吸管，吸取 1∶10 稀释液 1 mL，沿管壁徐徐注入含有 9 mL 灭菌生理盐水或其他稀释液的试管内(注意吸管尖端不要触及管内稀释液)，振摇试管混合均匀，制成 1∶100 稀释液。

(3)另取 1 mL 灭菌吸管，按上项操作顺序作 10 倍递增稀释液，如此每递增稀释一次，即换用 1 支 1 mL 灭菌吸管。

(4)根据对标本污染情况的估计，选择 2～3 个适宜稀释度，分别作 10 倍递增稀释的同时，以吸取该稀释度的吸管移 1 mL 稀释液于无菌平皿内，每个稀释度作两个平皿。

(5)稀释液移入平皿后，应立即将凉至 46℃的营养琼脂培养基(可置于 46℃水浴保温)倾入平皿约 15 mL，并转动平皿使混合均匀，同时将营养琼脂培养基倾入加有 1 mL 稀释液的灭菌平皿内作空白对照。

(6)待琼脂凝固后，翻转平皿，置(36±1)℃温箱内培养(48±2)h 后取出，计算平皿内菌落数目，乘以稀释倍数，即得每克(或每毫升)样品所含菌落总数。

(二)菌落计数

菌落计数的方法：可用肉眼观察，必要时可用放大镜检查，以防遗漏。在记下各皿的菌落数后，计算平皿内菌落，求出同稀释度各皿平均菌落总数。

(三)菌落计数的报告

1.平皿菌落数的选择　选取菌落数在 30～300 之间的平皿作为菌落总数测定标准，一个稀释度在使用两个平皿时，应采用两个平皿的平均数。如其中一个平皿内有较大片状菌落生长时，则不宜采用，而应以无片状菌落生长的平皿为该稀释度的菌落数。若片状菌落不到平皿的一半，而其余一半中菌落分布又很均匀，则可计算半个平皿后乘以 2，以代表全皿菌落数。平皿内如有链状菌落生长时(菌落之间无明显界限)，若仅有一条链，可视为一个菌落，如果有不同来源的几条链，则应将每条链作为一个菌落计。

2.稀释度的选择

(1)应选择平均菌落数在 30～300 之间的稀释度，乘以稀释倍数报告之(见表 14-1 中例次 1)。

(2)若有两个稀释度的生长菌落数均在 30～300 之间，则应视二者的比值来决定。若其比值小于或等于 2，应报告其平均数；若大于 2，则报告其中较小的数。(见表 14-1 中例次 2、3)

(3)若所有稀释度的平均菌落数均大于 300，则应按稀释度最高的平均菌落数乘以稀释倍数报告之(见表 14-1 中例次 4)。

(4)若所有稀释度的平均菌落数均小于 30，则应按稀释度最低的平均菌落数乘以稀释倍数报告之(见表 14-1 中例次 5)。

(5)若所有稀释度均无菌落生长，则以小于 1 乘以最低稀释倍数报告之(见表 14-1 中例次 6)。

(6)若所有稀释度的平均菌落数均不在 30～300 之间，其中一部分稀释度的平均菌落数大于 300 或小于 30 时，则以最接近 30 或 300 的平均菌落数乘以稀释倍数报告之(见表 14-1 中例次 7)。

3.菌落数的报告　菌落数在 100 以内的，按实有数报告；大于 100 的，采用两位有效数字，在两位有效数字后面的数值，以四舍五入方法计算，为了缩短数字后面的零数，也可用 10 的指数来表示。

表 14-1　稀释度的选择及菌落数报告方式

例次	稀释度及菌落数			两稀释液之比	菌落总数/(个/g或个/mL)	报告方式/(个/g或个/mL)
	10^{-1}	10^{-2}	10^{-3}			
1	多不可计	164	20		16 400	16 000 或 1.6×10^4
2	多不可计	295	46	1.6	37 750	38 000 或 3.8×10^4
3	多不可计	271	60	2.2	27 100	27 000 或 2.7×10^4
4	多不可计	多不可计	313		313 000	313 000 或 3.1×10^5
5	27	11	5	—	270	270 或 2.7×10^2
6	0	0	0	—	$<1\times10$	<10
7	多不可计	305	12	—	30 500	31 000 或 3.1×10^4

二、大肠菌群测定

大肠菌群系指一群在 37℃ 24 h 能发酵乳糖，产酸、产气、需氧和兼性厌氧、革兰氏阴性无芽孢杆菌。该菌数主要来源于人和温血动物粪便，故以此作为粪便污染指标来评价食品的卫生质量，具有广泛的卫生学意义。

食品中大肠菌群数以每 100 mL(g)检样的大肠菌群最近似数(MPN)表示。据此意义，所有食品卫生标准中所规定的大肠菌群数均为 100 mL(g)食品内允许含大肠菌群数的实际数值。

(一)检样的稀释

(1)以无菌操作，将检样 25 g(或 25 mL)剪碎放于含有 225 mL 灭菌生理盐水或其他稀释液的灭菌玻璃瓶内(瓶内预置适当数量的玻璃珠)或灭菌乳钵内，经充分振摇或研磨制成 1：10 的均匀稀释液。

(2)用 1 mL 灭菌吸管，吸取 1：10 稀释液 1 mL，注入含有 9 mL 灭菌生理盐水或其他稀释液的试管内，振摇试管混合均匀，制成 1：100 稀释液。

(3)另取 1 mL 灭菌吸管，按上项操作顺序作 10 倍递增稀释液，如此每递增稀释一次，即换用 1 支 1 mL 灭菌吸管。

(4)根据食品卫生标准要求或对标本污染情况的估计，选择 3 个适宜稀释度接种 3 管。

(二)乳糖发酵试验

将待检样品接种于乳糖胆盐发酵管内，接种量在 1 mL 以上者，可用双料乳糖胆盐发酵管，接种量 1 mL 及 1 mL 以下者，可用单料乳糖胆盐发酵管，每一稀释度接种 3 管，置(36±1)℃温箱内培养(24±2)h，如所有乳糖胆盐发酵管都不产酸产气，则可报告为大肠菌群阴性，如有产气者，则按下列程序进行。

(三)分离培养

将产气的发酵管分别转接种在伊红美蓝琼脂平板上,置(36±1)℃温箱内培养 18~24 h。观察菌落形态,并做革兰氏染色和证实试验。

(四)证实试验

在上述平板上,挑取可疑大肠菌群菌落 1~2 个进行革兰氏染色,同时接种乳糖发酵管,置(36±1)℃温箱内培养(24±2)h,观察产气情况。

凡乳糖管产气,革兰氏染色为阴性无芽孢小杆菌,即可报告为大肠菌群阳性。

(五)结果报告

根据证实为大肠菌群阳性的管数,查 MPN 检索表(表 14-2),报告每 100 mL(g)大肠菌群的 MPN 值。

表 14-2 大肠菌群最近似数(MPN)检索表

阳性管数			MPN	95%可信限	
1 mL(g)×3	0.1 mL(g)×3	0.01 mL(g)×3	100 mL(g)	下限	上限
0	0	0	<30		
0	0	1	30	<5	90
0	0	2	60		
0	0	3	90		
0	1	0	30		
0	1	1	60	<5	130
0	1	2	90		
0	1	3	120		
0	2	0	60		
0	2	1	90		
0	2	2	120		
0	2	3	160		
0	3	0	90		
0	3	1	130		
0	3	2	160		
0	3	3	190		
1	0	0	40	<5	200
1	0	1	70	10	210
1	0	2	110		
1	0	3	150		
1	1	0	70	10	230
1	1	1	110	30	360
1	1	2	150		
1	1	3	190		

续表 14-2

阳性管数			MPN	95%可信限	
1 mL(g)×3	0.1 mL(g)×3	0.01 mL(g)×3	100 mL(g)	下限	上限
1	2	0	110	30	360
1	2	1	150		
1	2	2	200		
1	2	3	240		
1	3	0	160		
1	3	1	200		
1	3	2	240		
1	3	3	290		
2	0	0	90	10	360
2	0	1	140	30	370
2	0	2	200		
2	0	3	260		
2	1	0	150	30	440
2	1	1	200	70	890
2	1	2	270		
2	1	3	340		
2	2	0	210	40	470
2	2	1	280	100	1 500
2	2	2	350		
2	2	3	420		
2	3	0	290		
2	3	1	360		
2	3	2	440		
2	3	3	530		
3	0	0	230	40	1 200
3	0	1	390	70	1 300
3	0	2	640	150	3 800
3	0	3	950		
3	1	0	430	70	2 100
3	1	1	750	140	2 300
3	1	2	1 200	300	3 800
3	1	3	1 600		

续表 14-2

阳性管数			MPN	95%可信限	
1 mL(g)×3	0.1 mL(g)×3	0.01 mL(g)×3	100 mL(g)	下限	上限
3	2	0	930	150	3 800
3	2	1	1 500	300	4 400
3	2	2	2 100	350	4 700
3	2	3	2 900		
3	3	0	2 400	360	13 000
3	3	1	4 600	710	24 000
3	3	2	11 000	1 500	48 000
3	3	3	≥24 000		

三、沙门氏菌检验

沙门氏菌属是肠道杆菌科中的一个大属，到目前为止，已发现的沙门氏菌有2 000 多个血清型。本属中包含的沙门氏菌种类很多，其致病性各有差异。有些是专门对人致病的伤寒性沙门氏菌，有些是专门对某些动物致病的动物适应性沙门氏菌，还有一些既可以引起动物发病，又可以引起人的食物中毒，称为非适应性沙门氏菌。后两者在食品（尤其是肉食品）卫生检验中，占有很重要的地位，国家已制定了统一的检验标准（GB 47894—2008），现将其操作步骤摘录如下。

（一）前增菌

称取 25 g(mL)样品，放入盛有 225 mL 缓冲蛋白胨水的无菌均质杯中，以8 000～10 000 r/min 均质 1～2 min，或置于盛有 225 mL 缓冲蛋白胨水的无菌均质袋中，用拍击式均质器拍打 1～2 min。若样品为液态，不需要均质，振荡混匀。如需要，测定 pH，用 1 mol/mL 无菌氢氧化钠或盐酸调 pH 至 6.8±0.2。无菌操作将样品转至 500 mL 锥形瓶中，如使用均质袋，可直接进行培养，于(36±1)℃培养 8～18 h。

如为冷冻产品，应在 45℃以下不超过 15 min，或 2～5℃不超过 18 h 解冻。

（二）增菌

轻轻摇动培养过的样品混合物，移取 1 mL，接种于 10 mL 四硫磺酸钠煌绿增菌液内，于(42±1)℃培养 18～24 h。同时，另取 1 mL，转种于 10 mL 亚硒酸盐胱氨酸增菌液内，于(36±1)℃ 培养 18～24 h。

（三）分离

分别用接种环取增菌液 1 环，划线接种于一个亚硫酸铋(BS)琼脂平板和一个木糖赖氨酸脱氧胆盐(XLD)琼脂平板(或 HE 琼脂平板或科玛嘉显色培养基平板)。于(36±1)℃ 分别培养 18～24 h(XLD 琼脂平板、HE 琼脂平板或科玛嘉显色培养基平板)或 40～48 h(BS 琼脂平板),观察各个平板上生长的菌落,各个平板上的菌落特征见表 14-3。

表 14-3　沙门氏菌属在不同选择性琼脂平板上的菌落特征

选择性琼脂平板	沙门氏菌
BS 琼脂	菌落为黑色有金属光泽、棕褐色或灰色,菌落周围培养基可呈黑色或棕色;有些菌株形成灰绿色的菌落,周围培养基不变
HE 琼脂	蓝绿色或蓝色,多数菌落中心黑色或几乎全黑色;有些菌株为黄色,中心黑色或几乎全黑色
XLD 琼脂	菌落呈粉红色,带或不带黑色中心,有些菌株可呈现大的带光泽的黑色中心,或呈现全部黑色的菌落;有些菌株为黄色菌落,带或不带黑色中心
科玛嘉显色培养基	菌落为紫红色

(四)生化试验

(1)自选择性琼脂平板上分别挑取 2 个以上典型或可疑菌落,接种三糖铁琼脂,先在斜面划线,再于底层穿刺;接种针不要灭菌,直接接种赖氨酸脱羧酶试验培养基和营养琼脂平板,于(36±1)℃培养 18～24 h,必要时可延长至 48 h。在三糖铁琼脂和赖氨酸脱羧酶试验培养基内,沙门氏菌属的反应结果见表 14-4。

表 14-4　沙门氏菌属在三糖铁琼脂和赖氨酸脱羧酶试验培养基内的反应结果

三糖铁琼脂				赖氨酸脱羧酶试验培养基	初步判断
斜面	底层	产气	硫化氢		
－	＋	＋(－)	＋(－)	＋	可疑沙门氏菌属
－	＋	＋(－)	＋(－)	－	可疑沙门氏菌属
＋	＋	＋(－)	＋(－)	＋	可疑沙门氏菌属
＋	＋	＋/－	＋/－	－	非沙门氏菌

注:＋表示阳性;－表示阴性;＋/－表示阳性或阴性。

表 14-4 说明,在三糖铁琼脂内斜面产酸,底层产酸,同时赖氨酸脱羧酶试验阴性的菌株可以排除。其他的反应结果均有沙门氏菌属的可能,同时也均有不是沙门氏菌属的可能。

(2)接种三糖铁琼脂和赖氨酸脱羧酶试验培养基的同时,可直接接种蛋白胨水(供做靛基质试验)、尿素琼脂(pH 7.2)、氰化钾(KCN)培养基,也可在初步判断结果后从营养琼脂平板上挑取可疑菌落接种。于(36±1)℃培养18～24 h,必要时可延长至48 h,按表14-5判定结果。将已挑菌落的平板贮存于2～5℃或室温至少保留24 h,以备必要时复查。

表14-5 沙门氏菌属生化反应初步鉴别表Ⅰ

反应序号	硫化氢(H_2S)	靛基质	pH 7.2尿素	氰化钾(KCN)	赖氨酸脱羧酶
A1	+	－	－	－	+
A2	+	+	－	－	+
A3	－	－	－	－	+/－

注:+表示阳性;－表示阴性;+/－表示阳性或阴性。

反应序号A1:典型反应判定为沙门氏菌属。如尿素、氰化钾和赖氨酸脱羧酶3项中有1项异常,按表14-6可判定为沙门氏菌。如有2项异常为非沙门氏菌。

表14-6 沙门氏菌属生化反应初步鉴别表Ⅱ

pH 7.2尿素	氰化钾(KCN)	赖氨酸脱羧酶	判定结果
－	－	－	甲型副伤寒沙门氏菌(要求血清学鉴定结果)
－	+	+	沙门氏菌Ⅳ或Ⅴ(要求符合本群生化特性)
+	－	+	沙门氏菌个别变体(要求血清学鉴定结果)

注:+表示阳性;－表示阴性。

反应序号A2:补做甘露醇和山梨醇试验,沙门氏菌靛基质阳性变体2项试验结果均为阳性,但需要结合血清学鉴定结果进行判定。

反应序号A3:补做ONPG。ONPG阴性为沙门氏菌,同时赖氨酸脱羧酶阳性,甲型副伤寒沙门氏菌为赖氨酸脱羧酶阴性。

必要时按表14-7进行沙门氏菌生化群的鉴别。

表14-7 沙门氏菌属各生化群的鉴别

项目	Ⅰ	Ⅱ	Ⅲ	Ⅳ	Ⅴ	Ⅵ
卫矛醇	+	+	－	－	+	－
山梨醇	+	+	+	+	+	－
水杨苷	－	－	－	+	－	－
ONPG	－	－	+	－	+	－
丙二酸盐	－	+	+	－	－	－
氰化钾	－	－	－	+	+	－

注:+表示阳性;－表示阴性。

(五)血清学分型鉴定

1. 抗原的准备 一般采用1.2%～1.5%琼脂培养物作为玻片凝集试验用的抗原。

O血清不凝集时，将菌株接种在琼脂量较高的(如2%～3%)培养基上再检查；如果是由于Vi抗原的存在而阻止了O凝集反应时，可挑取菌苔于1 mL生理盐水中做成浓菌液，于酒精灯火焰上煮沸后再检查。H抗原发育不良时，将菌株接种在0.55%～0.65%半固体琼脂平板的中央，待菌落蔓延生长时，在其边缘部分取菌检查；或将菌株通过装有0.3%～0.4%半固体琼脂的小玻管1～2次，自远端取菌培养后再检查。

2. 多价菌体(O)抗原的鉴定 在玻片上划出2个约1 cm × 2 cm的区域，挑取1环待测菌，各放1/2环于玻片上的每一区域上部，在其中一个区域下部加1滴多价菌体(O)抗血清，在另一区域下部加入1滴生理盐水，作为对照。再用无菌的接种环或针分别将2个区域内的菌落研成乳状液。将玻片倾斜摇动混合1 min，并对着黑暗背景进行观察，任何程度的凝集现象皆为阳性反应。

3. 多价鞭毛(H)抗原的鉴定 同多价菌体(O)抗原的鉴定。

4. 血清学分型

(1)O抗原的鉴定 用A～F多价O血清做玻片凝集试验，同时用生理盐水做对照。在生理盐水中自凝者为粗糙型菌株，不能分型。

被A～F多价O血清凝集者，依次用O4；O3，O10；O7；O8；O9；O2和O11因子血清做凝集试验。根据试验结果，判定O群。被O3，O10血清凝集的菌株，再用O10，O15，O34，O19单因子血清做凝集试验，判定E1，E2，E3，E4各亚群，每一个O抗原成分的最后确定均需根据O单因子血清的检查结果，没有O单因子血清的要用2个O复合因子血清进行核对。

不被A～F多价O血清凝集者，先用9种多价O血清检查，如有其中一种血清凝集，则用这种血清所包括的O群血清逐一检查，以确定O群。每种多价O血清所包括的O因子如下：

O多价1 A，B，C，D，E，F群(并包括6，14群)
O多价2 13，16，17，18，21群
O多价3 28，30，35，38，39群
O多价4 40，41，42，43群
O多价5 44，45，47，48群
O多价6 50，51，52，53群
O多价7 55，56，57，58群

O 多价 8　　59,60,61,62 群

O 多价 9　　63,65,66,67 群

(2)H 抗原的鉴定　属于 A～F 各 O 群的常见菌型,依次用表 14-8 所述 H 因子血清检查第 1 相和第 2 相的 H 抗原。

表 14-8　A～F 群常见菌型 H 抗原表

O 群	第 1 相	第 2 相
A	a	无
B	g,f,s	无
B	i,b,d	2
C1	k,v,r,c	5,Z15
C2	b,d,r	2,5
D(不产气的)	d	无
D(产气的)	g,m,p,q	无
E1	h,v	6,w,x
E4	g,s,t	无
E4	i	无

不常见的菌型,先用 8 种多价 H 血清检查,如有其中一种或两种血清凝集,则再用这一种或两种血清所包括的各种 H 因子血清逐一检查,以确定第 1 相和第 2 相的 H 抗原。8 种多价 H 血清所包括的 H 因子如下:

H 多价 1　　a,b,c,d,i

H 多价 2　　eh,enx,enz_{15},fg,gms,gpu,gp,gq,mt,gz_{51}

H 多价 3　　k,r,y,z,z_{10},lv,lw,lz_{13},lz_{28},lz_{40}

H 多价 4　　1,2;1,5;1,6;1,7;z_6

H 多价 5　　z_4z_{23},z_4z_{24},z_4z_{32},z_{29},z_{35},z_{36},z_{38}

H 多价 6　　z_{39},z_{41},z_{42},z_{44}

H 多价 7　　z_{52},z_{53},z_{54},z_{55}

H 多价 8　　z_{56},z_{57},z_{60},z_{61},z_{62}

每一个 H 抗原成分的最后确定均应根据 H 单因子血清的检查结果,没有 H 单因子血清的要用两个 H 复合因子血清进行核对。

检出第 1 相 H 抗原而未检出第 2 相 H 抗原的或检出第 2 相 H 抗原而未检出第 1 相 H 抗原的,可在琼脂斜面上移种 1～2 代后再检查。如仍只检出一个相的 H 抗原,要用位相变异的方法检查其另一个相。单相菌不必做位相变异检查。

位相变异试验方法如下:

①小玻管法:将半固体管(每管 1～2 mL)在酒精灯上熔化并冷至 50℃,取已知相的 H 因子血清 0.05～0.1 mL,加入熔化的半固体内,混匀后,用毛细吸管吸

取分装于供位相变异试验的小玻管内，待凝固后，用接种针挑取待检菌，接种于一端。将小玻管平放在平皿内，并在其旁放一团湿棉花，以防琼脂中水分蒸发而干缩，每天检查结果，待另一相细菌解离后，可以从另一端挑取细菌进行检查。培养基内血清的浓度应有适当的比例，过高时细菌不能生长，过低时同一相细菌的动力不能抑制。一般按原血清1∶(200～800)的量加入。

②小倒管法：将两端开口的小玻管(下端开口要留一个缺口，不要平齐)放在半固体管内，小玻管的上端应高出于培养基的表面，灭菌后备用。临用时在酒精灯上加热熔化，冷至50℃，挑取因子血清1环，加入小套管中的半固体内，略加搅动，使其混匀，待凝固后，将待检菌株接种于小套管中的半固体表层内，每天检查结果，待另一相细菌解离后，可从套管外的半固体表面取菌检查，或转种1%软琼脂斜面，于37℃培养后再做凝集试验。

③简易平板法：将0.7%～0.8%半固体琼脂平板烘干表面水分，挑取因子血清1环，滴在半固体平板表面，放置片刻，待血清吸收到琼脂内，在血清部位的中央点种待检菌株，培养后，在形成蔓延生长的菌苔边缘取菌检查。

5. Vi抗原的鉴定　用Vi因子血清检查。已知具有Vi抗原的菌型有伤寒沙门氏菌、丙型副伤寒沙门氏菌和都柏林沙门氏菌。

(六)菌型的判定和结果报告

综合以上生化试验和血清学分型鉴定的结果，按照GB 4789.4—2008中附录B或有关沙门氏菌属抗原表判定菌型，并报告结果。

附：急宰病猪沙门氏菌检验

在生产实际中要求对急宰病猪及疑似沙门氏菌病的屠猪作出快速诊断，以便进行处理，可采用下述简便方法，在24 h内得出结论。

将送检样品如肉块或脏器的表面烧灼消毒后，用灭菌剪子和镊子取深部组织一块，将其培养斜面剪成粗糙面，然后涂抹于鉴别培养基或选择性培养基上，置37℃温箱中培养16～24 h，取出仔细观察菌落，挑取可疑为沙门氏菌的菌落，立即用沙门氏菌A～F群多价O血清做玻片凝集试验，同时涂片，革兰氏染色后镜检。如果血清凝集明显，镜检为革兰氏染色阴性小杆菌，即可判定沙门氏菌污染肉。处理：无论胴体或内脏检出沙门氏菌，均应将该胴体进行高温处理，凡检出沙门氏菌的胴体的内脏，均不可食用，应作化制或销毁。

四、炭疽杆菌检验

(一)检验材料

疑为炭疽死亡的动物，原则上不作剖检，检验时只采取耳静脉血或颈静脉血供检验之用。必要时,可在尸体局部解剖,采取小块肝、脾。但必须注意取材后,以浸湿消毒液的棉花或纱布堵塞切口,以防污染环境。猪患局部炭疽时,一般病灶局限于颌下淋巴结、肠系膜淋巴结、肺的淋巴结及扁桃体,此时应采取局部病变淋巴结作为检验材料。

(二)检验方法

1.镜检　取可疑病料作涂片或触片,用革兰氏染色液和美蓝染色液分别进行染色。炭疽杆菌在组织中的形态为革兰氏阳性大杆菌,菌体两端较平直或略有凹陷呈竹节状,链状排列,多呈3～5个相连的短链,也可见成对或单个的杆菌。美蓝染色可见菌链外围有明显均匀的红色荚膜包围,有无荚膜是炭疽杆菌与类炭疽杆菌、枯草杆菌的鉴别依据。凡从病料中发现典型的炭疽杆菌形态,结合宰前临床和病理变化,即可诊断为炭疽。

在猪的局部炭疽时,必须采取病变淋巴结的坏死灶,切数个剖面,做数片标本。猪的局部炭疽,涂片上一般很少,往往在数张涂片中发现几个炭疽杆菌,而且菌体常着色不良,形态不规则,呈扭转状、折叠状等各种形态,细菌分节不清,有的无荚膜,有的有荚膜,有的荚膜极厚,有的仅见到菌影及菌碎片,此时如经过小动物接种,仍可变复原形而确诊。因此,在镜检时发现革兰氏阳性具有荚膜的大杆菌,则须报告屠宰车间预诊的"炭疽",以便车间进行炭疽病的消毒处理,同时实验室进一步作确诊检验。

2.分离培养

(1)检样接种

①新鲜病料:表面经无菌处理后,用无菌剪刀剪出断面,用断面压印或蘸取渗出液接种于普通肉汤、琼脂平板或鲜血平板。

②已陈旧或污染有杂菌的病料:可将病料先用适量生理盐水振荡2～3 min后经65℃加热10 min,杀死杂菌,等冷却后再接种于血平板或选择性培养基上,划线分离。经37℃ 培养18～24 h后,做菌落挑选和鉴别试验。

(2)菌落的挑选　炭疽杆菌在血琼脂平板上的菌落灰白色不透明,干燥,边缘不齐,表面粗糙无光泽,用低倍镜观察菌落边缘呈卷发状,黏稠不易挑取(可与枯草杆菌区别)。通常不溶血,挑取可疑菌落,制成涂片,革兰氏染色、镜检,炭疽杆菌培养后的形态为:菌体两端平直或稍凹陷,很多菌体排列成长竹节状。有的菌体可见小于菌体的椭圆形芽孢位于菌体中央或近端。

(3)鉴别试验

①明胶穿刺:炭疽杆菌沿穿刺线发育,明胶液化呈漏斗状,下部向外生长呈倒松树状。

②肉汤培养：接种炭疽杆菌的肉汤经 37℃培养 18～24 h 后，上液澄清，管底出现白色絮状沉淀。

③动力试验：接种半固体培养基经 37℃培养 18～24 h 后观察，炭疽杆菌沿穿刺线发育，无动力。

④串珠试验：利用炭疽杆菌一般对青霉素敏感的特性，经微量青霉素作用能使炭疽杆菌形成 L 型，在高倍显微镜下观察可见菌体连成"串珠状"，与类炭疽杆菌进行鉴别，后者不具此形态。

试验方法：取经 37℃培养 3～18 h 的 5 mL 肉汤，使肉汤每毫升含 0.1 单位青霉素，振摇后放 37℃水浴 2～4 h，取出试管离心沉淀，吸取沉淀物于载玻片上，加盖玻片镜检，有串珠者为阳性。

⑤动物试验：待检材料如为新鲜病料，可用适量灭菌生理盐水磨成乳液，如为陈旧污染病料应处理后分离培养，挑取可疑菌落，做纯培养后，制成生理盐水悬液，或以肉汤 24 h 培养物 0.1 mL 接种小白鼠。一般在接种后 18～72 h 试验动物发病死亡，剖检时在接种部位皮下可见有严重胶样水肿，然后取小白鼠的心血或脾进行涂片染色镜检，并接种血平板培养证实。

⑥Ascoli 氏沉淀试验：一般常用于陈旧病料或皮革之类，不能进行细菌学检查的情况下才应用。由于本属有些细菌如蜡状芽孢杆菌等，具有部分相同抗原，因此应注意有无交叉反应，故本试验仅是炭疽杆菌检验的一个参考依据。

操作方法：取沉淀反应管（可用小试管或毛细管）一支，用毛细吸管吸取高效价炭疽沉淀血清 0.2～0.5 mL，加入沉淀管内，另取一支毛细吸管吸取制备沉淀原（被检材料浸出液）0.2～0.4 mL，沿管壁小心地慢慢地使其重叠于血清之上，注意不要产生气泡，两液的接触面应整齐，静置 5 min 判定结果。在两液接触面出现一层清晰的白色环者为阳性反应，两液接触面无白色环者为阴性反应。如两液接触面出现模糊不清，应重做。

第十五章　理化检验

一、挥发性盐基氮的测定

(一)半微量定氮法

1.原理　挥发性盐基氮是指动物性食品由于酶和细菌的作用，在腐败过程中，使蛋白质分解而产生的氨以及胺类等碱性含氮物质。此类物质具有挥发性，在碱性溶液中蒸出后，用标准酸滴定，计算含量。

2.试剂

(1)1%氧化镁混悬液　称取1.0 g氧化镁，加100 mL水，振摇成混悬液。

(2)吸收液　2%硼酸溶液。

(3)甲基红指示液　0.2%乙醇溶液。

(4)次甲基蓝指示液　0.1%溶液。

临用时将上述两种指示液等量混合为混合指示液。

(5)盐酸[$c(HCl)=0.01$ mol/L]或者硫酸$\left[c\left(\frac{1}{2}H_2SO_4\right)=0.01 \text{ mol/L}\right]$的标准滴定液

3.仪器

(1)半微量定氮器

(2)微量滴定管　最小分度0.01 mL。

4.操作方法　将样品除去脂肪、骨及腱后，切碎搅匀，称取10 g，置于锥形瓶中，加100 mL水，不时振摇，浸渍30 min后过滤，滤液置冰箱备用。

预先将盛有10 mL吸收液并加有5～6滴混合指示液的锥形瓶置于冷凝管下端，并使冷凝管下端插入锥形瓶内吸收液的液面下。准确吸取5.0 mL上述样品滤液于蒸馏器反应室内，加5 mL 1%氧化镁混悬液，迅速盖塞，并加水以防漏气，通入蒸汽，待蒸汽充满蒸馏器内时即关闭蒸汽出口管，由冷凝管出现第一滴冷凝水开始计时，蒸馏5 min即停止，吸收液用盐酸标准滴定液或硫酸标准溶液(0.01 mol/L)滴定，终点至蓝紫色。同时做试剂空白试验。

5.计算

$$X_1=\frac{(V_1-V_2)\times c_1\times 14}{m_1\times 5/100}\times 100$$

式中：X_1 为样品中挥发性盐基氮的含量，mg/100 g；V_1 为测定用样液消耗盐酸或硫酸标准溶液体积，mL；V_2 为试剂空白消耗盐酸或硫酸标准溶液体积，mL；c_1 为盐酸或硫酸标准溶液的实际浓度；14 为与 1.00 mL 盐酸标准滴定液[$c(HCl)=1.000$ mol/L]或硫酸标准滴定液$\left[c\left(\frac{1}{2}H_2SO_4\right)=1.000\ \text{mol/L}\right]$相当的氮的质量，mg；$m_1$为样品质量，g。

结果表述：报告算术平均值的三位有效数。

6. 允许差　相对相差≤10%。

(二)微量扩散法

1. 原理　挥发性含氮物质可在碱性溶液中释出，在扩散皿中于37℃时挥发后吸收于吸收液中，用标准酸滴定，计算含量。

2. 试剂

(1)饱和碳酸钾溶液　称取50 g碳酸钾，加50 mL水，微加热助溶，使用时取上清液。

(2)水溶性胶　称取10 g阿拉伯胶，加10 mL水，再加5 mL甘油及5 g无水碳酸钾(或无水碳酸钠)，研匀。

(3)吸收液、混合指示液、盐酸或硫酸标准溶液(0.01 mol/L)　分别同半微量定氮法。

3. 仪器

(1)扩散皿(标准型)　玻璃制，内外室总直径61 mm，内室直径35 mm，内室高度5 mm，外室壁厚3 mm，内室壁厚2.5 mm，加磨砂厚玻璃盖。

(2)微量滴定管　同半微量定氮法。

4. 操作方法　将水溶性胶涂于扩散皿的边缘，在皿中央内室加入1 mL吸收液及1滴混合指示液。在皿外室一侧加入1.00 mL按半微量定氮法制备的样液，另一侧加入1 mL饱和碳酸钾溶液，注意勿使两液接触，立即盖好，密封后将皿于桌面上轻轻转动，使样液和碱液混合，然后于37℃温箱内放置2 h，揭去盖，用盐酸或硫酸标准溶液(0.01 mol/L)滴定，终点呈蓝紫色。同时做试剂空白试验。

5. 计算

$$X_1=\frac{(V_1-V_2)\times c_1\times 14}{m_1\times 1/100}\times 100$$

式中：X_1 为样品中挥发性盐基氮的含量，mg/100 g；V_1 为测定用样液消耗盐酸或硫酸标准溶液体积，mL；V_2为试剂空白消耗盐酸或硫酸标准溶液体积，mL；c_1 为盐酸或硫酸标准溶液的实际浓度；14 为与 1.00 mL 盐酸标准滴定液[$c(HCl)=$

1.000 mol/L]或硫酸标准滴定液$\left[c\left(\frac{1}{2}H_2SO_4\right)=1.000\ mol/L\right]$相当的氮的质量,mg;$m_1$为样品质量,g。

6.允许差 同半微量滴定法。

二、肉品中的水分及其测定

水分在动物体内的含量超过任何一种物质,占体重的55%~65%,其分布很不均匀,肌肉含水70%左右,皮肤含水约60%,骨骼含水10%以上,血液含水约80%。

肉品中水分的多少,不仅影响肉品的贮藏和加工,且对肉品的色、香、味有较大影响,直接关系到肉品的价值和销售等问题。

1.原理 食品中的水分一般是指在100℃左右直接干燥的情况下所失去物质的总量。直接干燥法适用于95~105℃,不含或含其他挥发性物质甚微的食品。

2.试剂

(1) 6 mol/L盐酸 量取100 mL盐酸,加水稀释至200 mL。

(2) 6 mol/L氢氧化钠溶液 称取24 g氢氧化钠,加水溶解并稀释至100 mL。

(3)海砂 取用水洗去泥土的海砂或河沙,先用6 mol/L盐酸煮沸0.5 h,用水洗至中性,用6 mol/L氢氧化钠溶液煮沸0.5 h,用水洗至中性,经105℃干燥备用。

3.操作方法 取洁净铝制或玻璃制扁形称量瓶,置于95~105℃干燥箱中,瓶盖斜支于瓶边,加热0.5~1.0 h,取出盖好,置干燥器内冷却0.5 h,称量,并重复干燥至恒量。称取2.00~10.0 g切碎或磨细的样品,放入此称量瓶中,样品厚度约为5 mm。加盖,精密称量后,置95~105℃干燥箱中,瓶盖斜支于瓶边,干燥2~4 h后,盖好取出,放入干燥器内冷却0.5 h后称量,0.5 h后再称量,至前后两次质量不超过2 mg,即为恒量。

4.计算

$$X_1=\frac{m_1-m_2}{m_1-m_3}\times 100$$

式中:X_1为样品中水分的含量,%;m_1为称量瓶(或加海砂、玻棒)和样品的质量,g;m_2为称量瓶(或加海砂、玻棒)和样品干燥后的质量,g;m_3为称量瓶(或加海砂、玻棒)的质量,g。

三、肉品的pH及其测定

肌肉pH的变化反映了肉品质量的变化,许多国家已把测定胴体的pH作为常规程序用于肉品检验。

(一)与 pH 变化有关的肉品质量

1. PSE 猪肉　其 pH 于宰后 45 min 迅速下降到 5.4～5.6,形成所谓高酸度肉。

2. 猪急性浆液坏死性肌炎(腿肌坏死)　这种猪肉在宰后 45 min pH 为 7.0～7.7 以上,主要发生于猪后肢的半腱肌、半膜肌,故常称为"腿肌坏死"。

3. 猪背肌坏死　无病变背肌的 pH 在宰后 45 min 为 6.4,有病变背肌的 pH 在宰后 1 h 和 24 h 均为 7.0～7.5。

4. DFD 猪肉　这种肉色深、质硬、干燥、保存性差,pH 多为 6.8～7.0。

5. 对肌肉中细菌的影响　当肌肉的 pH 为 6.0 或更低时,细菌分解活动变慢;相反,当动物宰前疲劳、生病,肌肉 pH 上升,有利于细菌的生长,当 pH 达 6.8 或更高,其肉的气味、色泽和质地明显表现出腐败分解。

综上所述,对于肉品 pH 的测定,将有助于评定肉的品质(新鲜度)和畜禽宰前的健康状况。但是 pH 不能作为判定肉品新鲜度的绝对指标,因为还有其他因素能影响 pH 的变化。

(二)测定方法

pH 测定方法有三种,即 pH 试纸法、标准色管比色法和 pH 酸度计测定法。其中以 pH 酸度计法较为准确,操作也简便,此处仅对该法加以介绍。

1. 原理　电位法测定 pH,是利用电极在不同溶液中所产生的电位变化来测定溶液 pH,并符合能斯特方程式。当一个指示电极(玻璃电极)和一个参比电极(甘汞电极)同浸于溶液中组成一个电池时,玻璃电极所显示的电位可因溶液中氢离子浓度不同而改变,而甘汞电极的电位则保持不变,这样两电极之间产生电位差(电池的电动势)的大小与溶液的氢离子浓度有关,在 25℃时,溶液的 pH 相差 1,电极电位相差 59.16 mV,pH 可在酸度计的刻度表上直接读出。

2. 仪器与试剂

(1)酸度计　以通用的 25 型酸度计为例。

(2)玻璃电极　221 型。

(3)甘汞电极　222 型。

(4)标准缓冲溶液

①0.05 mol/L 邻苯二甲酸氢钾溶液:将邻苯二甲酸氢钾置 105℃烘干 1 h,取 5.105 g,以重蒸馏水于 500 mL 容量瓶中定容至刻度(pH=4.1,25～30℃)。

②0.025 mol/L 磷酸盐溶液:取在 120℃下干燥 2 h 的磷酸二氢钾 1.70 g,磷酸氢二钠 1.775 g,以重蒸馏水于 500 mL 容量瓶中定容至刻度(pH =

6.89,25℃)。

③0.01 mol/L 硼酸钠溶液：取硼酸钠 1.905 g,以重蒸馏水于 500 mL 容量瓶中定容至刻度(pH=9.18,25℃)。

以上三种标准溶液的 pH 随温度不同而稍有差异。

3.操作方法

(1)样品的制备　取瘦肉 5 g 剪细研匀,放入 50 mL 中性蒸馏水中浸渍 15 min,并不断振摇,然后过滤待测。

(2)用 25 型酸度计测定 pH

①酸度计接上电源,打开开关,预热 5 min。

②调节温度补偿开关,使之与当时测定温度相同。

③电极安装后,浸入已知标准 pH 缓冲液中,根据已知 pH 将量程开关拨至"0～7"或"7～14"处。

④旋转零点调节开关,使指针在 pH 7 处。

⑤揿下读数键,调节定位调节器使指针恰好指在 pH 标准液的 pH 处。重复校正至数值不变为止。

⑥用蒸馏水洗涤电极数次,用滤纸吸干。

⑦换下待测样品的溶液,轻轻摇动,使电极与待测液均匀接触。

⑧揿下读数键,指针所指的数值为待测样品的 pH。

⑨将电极洗干净,测定下一个样品,或浸泡于蒸馏水中,待下次再用。

⑩将量程旋钮拨至"0",关闭电源开关。

4.评定　新鲜肉 pH 5.8～6.4,次鲜肉 pH 6.5～6.6,变质肉 pH 6.7 以上。

第十六章　组织病理学检验

患各种传染病而死亡的动物尸体，多有一定的病理变化。对死因不明的动物尸体或临床上难以诊断的疑似病畜进行病理学诊断，是诊断动物疫病的重要方法之一。病理学诊断法又分尸体剖检和组织病理学检查两种。病理组织学检查，对肉眼看不清楚或疑难疾病，可酌情采取病料，做组织切片，在显微镜下检查，观察其细微的组织学病理变化，借以帮助诊断。

在这里仅介绍制片的一般过程和原理，主要介绍石蜡切片和苏木素-伊红染色法。一般来讲，从病料的采取到制成染色标本，要经过取材、固定、脱水、透明、透蜡、包埋、切片、染色和封固等步骤。

一、取材

镜检标本的选择非常重要，不能随意切取，在切取镜检标本时，应注意下列各点。

1. 尽早固定　病理组织应尽早固定，越新鲜越好，以免出现死后变化。组织固定前，切勿摸、挤、压、拉等，以免改变组织的原有性状。切取组织块要用锋利的刀片切割。

2. 取材部位　取材时，必须选择正常组织与病灶交界处的组织，切片材料要一式二份。

切取的组织块应包括各个器官的主要构造，如肾组织应包括皮质、髓质，肝、脾等组织应连有被膜。

切取肿瘤标本时，不应在肿瘤中心坏死区或感染处采取材料，以免结构不清，妨碍诊断。应当在肿瘤实质部的边缘处垂直切取，一般从外到里，采取 2～3 块组织。注意不要挤压标本，以免组织变形，影响诊断。

3. 取材大小　切取组织块的大小为 1.5 cm×1.5 cm×0.5 cm，如做快速切片，则厚度不能超过 0.2 cm。

4. 固定前的处理　组织块固定时，不要弯曲扭转，肠壁、胃壁、胆囊壁等可先行平放在硬纸片上，然后慢慢放入固定液中。

采取的组织块必须用钢笔注明号码。如需长期保存，可将组织块于 10%福尔马林溶液中固定 24～48 h 后，用清水冲洗片刻，再放入新鲜甲醛溶液中保存。

二、固定

采取的病理材料必须立即放入固定液中。这样，细胞迅速死亡，能够保存细胞原有的形状和构造。固定组织所用的固定液不能太少，一般应为组织体积的 10 倍，否则会影响切片的质量和诊断。

一般用的固定液是 95%酒精、10%中性甲醛溶液（40%甲醛溶液 100 mL，蒸馏水 900 mL，酸性磷酸钠 4 g，磷酸氢二钠 6.5 g）。现介绍几种常用的混合固定液。

1. 酒精福尔马林液

酒精（95%）	85 mL
甲醛溶液（40%）	10 mL
冰醋酸	5 mL

这种固定液同时具有固定和脱水作用，多数用于病理检验的切片。从固定液取出的组织块，可以直接浸入 95%酒精或无水酒精，不需要用水冲洗。

2. 辛克（Zenker）氏液

升汞	5.0 g
重铬酸钾	2.5 g
蒸馏水	100 mL

先将重铬酸钾及升汞溶于水中，加热溶解。临用时取此液 95 mL，加冰醋酸 5 mL。如冰醋酸加得过早，即和重铬酸钾起作用。固定 12～24 h。固定后，用流水冲洗 12～24 h，浸入各级酒精，组织浸入 70%酒精时，用滴碘酒法除去升汞。应用这种固定液固定的组织块，细胞核及细胞浆染色都很好，是一种优良的固定剂。

3. 鲍因（Bouin）氏液

苦味酸饱和水溶液	75 mL
甲醛溶液（40%）	25 mL
冰醋酸	5 mL

这是常用的固定液，穿透速度快，固定均匀，固定皮肤更为合适（因为苦味酸有软化皮肤的作用）。固定后，投入 70%酒精洗涤，至黄色消失为止。

4. 卡诺（Carnoy）氏液

无水酒精	60 mL
氯仿	30 mL
冰醋酸	10 mL

这是渗透力最强的一种固定液,固定的组织切片适合于各种染色法。新鲜标本固定 1～2 h,固定细胞分裂的组织更为合适,固定后用 95%酒精洗涤。

三、脱水

经固定和水洗后,组织中含有多量水分,这时还不能浸石蜡包埋,因为水不能与石蜡混合,必须先把组织内的水分除去。脱水剂必须是与水在任何比率下均能混合的液体。脱水剂兼有硬化组织的作用,最常见的脱水剂为酒精、丙酮等。

1. 酒精　是最常用的脱水剂。组织经固定及冲洗后,再经过一系列由稀到浓(由低浓度到高浓度)的酒精,能逐渐脱净组织中的水分。脱水的程序为 70%→80%→95%→100%。各级酒精脱水时间一般为 2～4 h,具体视材料的大小、厚薄而定。100%酒精有硬化组织的作用,脱水时间不宜太长,一般不超过 3 h。坚韧的组织如骨、韧带、肌肉等,脱水时间不能过长,一般 2 h 左右。脂肪组织或疏松结缔组织脱水时间要适当延长。

2. 丙酮　沸点为 56℃,其作用一般与酒精相同,但它的脱水力与收缩力比酒精强。为了避免组织过度收缩,要先经过低浓度丙酮(40%丙酮),再放入纯丙酮中,每级浸 1 h。快速石蜡切片法用丙酮脱水效果较好。

四、透明

透明对组织有脱酒精及透明两种作用,具有这种作用的试剂称为透明剂。透明剂不仅有脱酒精的功能,而且能溶解于石蜡,便于石蜡渗入。凡折光率接近 1.518的脱酒精的透明剂都可用于透明。

1. 二甲苯　是最常见的良好透明剂,不影响各种染色。二甲苯易溶于酒精,能溶解石蜡,也是封固剂,不吸收水,透明力强。但组织不能放置过久,放置时间视组织的大小而定,通常为 0.5～1 h,否则组织容易变脆。为了避免组织剧烈扭转与收缩,最好投入二甲苯透明前,先经过二甲苯与无水酒精 1∶1 混合液。

2. 松油醇　是兼有脱水作用的透明剂。脱水力强,优于其他透明剂。组织块经过各级酒精、脱水 95%酒精时,取出组织块移浸松油醇时,即能透明(不需要经过无水酒精、二甲苯)。组织块放在松油醇中,可放置过夜。经松油醇透明的组织块穿透力弱,浸蜡时间要适当延长。

五、透蜡

透蜡时间以能取代组织内的全部透明剂,并充分渗入石蜡为原则。先将组织块放入二甲苯与石蜡各半的混合液中,于 52～58℃ 温箱内放置 1 h,然后将标本移入保持在 52～58℃温箱中的石蜡 2～3 h,或更长时间。一般的浸蜡时间为 4～6 h。如用松油醇、香柏油透明,则要延长透蜡时间。冬天用熔点 52～54℃的石蜡,夏天用熔点 56～58℃的石蜡。

六、包埋

将熔化的石蜡倒入金属包埋框中(在倒入石蜡前,先将包埋框的内面涂布液体石蜡,以便冷却后,石蜡包埋的组织易于脱落),再将透过蜡的组织块放入包埋框的中央,并将预备切的组织面向下,等到石蜡表面形成薄膜时,立即将包埋器沉入冷水内 15～20 min,取出石蜡块,按照组织块大小划分若干块加以修整,组织外面应留有适当的石蜡。

七、切片及附贴

将蜡块固定在石蜡切片机上,使蜡块的切面与刀口成平行方向,刀的倾斜度通常为 15°,转动圆盘,调整切片厚度,切成 2～4 μm 厚的切片。

右手旋转机轮,左手持毛笔轻轻拨起切片,然后把切片放入 35～40℃的温水皿中展平。切片移铺在经脱脂干净的载玻片上,送入烤片箱(40～50℃,勿高于熔点),烘烤 4～24 h。

八、染色

1. 染色前的准备工作　组织片经二甲苯脱蜡 10～20 min,脱二甲苯。从高浓度酒精逐渐转入低浓度酒精(100%、95%、80%、70%、50%),各 2～5 min,然后水洗 5 min。

2. 苏木素-伊红染色法的染色顺序　①切片经脱蜡到水洗。②移入 Harris 苏木素液内 1～5 min(淋巴组织染色时间要缩短),苏木素主要染细胞核。③水洗。④移入 1%盐酸酒精分化数秒钟至 30 s(退去胞浆颜色,保存细胞核颜色,此种区别作用称为分化)。⑤中和,在加数滴饱和碳酸钾溶液的水中处理30 s。⑥流水式洗涤。⑦移入 0.5%～1%伊红酒精溶液复染 30 s(主要染细胞浆)。⑧脱水,95%和 100%酒精各 10 min。⑨透明,二甲苯透明 10～15 min。⑩封固,切片上滴加中性加拿大树胶,然后覆盖上盖玻片,干后即可应用。

Harris 苏木素液的配制方法:

苏木素	0.9 g
酒精	10 mL
铵(或钾)明矾	20 mL

蒸馏水　　　　200 mL

分别将苏木素溶于酒精,明矾溶于水中,再把苏木素液和明矾液均匀混合,倒入烧杯,迅速煮沸。此时再加入一氧化汞 0.5 g,用玻棒拌匀,氧化,溶液很快变成深紫色,将烧杯移入冷水中,使溶液迅速冷却,第二天将溶液过滤即成。在应用前每 100 mL 苏木素液内加冰醋酸 2～4 mL。

酸化伊红酒精液配制方法:1 g 伊红加 10 mL 蒸馏水,等完全溶解后,滴加冰醋酸,直至水溶液成糊状为止。这样重复处理 2～3 次,然后倒在滤纸上过滤,放入温箱中烤干。将滤液溶于 80%～95%酒精中,配制成 0.5%～1%伊红酒精溶液。这种伊红染液的着色快,而且在酒精中较不易褪色。

附:快速石蜡切片法

新鲜组织固定于酒精甲醛溶液(95%酒精 85 mL,浓甲醛溶液 10 mL,冰醋酸 5 mL)中,加热至沸点(2～4 min),取出后将组织用锋利的刀片修薄,然后放入两级丙酮(丙酮Ⅰ,丙酮Ⅱ),加热至沸点(丙酮的沸点为 56℃,而且容易燃烧,在操作时必须特别小心)。使丙酮挥发 50%左右,然后再移入已熔好的石蜡溶液中透蜡,继续加热 2～3 min(是否透蜡完全,主要看组织块放出的气泡是否消失)。组织包埋于事先做好的蜡块中,然后进行切片。将切片展开在载玻片上,用吸水纸吸干,立即在酒精上烤干,直至组织中蜡溶解为止。染色方法与常规的苏木素-伊红染色法相同,为了减少染色时间,染苏木素时,可在酒精灯上加热。快速石蜡切片法,一般在 30 min 内即可制成切片。

附　录

附录一

中华人民共和国国家标准

畜类屠宰加工通用技术条件

条文释义

前　言

为了规范生猪屠宰加工业(者)的行为,促进行业的技术进步,提高肉类产品质量,防止家畜类疫病传播,保护消费者身体健康,特制定本标准。

本条是对制定标准目的的规定,主要有五方面。

(1)规范屠宰加工业的行为　生猪放开经营以来,市场繁荣,促进了养猪事业的发展。我国猪肉的年产量跃居世界前列,年人均占有量达到30.6 kg。但是近年来,生猪屠宰加工管理失控,问题非常突出。屠宰场地过多,过滥,加工场地、设备设施不具备;操作规程不规范;肉品检验制度不严,有的根本不检验照样上市,个别地区病死猪肉也上市销售;没有相应的管理制度,产品不按质量标准生产;造成环境污染,危害人民群众的居住环境和正常的生活。国务院第238号李鹏总理签发的《生猪屠宰管理条例》已经于1998年1月1日颁布,国内贸易部陈邦柱部长签发的《生猪屠宰管理条例实施办法》也于1998年2月23日发布实施。目前急需制定一个统一的、规范的标准《畜类屠宰加工通用技术条件》来约束、规范屠宰加工行业的行为。

(2)促进行业的技术进步　目前在世界上许多国家和地区,如西欧、北美及东南亚等国家,畜类屠宰加工都制定了相应的法规及标准,提倡文明宰猪。我国是社会主义国家,在计划经济年代,制定了相应的法规、条例及加工规范,对于推动国内屠宰行业发展,促进科技进步起到了积极作用。但随着市场经济发展,这些条例及规范已不能适应当前市场经济发展的需求。为了赶超世界先进水平,把我国目前屠宰加工行业管理水平提高一步,促进行业科技进步,屠宰加工行业采用先进技术,显得十分重要。

(3)提高肉类产品质量　肉类产品质量包括两个方面:一是产品的卫生质量,

二是产品的规格质量。影响产品卫生质量的因素有原料问题，也有生产经营过程中对肉品的污染。原料问题，是指待宰生猪患有传染病或寄生虫病，或是毒死病死的猪；生产经营过程中对肉品污染，是指使用的水源、水质、环境对肉品的污染，加工过程中的用具、容器对肉品的污染，人为对肉品强制性注水（又叫注水肉）。由于肉品检验不严、失控，相当一部分病死猪肉、带囊虫猪肉、注水肉流入市场，严重危害了群众身体健康。个别地区人畜共患的猪囊虫发病率呈上升趋势，危害了整个民族及下一代的身体素质。因此，供应城市居民及广大人民群众的"放心肉"（合乎质量标准的肉品）是很迫切的。

(4)防止家畜疫病传播　人畜共患疫病传播，其中通过肉畜（禽）及其产品传染给人的有 30 多种。其传播的源头一是养殖行业，二是屠宰加工业。屠宰加工厂（场）屠宰的病畜类产品、副产品和加工后的废弃物常带有病源菌。如处理控制不严，传播出去暴发流行，其后果不堪设想。为了不放过一头病猪，保证出厂（场）肉类产品的卫生质量，屠宰加工过程中的肉品卫生质量检验显得非常重要。因此，厂（场）内应加强生猪屠宰前检疫，一旦发现病猪做到早、快、严及时扑灭处理，强化宰后肉品检验，不把带病的猪肉、副产品流入到市场，防止家畜类疫病传播是刻不容缓的责任。

(5)保护消费者身体健康　主要体现在两个方面；一是肉品生产经营者所生产经营的肉品必须有益于消费者的身体健康，满足人体所需的各种营养物质，如蛋白质、脂肪、碳水化合物、维生素等，以满足自身生理的需要；二是消费者的生命安全和健康受法律保护，任何肉品生产.经营者不得侵害，否则要承担相应的经济处罚和法律责任。

1　范围

本标准规定了畜类屠宰加工应具备的基本技术条件。

基本技术条件指厂（场）址，屠宰规模，水源、水质，厂房建筑与设备，具有专业肉品检验和屠宰技术人员，有检验设备和消毒设施，有对病猪、病猪肉产品无害化处理设施，有对畜类防疫条件。屠宰加工厂（场）的厂（场）址应远离生活饮用水源保护区和居民生活住宅区及公共场所；厂房应与生产规模相适应、布局合理，有待宰间、屠宰间、急宰间及污水处理设施。水源（地表水、地下水）充足，水质必须符合 GB 5749 的规定。厂房建筑与设备应符合国家规定的要求，厂房设施必须结构合理、坚固，地面防水、防滑，便于清洗和消毒，并有防鼠、防蝇的设施。具有与屠宰规模相适应的麻电、浸烫、打毛、升降、劈半、去头蹄等主要生猪屠宰设备和运输、存放肉类（及副产品）的车辆、容器等。具有一定专业技术的检验、防疫人员，经上级部门考核合格，取得上岗证书。屠宰技术人员经当地防疫部门体检合格取得健康证明。屠宰厂（场）必须具备基本的检验设备，以满足生产过程的检验需要，有条件的厂（场）还应建立化验室，对畜类发生疫病、寄生虫病进行必要诊断，对肉类产品的细菌学及理化指标进行检测，为产品出厂（场）出具检验证书。还应配备日常消毒药品、机械器具与设施。对病猪及病猪肉尸、内脏要有无害化处理设备，高压高温的容器，粉碎、干燥等设备，经处理后，可作动物饲料。有防疫、诊断必需的仪器设备，以及具有一定专业知识水平的兽医人员，负责厂（场）的防疫与疫病诊断。

本标准适用于在中华人民共和国境内设置的猪、牛、羊屠宰厂（场）。

2 引用标准

下列标准所包含的条文，通过在本标准中引用而构成本标准的条文，本标准出版后，所示版本均为有效。所有标准都会被修订，使用本标准的各方应探讨使用下列标准最新版本的可能性。

GB 5749—1985 生活饮用水卫生标准

GB 12694—1990 肉类加工厂卫生规范

GB 13457—1992 肉类加工工业水污染物排放标准

3 定义

本标准采用下列定义。

3.1 验收间 inspection and reception department

畜类进厂后检验接收的场所。

3.2 隔离间 isolating room

隔离可疑病畜，观察、检查疫病的场所。

3.3 待宰间 waiting pens

宰前停食、饮水、冲淋的场所。

3.4 急宰间 emergency slaughtering room

屠宰病、伤畜的场所。

3.5 屠宰加工间 slaughtering room

自致昏放血到加工成片肉的场所。

3.6 分割肉加工间 cutting and deboning room

剔骨、分割、分部位肉的场所。

3.7 副产品整理间 by-products handling room

心、肝、肺、脾、肠、胃、肾及头、蹄、尾等器官加工整理的场所。

3.8 有条件可食肉处理间 edible processing room

采用高温、冷冻或其他有效方法，使有条件可食肉中的寄生虫和有害微生物致死的场所。

3.9 不可食用肉处理间 inedible and waste processing room

对病、死畜、废弃物进行化制处理的场所。

3.10 非清洁区 non-hygienic area

致昏、放血、烫毛、剥皮和内脏、头、蹄加工处理的场所。

3.11 半清洁区 semi-hygienic area

从冷水池或剥皮后到同步（或编号对照）检验的场所。

3.12 清洁区 hygienic area

整修、复验、胴体加工、心肝肺加工、暂存发货间、分级、计量等的场所。

4 屠宰厂（场）选址

4.1 畜类屠宰加工厂（场）选址除应符合 GB 12694 中 4.1 的要求外，还应选在当地常年主导风向的下风侧，远离水源保护区和饮用水取水口，避开居民住宅区、公共场所以及畜禽饲养场。

本条是对畜类屠宰加工厂（场）选址应符合 GB 12694 中 4.1 的有关规定。畜类屠宰厂（场）应远离住宅、医院、学校、水源及其他公共场所，位于居民区的下游和下风，以免污染空气、水源和周围环境；同时对于地形、地势、水位、给排水、光照、通风、电力、燃料供应等方面应综合全面考虑。

4.2 畜类屠宰加工厂（场）应设在交通运输方便，电源稳定，水源充足，水质符合 GB 5749，环境卫生条件良好，无有害气体、粉尘、污浊水及其他污染源的地区。

本条是对畜类屠宰加工厂（场）的交通、电源、水源及环境要求的规定。交通方便，必须靠近公路、铁路和水路，便于生猪的调进和肉类产品调出。要有足够的电源，满足生产过程中的照明、通风、降温、制冷等的方便用电，特别是冷藏库要 24 h 保证供电，不然冻肉产品会因冷库升温解冻造成不必要的经济损失。水源充足，除有地面水可利用外，还应考虑到有无丰富的地下水资源。如在工矿区建厂（场）还须注意避开矿厂所生产的有毒有害气体和尘烟对肉品污染。

屠宰厂（场）址选择，不仅在卫生上，而且对决定投资数额、施工方法和企业扩大再生产都有着重要意义。

5 畜类屠宰厂（场）应具备的条件

5.1 车间

应设置与屠宰加工量相适应的验收间、隔离间、待宰间、急宰间、屠宰加工间、副产品整理间、有条件可食用肉处理间、不可食用肉处理间。

本条是对屠宰厂（场）的饲养场、屠宰加工车间及化制间建筑设施要求的规定。

畜类屠宰厂（场）应设置饲养场（也叫牲畜仓库），其组成应有验收间（是畜类进厂后检验接收场所），设有卸车（船）站台、地磅及供检验和测温用的分群栏。经观察测温后，没有发现可疑疫病或疫情，可转到待宰间；如发现可疑疫病牲畜，转到隔离间，继续观察，发现有疫病牲畜送急宰间处理，没有疫病牲畜应正常转到待宰间。每头猪所需面积为 0.6～0.9 m^2，同时配备充足的饮具、饲槽，场内应有消毒器具及排污设施。

屠宰加工车间、副产品整理间：①厂房与设施必须布局合理、坚固，便于清洗和消毒。②厂房与设施应与生产能力相适应，高度应能满足生产作业、设备的安装与维修及采光与通风的要求。③应有防蝇、防鼠、防烟雾、防尘的设施。④厂房地面应使用防水、防滑、耐腐蚀、无毒的材料，坡度应为 1°～3°，明沟应呈弧形，排水口须设网罩。⑤墙壁与墙柱应贴 2 m 以上的白色或浅色瓷砖，顶角、墙角、地角呈弧形，天花板涂层光滑、不易脱落。⑥门窗应装配严密，同时便于拆卸和清洗，内窗台下斜 45°。⑦屠宰间必须有兽医卫生检验设施，进行同步检验（或对号检验）、旋毛虫检验、肉尸内脏检验等。⑧生产用水应有足够供水设备，水质必须符合 GB 5749 的规定。要有贮水设施，使用循环用水必须经过处理，达到上述规定。⑨必须设有与职工人数相适应的更衣室、淋浴室、厕所。更衣室内须有个人衣物存放柜。车间内厕所应与车间的走廊相连，门窗不得直接开向操作间，便池必须是水冲式的，粪便排泄管不得与车间内污水排放管混用。⑩应有洗手、清洗、消毒设施；生产车间进口处及车间内适当地点应有热水和冷水设施，应设有工具、容器和固定设备的清洗、消毒设施，并有充足的冷热水源。

有条件可食用肉处理间：有条件这里指采用高温或冷冻方法处理病畜肉，达到可食用的目的。采用高温或冷冻方法处理病畜肉是有范围与限度的，必须准确应用，从严掌握，如猪传染性水疱病的肉尸及内脏经高温处理后出厂，又如猪丹毒、猪肺疫有轻微病变的肉尸及内脏经高温处理后出厂。高温处理，先将要处理的肉尸切成 2.5 kg 块形，经煮沸后，维持 120 min，肉中心温度 80℃即可。冷冻处理方法，如猪肉尸在规定检验部位上的 40 cm^2 面积内发现囊尾蚴和钙化的虫体在 3 个以下者（包括 3 个），其整个肉尸经冷冻无害处理后出厂。猪囊虫冷冻处理，应使肉中心温度达到－10℃后，再放在－12℃经 10 d，或肉中心温度达到－12℃后再冻至－13℃即可。

不可食用肉处理间：就是通常所说的化制间。打到叉轨上的病猪，经主任兽医诊断确认是寄生虫及传染病猪，不可食用者；以及在同步线上生产过程中检出猪内脏及器官产生病变的非食用者；肉尸上整理修割的病变组织及其废弃物，不可食用的；急宰间屠宰的病猪肉尸及内脏，经检验不可食用者，最后集中到化制间，经高温蒸煮后，提炼出工业油及蛋白胨粉，其渣汁进入耙式干燥机内，加热、真空脱水、烘干粉碎变成饲料粉，达到无害化处理的目的。

5.2　厂区布局

厂(场)内应设置非清洁区、半清洁区和清洁区。原料、产品各行其道，不得交叉污染。

本条是对屠宰加工厂(场)的厂区整体规划、布局的规定。

屠宰厂(场)布局：总体可分成三个区，即生产区、办公区、生活区。从生产方面要求，这三个区要分开设置，但又是一个整体。其布局要遵循以下几个原则：①活畜进厂与成品出厂，不得同走一个大门，厂内不得共用一个通道。②为防止交叉污染，原料、辅料、生肉、熟肉和成品存放场所必须分开设置。③各车间的生产设置及工艺流程必须符合卫生要求，屠宰厂(场)的生产车间一般应按饲养、屠宰、分割、冷藏的顺序合理布局。④饲养场、化制间应距生活区较远；办公楼、生活区应在生产区的上风点；病畜隔离间、急宰间、化制间及污水、粪便处理场所应布置在生产区的下风点，并保持一定的距离；锅炉房必须设有消烟除尘的装置。⑤厂区主要道路和进入厂区的主要道路应铺设混凝土或沥青路面，要求路面平，无积水。⑥厂区应有良好给、排水系统。⑦厂区内不得有臭水沟、垃圾堆及其他有碍于卫生的场所，厂区应绿化、美化。

5.3　加工机械

厂(场)应配置与屠宰加工量相适应的屠宰加工设备、产品专用容器、专用运载工具。

本条是对屠宰加工必备的机械设备及产品专用容器和运载工具的规定。

首先要确定屠宰加工厂(场)日宰量(班宰量)。如确定屠宰加工量，日宰1 200头，时速为180头/h，则需3 min刺杀一头生猪，按照这样的屠宰速度与加工量，来配置屠宰加工机械设备和产品专用容器及运载工具。

屠宰加工设备：V形麻电输送机、平板输送机、立式洗猪机、ZDJ-300型蝶式烫猪机、ZDBM-300型刨毛机、提升机、燎毛机(或人工燎毛)、同步检验线、锯头机、桥式劈半机(或往复式劈半电锯)、自动冲淋机、去脚爪机(前后爪)、剥皮机(有卧式、立式)、自动悬挂输送机(或输送轨道)、高压清洗机、天磅等。

副产品加工设备：心肝肺分离机，打肚机(去胃黏膜)，劈脚爪机，劈猪头机，刮肠机等。

产品专用容器及运载工具：产品专用运载工具有不锈钢手推车、锌板手推车

(供运载猪头、蹄、尾及猪内脏专用)、病猪专用密封车和病变器官、废弃物专用车。容器有塑料筐、塑料盆、塑料桶,要有不同色彩的,可以固定到每个生产操作岗位,做到定岗、定位、定容器,以免串用,产生污染。

5.4 化验室(检验室)

厂(场)内应设有化验室,配备相应的消毒药品和检验仪器。

本条是对化验室的基本检测要求的规定。

国家对于肉类产品及肉类制品规定了检验及化验标准。对原料、辅料、半成品及成品,必须进行细菌、物理、化学检验及病原微生物实验诊断。经兽医检验(菌检、理化检验)合格的产品方可出厂,出厂的产品必须有检验证书。

(1)仪器与器械

微生物、寄生虫检验常用仪器设备:显微镜(高、低倍镜)、干燥灭菌器、流动蒸汽消毒器、高压蒸汽消毒器、煮沸消毒器、血清凝固器、恒温培养箱、离心沉淀器、水浴箱、冰箱、康氏振荡器、接种环、解剖显微镜、标本扩大镜、手持放大镜。

理化分析常用仪器设备:绞肉机、喷灯、电炉、电冰箱、电力离心机、电热恒温水浴锅、电热恒温干燥箱、高温电炉(马弗炉)、去离子水装置、康氏振荡器、磁力搅拌器、各类天平、各类分光光度计、各类酸度计及离子计、测汞仪、薄层分析展开仪、通风柜、气相色谱仪、原子吸收分光光度计。

常用玻璃器皿:量器类,包括量杯、量筒、容量瓶、滴管、吸管、称量瓶等;容器类,包括试剂瓶、烧杯、三角烧杯、试管、离心管等。

特定玻璃仪器:分液漏斗、干燥器、凯氏分析烧瓶、冷凝管、层析柱、索氏脂肪抽提器与凯氏定氮仪。

(2)化学试剂及消毒药品

化学试剂:有实验试剂、生物试剂、生物染色剂、光谱纯试剂。理化检测试剂可以分为优级纯(G·R)、分析纯(A·R)、化学纯(C·P)。

消毒药品:酸类,硝酸、硫酸、盐酸、硼酸、甲酸;碱类,氢氧化钠、氢氧化钾、生石灰、碳酸钠、肥皂;酚类,石灰酸、来苏儿、克辽林;醇类,乙醇;氧化剂,漂白粉、氯、氯水、次氯酸钠、高锰酸钾、甲醛;新消毒药,新洁尔灭(溴化苄烷铵)、洗必泰、消毒宁(度米芬)、环氧乙烷、碱性戊二醛、乙型丙内酯。

5.5 照明

屠宰加工作业场所的照明设施应齐备,屠宰和分割车间操作场所照度不应小于150 lx,屠宰操作面照度不应小于150 lx,分割操作面照度不应小于200 lx,检验操作面照度不应小于300 lx。

本条对车间操作场所的照度做了具体规定,但对于照明灯具的光泽不应改变被加工物的本色；亮度应能满足肉品检验人员及生产操作人员的需要；吊挂在肉品上方的灯具必须装有安全防护罩，以防灯具破碎而污染肉品未作说明。

5.6　污水处理和排放

屠宰厂(场)内应设置污水处理设施，污水排放应符合 GB 13457 的规定。

本条是对屠宰厂(场)应设置污水处理设施，达到 GB 13457 排放标准的规定。

屠宰厂(场)排出的污水因为可以污染水源，而对公共卫生和家畜流行病等方面具有一定危害性。作为控制排污的准则，对排出的污水必须进行生物处理。我国污水处理方法大体可分为物理法、化学法、生物法三类。国内目前主要采用生物法处理污水，有好氧与厌氧两种方法。好氧处理(又叫活性污泥法)大多采用射流曝气及水力喷射曝气；厌氧处理(又叫厌氧生物法)大多采用兼性厌氧-AB 两极射流曝气联合。以"射流曝气活性污泥法"为例，工艺流程如下：

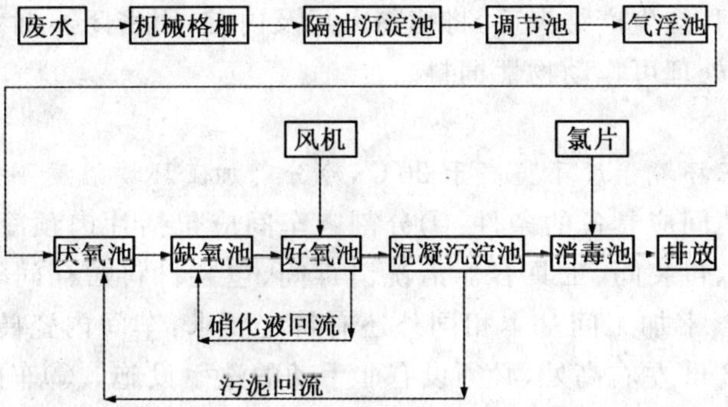

屠宰厂(场)未处理的污水：CODCr 950～1 400 mg/L，BOD5 400～800 mg/L，SS 500～1 000 mg/L，pH 6.58～6.87，大肠菌群 3.83×10^{5} 个/L，色度(倍)625。

经处理后排放的水：CODCr 70～80 mg/L(国标 CODCr 100 mg/L)，BOD5 20～30 mg/L(国标 BOD5 30 mg/L)，SS 20～50 mg/L(国标 SS 70 mg/L)，pH 7.50～7.93(国标 pH 6～9)，色度(倍) 40[国标色度(倍) 50]。

5.7　屠宰设备

5.7.1　猪屠宰悬挂输送设备

放血线轨道面应距地面 3～3.5 m；胴体加工线轨道面距地面高度为：单滑轮 2.5～2.8 m，双滑轮 2.8～3 m；自动悬挂输送机的输送速度，每分钟不超过 6 头；挂猪间距应大于 0.8 m。

5.7.2 牛屠宰悬挂输送设备

放血线轨道面应距地面4.5～5 m，挂牛间距不小于1.2 m。

5.7.3 羊屠宰悬挂输送设备

放血线轨道面应距地面2.4～2.6 m，挂羊间距应大于0.8 m。

5.7.4 应设置疑似病畜吊轨叉道，用于运送病畜和需化制的头、蹄、尾、胴体、内脏等。

设置病猪吊轨叉道的目的是为了将生产过程中验出的病猪打入叉轨，通过叉轨输送到病猪处理间。经过主任兽医对病猪体作进一步的检验诊断，确认是与非，从而避免病猪在生产流程中对于健康猪体的污染。

以下地段需要设置病猪吊轨叉道：一是在猪体表检验位置，经兽医卫检员对猪体表进行感官检验（眼看、手触摸、鼻嗅）、综合分析判断[通过体表检验，三大传染病（猪瘟、猪丹毒、猪肺疫）基本上都能检出]，检出病猪、疑似病猪，经过吊轨叉道输送至病猪处理间；二是在复检工序，病猪连同相应的检出内脏，由吊轨叉道输送到病猪处理间，待生产结束后，将病猪肉尸及内脏，用密闭不漏水的手推车送至化制间，经化制处理可作动物性饲料。

5.8 分割加工

热分割加工环境温度不得高于20℃，冷分割加工环境温度不得高于15℃。

分割肉加工间应具备的条件：①分割肉车间应包括片肉预冷间、分割肉加工间、成品冷却间、包装间、工具容器清洗消毒间、包装材料贮存间等。②厂房建筑材料与设施与屠宰加工间基本相同外还有特定要求：车间内瓷砖应贴面到顶，窗应设在离地面2 m左右高处，必须设有非手动的洗手设施。③车间内应装有空气调节装置，分割操作间温度应保持在20℃左右，包装操作间温度应控制在15℃左右。④操作场所以人工照明为主，照度为130～200 lx，不得用拉线开关。换风系统和吸风口要有过滤装置。⑤分割肉生产工艺流程可以分为：热剔骨工艺，采用预冷，使片肉温度达到25℃左右；冷剔骨工艺，采用预冷，使片肉温度在24 h之内达到7℃再进行剔骨加工。⑥冷却肉温度应在0～4℃，使冷却终了肉的中心温度达到7℃左右。⑦直接接触肉品的台板输送带、晾肉架、车辆、容器具等应选用不锈钢或无毒塑料、铝合金材料制成。⑧分割加工机械，如BBA型分割带锯、CSB系列带式输送机、铲皮机等，选型要结构轻、低噪声，便于拆卸和清洗、消毒。⑨门除双肩弹簧门外，还应设有软塑料透明门帘。⑩辅助设施要有与生产相适应的更衣室、休息室、磨刀间、淋浴间、厕所。

5.9 产品贮存

需贮存的产品，按产品标准要求进行。

冷藏库是屠宰厂(场)的“心脏”,不但投资数额较大,而且也是屠宰厂(场)必须具备的基本条件,建好、管好、用好冷藏库对保证产品的卫生质量非常重要。冷藏库的结构布置要合理。屠宰厂(场)冷藏库的容量应与屠宰厂(场)年、月、日生产能力(宰杀数量)相适应。应根据当前市场经济调、销、存三者比例,来确定冷藏库容大小。冷藏库要有结冻库、低温库。结冻库的库温应在－25℃以下,低温贮藏库的库温应在－18℃,一昼夜升降幅度不得超过±1℃。高温库的库温应在3℃(不得低于1℃,高于4℃)左右。冻肉堆放距低温库顶棚0.2 m,距高温库顶棚0.3 m,距顶排管下侧0.3 m,距顶排管横侧0.2 m,距无排管的墙0.2 m,距墙排管外侧0.4 m,距冷风机周围1.5 m,库内留有走道,便于操作,保证安全。冷藏库堆货架垛应有垫板,不允许直接接触地面。冷库地面及走廊、月台必须做到不渗水、易清扫。冷库门应采用防锈、防腐的金属材料包裹,并有防鼠、防霉措施。库房内应配有自动温度记录仪。库房管理应符合《冷库管理规范》(试行)中有关章节的规定。

5.10　特殊屠宰

屠宰供应少数民族食用的畜类产品的屠宰厂(场),要尊重民族风俗习惯;使用祭牲法宰杀放血时,应设置使活畜仰卧固定装置。

信仰伊斯兰教的民族,在牛、羊屠宰加工厂刺杀放血时是由阿訇点红,必须受到尊重。

附录二

中华人民共和国国家标准
生猪屠宰操作规程
条文释义

前 言

制定本标准是为了规范生猪屠宰加工业(者)的行为,促进行业的技术进步,提高肉类产品质量,保护消费者身体健康。

1 范围

本标准规定了生猪屠宰各工序的操作规程和要求。

生猪屠宰各工序包括麻电致昏、刺杀放血、浸烫脱毛、开膛净腔(去皮开膛净腔)、劈半(锯半)、整修复验、整理副产品及宰后检验。

本标准适用于中华人民共和国境内的各类生猪屠宰加工厂(场)。

本条是对《生猪屠宰操作规程》适用范围的规定。

本标准适用于中华人民共和国境内所有的生猪屠宰加工厂(场)。国营、集体、私营及社团、集团办的生猪屠宰加工厂(场)都应遵守本标准。

2 引用标准

下列标准所包含的条文,通过在本标准中引用而成为本标准的条文。本标准出版时,所示版本均为有效。所有标准都会被修订,使用本标准的各方应探讨使用下列标准最新版本的可能性。

GB 12694—90 肉类加工厂卫生规范

GB 9959.1.2—88 带皮和无皮鲜、冻片猪肉

3 定义

本标准采用下列定义。

3.1 猪屠体 pig body

猪屠宰、放血后的躯体。

3.2 猪胴体 pig carcass

生猪屠宰、放血后,去毛、头、蹄、尾、内脏的躯体。

3.3 片猪肉 half carcass

沿背脊正中线，将猪胴体劈成两分体。

3.4 内脏 offal

猪脏腑内的心、肝、肺、脾、胃、肠、肾等。

3.5 挑胸 breast splitting

用刀刺入放血口，沿胸部正中挑开胸骨。

3.6 雕圈 cutting of around anus

沿肛门外围，将刀刺入雕成圆形。

3.7 描脊 cutting the middle line of back fat

用刀对准脊背正中线，直线引下，切开皮层及皮下脂肪。

本条是对本标准中使用的一些术语的解释。

4 生猪宰前的要求

4.1 待宰猪应来自非疫区，健康良好，并有“兽医检验合格证书”。

生猪屠宰厂(场)收购的生猪必须来自非疫区，并持有产地兽医防疫站的“检疫证书”。在有疫情发生的地区，必须是在当地疫情解除封锁后5 d(猪瘟60 d)收购的生猪，并持有当地兽医防疫站出具的“检疫合格证明”，方可收购。

屠宰厂(场)的饲养场(牲畜仓库)供贮养屠畜之用。要有验收间、检疫隔离间、暂养圈及待宰间，生猪收购时及宰前发现病、伤猪，必须及时送急宰间进行急宰处埋。

4.2 待宰猪临宰前应停食静养12～24 h，宰前3 h为止应充分喂水。

木条是对待宰生猪临宰前断食、停水时间的规定。临宰前12～24 h要停食，宰前3 h要停止喂水。待宰生猪临宰前施行断食、停水管理，其好处是：①可以节省大量饲料；②可以促使胃肠排空，既利于解剖操作，又可减少胃肠内容物对肉尸的污染；③可以适当冲淡血液浓度，保证放血良好；④能促进肌糖原分解成葡萄糖和乳酸分布全身，有利于肉的成熟，改善肉的品质。

4.3 应将待宰猪喷淋干净，猪体表面不得有灰尘、污泥、粪便。

本条是对送宰前待宰生猪体表要求的规定。

待宰生猪进入待宰圈，可进行自动喷淋或人工冲淋2 min，北方冬季对猪体冲淋要用20℃温水。将猪体表面的灰尘、泥污及粪便冲洗干净，保证送宰生猪体表清洁。

4.4 送宰猪应经检验人员签发“宰前合格证”。送宰猪通过屠宰通道时，应按顺序赶送，不得脚踢、棒打。

本条是对当日送宰的生猪应由检验员签发“宰前合格证”等的规定。

屠宰厂(场)当天宰杀生猪必须有宰前检验人员签发的“宰前合格证”。全天屠宰必须注明上、下午送宰的头数。送宰时要求轻吆慢赶,不得棒打、驱赶,以免猪只自身拥挤受伤及人为的脚踢、棒打产生外伤。

5 屠宰操作规程及操作要求

5.1 麻电致昏

5.1.1 麻电操作人员应穿戴合格的绝缘靴、绝缘手套。

本条是对麻电操作人员穿戴绝缘靴、手套的规定。

这是对麻电工人可靠的安全保证,应强制执行。

5.1.2 麻电设备应配备安装电压表、电流表、调压器;按生猪品种和屠宰季节,适当调整电压和麻电时间。

人工麻电器:电压为 70～90 V,电流 0.5～1.0 A,麻电时间 1～3 s,盐水浓度 5%。

自动麻电器:电压不超过 90 V,电流应不大于 1.5 A,麻电时间 1～2 s。

本条是对麻电设备的配备安装及麻电器电流、电压和麻电时间的规定。

麻电设备安装的位置,要便于麻电工人的操作,不得过高、过低,要防潮、防湿、安全可靠。麻电的电流、电压及时间,黑种猪因毛密皮厚,电流、电压和时间要稍大于白种猪。人工麻电或自动麻电超过规定的电流、电压有时会引起生猪皮肤及内脏(心、肺)出现出血点。高频电流(1 300 Hz,3 s),可以减少出血 10%,出现肌肉放血不全。

另外,还有 CO_2 麻醉法,使生猪通过含有 56%～85% CO_2 的密闭隧道 40～54 s,达到麻醉 2～3 min 的目的,但成本较高,一般不采用。

5.1.3 使用人工麻电器,应在其两端分别蘸盐水(防止电源短路),操作时在猪头颞颥区(俗称太阳穴)额骨与枕骨附近(猪眼与耳根交界处)进行麻电:将电极的一端揿在颞颥区,另一端揿在肩胛骨附近。

本条是对生猪麻电部位的规定。

蘸盐水除了可防止短路外,还能增加导电量,达到麻电效果。揿的位置要准确,麻电不足会造成生猪咬伤人或逃跑。

5.1.4 猪被麻电后应心脏跳动,呈昏迷状态,不得使其致死。

本条是对生猪麻电达到昏而不死的要求。

生猪麻电适度:心脏跳动加快,呼吸正常,肌肉痉挛,四肢颤抖,眼睛睁开,呈昏迷状态。

5.1.5 麻电后用链钩套住猪左后脚跗骨节,将其提升上轨道(套脚提升)。

本条是对麻电后生猪套脚提升部位的规定。

5.2　刺杀放血

5.2.1　从麻电致昏至刺杀放血，不得超过 30 s。刺杀放血刀口长度约 5 cm。沥血时间不得短于 5 min。

本条是对生猪刺杀放血时间、刀口的长度及沥血时间的规定。

生猪麻电致昏至刺杀放血不得超过 30 s，如超过 30 s 则会导致生猪苏醒，挣扎，咬伤人，增加工序的难度。刺杀放血刀口过小，出血量不足，血流量过小，会造成放血不全；刺杀刀口过大，在浸烫池、晾水池中污水进入放血刀口，增加沙门氏菌及其他细菌对胴体的污染。

5.2.2　刺杀时操作人员一手抓住猪前脚，另一手握刀，刀尖向上，刀锋向前，对准第一肋骨咽喉正中偏右 0.5～1 cm 处向心脏方向刺入，再侧刀下拖切断颈部动脉和静脉，不得刺破心脏。刺杀时不得使猪呛膈、淤血。

本条是对刺杀操作人员的作业要求以及对生猪刺杀部位的规定。

除对刺杀放血操作人员的要求外，在出刀时，再侧刀下拖切断颈部动脉、静脉时，不得割断气管、食管，否则会将血液吸进肺部及胸腔，造成呛膈及胸腔积血。

5.2.3　放血刀应消毒后轮换使用。

本条指出放血刀必须经消毒后轮换使用的要求。

放血刀要配备两把，做到轮换使用，达到一猪一刀，消毒后使用。

5.2.4　头部检验：按附录 A1.2.1 的规定进行检验。头部检验位置放在清水起挂后，与体表检验同时进行。

5.2.5　摘除甲状腺

猪的甲状腺在喉部甲状软骨后方，呈棕红色，两叶相连在一起。摘时用左手抓住猪的右前肢，再将右手从放血刀口伸入至喉部甲状腺的部位。凭触感将甲状腺摘除，不得残留。

5.3　浸烫脱毛

5.3.1　放血后的猪屠体，应用冲淋水或清洗机喷淋，清洗血污、粪污及其他污物。

本条是对放血后猪屠体清洗的要求。

放血后的猪屠体，在未入浸烫池或未剥皮之前，还需用人工冲淋或洗猪机洗刮喷淋洗去放血刀口的血污及屠体上的粪、泥污，从而保证浸烫池里池水的质量。

5.3.2　应按猪屠体的大小、品种和季节差异，控制浸烫水温在 58～63℃，浸烫时间 3～6 min，不得使猪屠体沉底、烫老。浸烫池应有溢水口和补充净水的装置。

本条是对猪屠体浸烫温度与时间的规定。

猪屠体浸烫水温应控制在 58～63℃之间，浸烫时间为 3～6 min。但应按猪屠体的大小、品种、毛色、季节、海拔高度来调节浸烫水温。一般而言，猪屠体大的、皮厚毛密、毛色黑的、冬季、地处海拔高的其水温要稍高于猪屠体小的、皮薄毛疏、毛色白的、夏季、地处海拔低的。浸烫操作岗位应由熟练的操作工来作业，猪屠体要逐头拨入摇烫机蝶形架挡内，每挡一头，不得多加(或人工浸烫)，要防止猪屠体沉入池底、烫老。操作工人应根据诸多综合因素进行水温调节与控制。

浸烫池水通过溢水口排出地沟。补充净水切不可在浸烫作业途中进行，要在这一批猪浸烫结束后，再进行补水加温，将水温调节至浸烫时需要控制的温度，再投入猪屠体开始浸烫。

5.3.3 经机械脱毛或人工刮毛后，应在清水池内洗刷浮毛、污垢，再将猪体提升悬挂、修割、冲淋。

本条是对清水、刮毛工序要求的规定。

浸烫时要经常试捋猪体裆毛，能捋下时再将猪体送入刮毛机。机内喷淋水温应保持在35℃左右，便于脱毛，水量要足。有的厂(场)不主张采用清水池，而采用滑滚式操作平台，其理由是减少沙门氏菌及其他细菌对于猪体的污染。辅助刮毛，应使用刨刀刨净猪头、蹄、腿裆、尾及猪体身上残留的长短毛，不准用刀剃刮。穿孔提升，刀眼不大于5 cm，逐头提升上轨道。燎毛，烧尽猪体上的残毛。冲淋、刮残毛，边冲边刮，刮尽残毛及污垢。

5.3.4 按附录A检验修刮、冲淋后猪屠体的头部和体表。

体表检验：通过体表检验，猪的三大传染病(猪瘟、猪丹毒、猪肺疫)基本上都能检出，发现病猪及可疑病猪，由吊轨叉道进入病猪处理间，进一步诊断确认。

5.3.5 在每头屠体的耳部和腿部外侧，用变色笔编号，字迹应清晰。不得漏编、错编、重编。

5.4 开膛净腔

可采用带皮开膛、净腔或去皮开膛、净腔。

5.4.1 带皮开膛、净腔

5.4.1.1 雕圈：刀刺入肛门外围，雕成圆圈，掏开大肠头垂直放入骨盆内。应使雕圈少带肉，肠头脱离括约肌，不得割破直肠。

5.4.1.2 挑胸、剖腹：自放血口沿胸部正中挑开胸骨，沿腹部正中线自上而下剖腹，将生殖器从脂肪中拉出，连同输尿管全部割除，不得刺伤内脏。放血口、挑胸、剖腹口应连成一线，不得出现三角肉。

本条是对挑胸、破腹要求的规定。

挑胸是指用刀挑断胸软骨，截至第一对肋骨与放血刀口连成一线，不刺破心脏，不刺破胆。

剖腹是指用刀先在腹部上方划一缺口，然后调转手的方向，手握刀柄，用拳头抵住肠体，刀口向外切破腹肌。也可使用一种特制的刀具剖腹。挑胸、剖腹、放血刀口应三者连成一直线，不得出现三角肉，不刺破胃、肠。

5.4.1.3　拉直肠、割膀胱：一手抓住直肠，另一手持刀，将肠系膜及韧带割断，再将膀胱和输尿管割除，不得刺破直肠。在未拉直肠前，为了防止肠内的粪便排出，可以在肠头下端打一个结，防止粪便排入盆腔内。

5.4.1.4　取肠、胃(肚)：一手抓住肠系膜及胃部大弯头处，另一手持刀在靠近肾脏处将系膜组织和肠、胃共同割离猪体，并割断韧带及食道，不得刺破肠、胃、胆囊。

5.4.1.5　取心、肝、肺：一手抓住肝，另一手持刀，割开两边隔膜，取横膈膜肌脚备检。左手顺势将肝下揿，右手持刀将连接胸腔和颈部的韧带割断，并割断食管和气管，取出心、肝、肺，不得使其破损。

5.4.1.6　冲洗胸、腹腔：取出内脏后，应及时用足够压力的净水冲洗胸腔和腹腔，洗净腔内淤血、浮毛、污物，并摘除两侧肾上腺。

猪肾上腺俗称小腰子，在肾脏前方，为红褐色，腺体外面包一层纤维膜，误食后会引起中毒，必须摘除。

5.4.1.7　摘除内脏各部位的同时，应由检验人员按附录A同步进行检验。

本条的内脏是指心、肝、肺、胃、肠、脾、肾，应与肉尸按附录A同步进行检验，屠宰厂(场)设有同步线装置，可将胴体、内脏进行同步检验。没有同步线装置的屠宰厂(场)，也可实行编号或连体检验。

5.4.2　去皮开膛、净腔

5.4.2.1　去皮

可采用机械剥皮或人工剥皮。

a. 机械剥皮

本条是对机械剥皮要求的规定。

按剥皮机性能，预剥一面或二面，确定预剥面积。剥皮按以下程序操作：

挑腹皮：从颈部起沿腹部正中线切开皮层至肛门处。

挑腹皮其深度至皮层(约0.5 cm)，不得挑破腹壁及内脏。

剥前腿：挑开前腿腿裆皮，剥至脖头骨脑顶处。

剥后腿：挑开后腿腿裆皮，剥至肛门两侧。

剥臀皮：先从后臀部皮层尖端处割开一小块皮，用手拉紧，顺序下刀将尾根皮剥下。再将两侧臀部皮和尾根皮剥下。

剥腹皮：左右两侧分别剥；剥右侧时，一手拉紧、拉平后裆肚皮，按顺序剥下后腿皮、腹皮和前腿皮;剥左侧时,一手拉紧脖头皮,按顺序剥下脖头皮、前腿皮、腹皮和后腿皮。

夹皮:将预剥开的大面猪皮拉平、绷紧,放入剥皮机卡口、夹紧。

开剥:水冲淋与剥皮同步进行,按皮层厚度掌握进刀深度,不得划破皮面,少带肥膘。

刀痕的深度要求按 GB 9959.2 中 4.3.1 的规定执行。

b. 人工剥皮

本条是对人工剥皮要求的规定。

将屠体放在操作台上,按顺序挑腹皮、剥臀皮、剥腹皮、剥脊背皮。剥皮时不得划破皮面,少带肥膘。

体表上的鱼鳞刀痕及刀痕的深度,按 GB 9959.2 中 4.3.1 的规定执行。

5.4.2.2　开膛、净腔

按 5.4.1 要求操作。

5.5　劈半(锯半)

5.5.1　将经检验合格的猪胴体去头、尾。

本条是对猪胴体去头蹄、去尾部位要求的规定。

5.5.2　可采用手工劈半或电锯劈半。手工劈半或手工电锯劈半时应"描脊",使骨节对开,劈半均匀。采用桥式电锯劈半时,应使轨道、锯片、引进槽成直线,不得锯偏。

劈半的质量规格按 GB 9959.2 中 4.3.1 的规定执行。

5.5.3　劈半后的片猪肉还应立即摘除肾脏(腰子),撕断腹腔板油,冲洗血污、浮毛、锯肉末。

本条是对片猪肉不带肾脏、板油的规定。也有的省(市)及地区有片猪肉带肾脏、板油的规格。

劈半后的冲淋,水要足、压力要大,才能冲去锯肉末、血污、浮毛及杂质。

5.6　整修、复验

本条是对片猪肉整修、复验要求的规定。

片猪肉的品质及规格质量按 GB 9959.2 中 4.3.1 的规定执行。

5.6.1　按顺序整修腹部,修割乳头、放血刀口,割除槽头、护心油、暗伤、脓疮、伤斑和遗漏病变腺体。

5.6.2　整修后的片猪肉应进行复验,合格后割除前后蹄(爪),加盖检验印章,计量分级。

整修后的片猪肉应进行复验,合格的片猪肉应加盖"兽医验讫"印、等级印。

称重后出厂上市,或经晾肉进入冷加工结冻间,冻结后转入贮藏库。

5.7 整理副产品

副产品整理间要与片肉加工场所分开,不得对肉品生产车间污染。

5.7.1 头、蹄、尾:刮尽毛、污垢及松香残留,去尽蹄壳。

5.7.2 分离心、肝、肺

本条是对心、肝、肺分离后的规格要求。

切除肝膈韧带和肺门结缔组织,摘除胆囊时,不得损伤、不得残留;猪心上不得带护心油、横膈膜;猪肝上不得带水泡;猪肺上允许保留 5 cm 肺管。

5.7.3 分离脾、胃(肚)

本条是对脾、胃(肚)分离后的规格要求。

将胃底端脂肪割除,切断与十二指肠连接处和肝胃韧带。剥开肠油,从网膜上割除脾脏,少带油脂。翻胃清洗时,一手抓住胃尖冲洗胃部污物,用刀在胃大弯处戳开约 10 cm 小口,再用洗胃机或长流水将胃翻转冲洗干净。再用打肚机,打去黏膜,冲洗干净。

5.7.4 扯大肠

本条是对扯大肠的方法及规格要求的规定。

摆正大肠,从结肠末端,将花油撕至离盲肠与小肠连接处约 15～20 cm,割断,打结,不得使盲肠破损,残留油脂过多。翻洗大肠,一手抓住肠的一端,另一手自上而下挤出粪污,并将肠子翻出一小部分,用一手二指撑开肠口,另一手向大肠内灌水,使肠与水连同下坠,自动翻转。经清洗、整理的大肠不得带粪污,不得断肠。

5.7.5 扯小肠

将小肠从割离胃的断面拉出,一手抓住断端,另一手将小肠末梢挂于操作台边,自上而下排除粪污,操作时不得扯断、扯乱。扯出的小肠应及时采用机械或人工方法清除肠内污物。

5.7.6 摘胰脏

从肠系膜中将胰脏摘下,胰脏上应少带油脂。

6 其他要求

6.1 刺杀、放血、挑胸、剖腹、摘取内脏、劈半、整修各工序,都要设立检验点;配备专职检验人员,按附录 A 的规定严格检验。

6.2 全部屠宰过程不得超过 45 min。从放血到摘取内脏,不得超过 30 min,从编号(5.3.5 条)到复验、加盖检验印章,不得超过 15 min。

本条是对工艺流程各段时间限制要求的规定。

这样做的好处：一是有利于解剖操作，便于内脏、腺体摘除、片肉修割及肉品检验工序诊断与操作；二是有利于保证肉品的质量，特别是炎热夏季流程控制在规定时间内非常重要。

6.3 经检验不符合食用条件的肉品和副产品，应按 GB 12694 中 7.9 的规定处理。

6.4 经检验不合格的肉品和副产品，应按 GB 12694 中 7.8 的规定处理。

附录A 屠宰加工过程的检验

A1 宰后检验

A1.1 同一屠体的肉尸、内脏、头和皮应编为同一号码。

A1.2 屠体应进行下列各项检验：

A1.2.1 头部检验

检查口腔及咽喉黏膜。放血后入烫池前先剖检颌下淋巴结，检验肉尸时切开检查外咬肌。

A1.2.2 肉尸检验

a)检验皮肤和尸表、脂肪、肌肉、胸膜及腹膜等有无异状。

b)主要剖检腹股沟浅淋巴结及腹股沟深淋巴结，必要时剖检腘淋巴结及颈深淋巴结。

A1.2.3 内脏检验

a)肺部检验：观察外表色泽、大小、弹性（必要时切开检查），并剖检支气管淋巴结和纵隔淋巴结。

b)心脏检验：检查心包及心肌，并沿动脉管剖检心室及心内膜，同时注意血液的凝固状态。应特别注意二尖瓣。

c)肝脏检验：触检弹性，剖检肝门淋巴结，必要时切开检查并剖检胆囊。

d)脾脏检验：检验有无肿胀、弹性，必要时切开检验。

e)胃肠检验：切开检查胃淋巴结及肠系膜淋巴结，并观察胃、肠浆膜，必要时剖检胃、肠黏膜。

f)肾脏检验：观察色泽、大小、弹性，必要时纵剖检验（须连在肉尸上一同检验）。

g)乳房检验：触检，并切开观察乳房淋巴结有无病变。

h)必要时检验子宫、睾丸、膀胱等。

A1.2.4 寄生虫检验

a)旋毛虫：在横膈膜肌脚各取一小块肉（与肉尸同一号码），先撕去肌膜肉眼观察，然后在肉样上剪取24个小片，进行镜检；如发现旋毛虫时应根据号码查对肉尸、头部及内脏。

b)囊尾蚴：主要检验部位为咬肌、深腰肌和膈肌，其他可检部位为心肌、肩胛外侧肌和股部内侧肌等。

c)住肉孢子虫：镜检横膈膜肌脚(与旋毛虫一同检查)。

A1.3　经检验后的肉尸、内脏和皮张，应按不同处理情况分别加盖不同印记。

A1.3.1　如宰后发现炭疽等恶性传染病或其疑似的病猪，应立即停止工作，封锁现场，采取防范措施，将可能被污染的场地、所有屠宰用的工具以及工作服(鞋、帽)等进行严格消毒。在保证消灭一切传染源后，方可恢复屠宰。患猪粪便、胃肠内容物以及流出的污水、残渣等应经消毒后移出场外。

A1.3.2　宰后发现各种恶性传染病时，其同群未宰猪的处理办法同宰前。

A1.3.3　发现疑似炭疽等恶性传染病时，应将病变部分密封，送至化验室进行化验。

A1.3.4　宰后发现人畜共患传染病时，凡与病猪接触过的人员应立即采取防范措施。

A1.3.5　检验人员应将宰后检验结果及处理情况详细记录，以备统计查考。

附录三

中华人民共和国国家标准

肉类加工厂卫生规范

1　主题内容与适用范围

本规范规定了肉类加工厂的设计与设施、卫生管理、加工工艺、成品贮藏和运输的卫生要求。

本规范适用于屠宰猪、牛、羊和生产分割肉与制品的工厂。

本规范中“加工过程中的卫生”暂以猪为主，牛、羊部分将另行制定国家标准。

2　引用标准

GB 2722　鲜猪肉卫生标准

GB 2723　鲜牛肉、鲜羊肉、鲜兔肉卫生标准

GB 2760　食品添加剂使用卫生标准

GB 5749　生活饮用水卫生标准

GB 7718　食品标签通用标准

3　术语

3.1　屠体：指肉畜经屠宰、放血后的躯体。

3.2　胴体：指肉畜经屠宰、放血后除去鬃毛、内脏、头、尾及四肢下部（腕及关节以下）后的躯体部分。

3.3　分割肉：胴体去骨后按规格要求分割成带肥膘或不带肥膘各部位的净肉。

3.4　肉制品：指以猪、牛、羊肉为主要原料，经酱、卤、熏、烤、腌、蒸煮等任何或一种或多种加工方法而制成的生或熟肉制品。

3.5　有条件可食肉：指必须经过高温、冷冻或其他有效方法处理，达到卫生要求，人食无害的肉。

3.6　化制：指将不符合卫生要求（不可食用）的屠体或其病变组织、器官、内脏等，经过干法或湿法处理，达到对人、畜无害的处理过程。

4　工厂设计与设施的卫生

4.1　选址

4.1.1　肉类联合加工厂、屠宰厂、肉制品厂应建在地势较高，干燥，水源充足，交通方便，无有害气体、灰沙及其他污染源，便于排放污水的地区。

4.1.2　肉类联合加工厂、屠宰厂不得建在居民稠密的地区。肉制品加工厂(车间)经当地城市规划、卫生部门批准,可建在城镇适当地点。

4.2　厂区和道路

4.2.1　厂区应绿化。厂区主要道路和进入厂区的主要道路(包括车库或车棚)应铺设适于车辆通行的坚硬路面(如混凝土或沥青路面)。路面应平坦,无积水,厂区应有良好的给、排水系统。

4.2.2　厂区内不得有臭水沟、垃圾堆或其他有碍卫生的场所。

4.3　布局

4.3.1　生产作业区应与生活区分开设置。

4.3.2　运送活畜与成品出厂不得共用一个大门;厂内不得共用一个通道。

4.3.3　为防止交叉污染,原料、辅料、生肉、熟肉和成品的存放场所(库)必须分开设置。

4.3.4　各生产车间的设置位置以及工艺流程必须符合卫生要求。肉类联合加工厂的生产车间一般应按饲养、屠宰、分割、加工、冷藏的顺序合理设置。

4.3.5　化制间、锅炉房与贮煤场所、污水与污物处理设施应与分割肉车间和肉制品车间间隔一定距离,并位于主风向下风处。锅炉房必须设有消烟除尘设施。

4.3.6　生产冷库应与分割肉和肉制品车间直接相连。

4.4　厂房与设施

4.4.1　厂房与设施必须结构合理、坚固,便于清洗和消毒。

4.4.2　厂房与设施应与生产能力相适应,厂房高度应能满足生产作业、设备安装与维修、采光与通风的需要。

4.4.3　厂房与设施必须设有防止蚊、蝇、鼠及其他害虫侵入或隐匿的设施,以及防烟雾、灰尘的设施。

4.4.4　厂房地面:应使用防水、防滑、不吸潮、可冲洗、耐腐蚀、无毒的材料;坡度应为1%～2%(屠宰车间应在2%以上);表面无裂缝、无局部积水,易于清洗和消毒;明地沟应呈弧形,排水口须设网罩。

4.4.5　厂房墙壁与墙柱:应使用防水、不吸潮、可冲洗、无毒、淡色的材料;墙裙应贴或涂刷不低于2 m的浅色瓷砖或涂料;顶角、墙角、地角呈弧形,便于清洗。

4.4.6　厂房天花板:应表面涂层光滑,不易脱落,防止污物积聚。

4.4.7　厂房门窗:应装配严密,使用不变形的材料制作。所有门、窗及其他开口必须安装易于清洗和拆卸的纱门、纱窗或压缩空气幕,并经常维修,保持清洁;内窗台须下斜45°或采用无窗台结构。

4.4.8　厂房楼梯及其他辅助设施:应便于清洗、消毒,避免引起食品污染。

4.4.9　屠宰车间必须设有兽医卫生检验设施,包括同步检验、对号检验、旋毛虫检验、内脏检验、化验室等。

4.4.10 待宰车间的圈舍容量一般应为日屠宰量的一倍。圈舍内应防寒、隔热、通风，并应设有饲喂、宰前淋浴等设施。车间内应设有健畜圈、疑似病畜圈、病畜隔离圈、急宰间和兽医工作室。

4.4.11 待宰区应设肉畜装卸台和车辆清洗、消毒等设施，并应设有良好的污水排放系统。

4.4.12 生产冷库一般应设有预冷间（0～4℃）、冻结间（－23℃以下）和冷藏间（－18℃以下）。所有冷库（包括肉制品车间的冷藏室）应安装温度自动记录仪或温度湿度计。

4.5 供水

4.5.1 生产供水：工厂应有足够的供水设备，水质必须符合 GB 5749 的规定。如需配备贮水设施，应有防污染措施，并定期清洗、消毒。使用循环水时必须经过处理，达到上述规定。

4.5.2 制冰供水：应符合 GB 5749 的规定。制冰及贮存过程中应防止污染。

4.5.3 其他供水：用于制汽、制冷、消防和其他类似用途而不与食品接触的非饮用水，应使用完全独立、有鉴别颜色的管道输送，并不得与生产（饮用）水系统交叉联结或倒吸于生产（饮用）水系统中。

4.6 卫生设施

4.6.1 废弃物临时存放设施

应在远离生产车间的适当地点设置废弃物临时存放设施。其设施应采用便于清洗、消毒的材料制作；结构应严密，能防止害虫进入，并能避免废弃物污染厂区和道路。

4.6.2 废水、废汽（气）处理系统

必须设有废水、废汽（气）处理系统，保持良好状态。废水、废汽（气）的排放应符合国家环境保护的规定。厂内不得排放有害气体和煤烟。生产车间的下水道口须设地漏、铁箅。废汽（气）排放口应设在车间外的适当地点。

4.6.3 更衣室、淋浴室、厕所

必须设有与职工人数相适应的更衣室、淋浴室、厕所。更衣室内须有个人衣物存放柜、鞋架（箱）。车间内的厕所应与操作间的走廊相连，其门、窗不得直接开向操作间；便池必须是水冲式；粪便排泄管不得与车间内的污水排放管混用。

4.6.4 洗手、清洗、消毒设施

4.6.4.1 生产车间进口处及车间内的适当地点，应设热水和冷水洗手设施，并备有洗手剂。

4.6.4.2 分割肉和熟肉制品车间及其成品库内,必须设非手动式的洗手设施。如使用一次性纸巾,应设有废纸巾贮存箱(桶)。

4.6.4.3 车间内应设有工器具、容器和固定设备的清洗、消毒设施,并应有充足的冷、热水源。这些设施应采用无毒、耐腐蚀、易清洗的材料制作,固定设备的清洗设施应配有食用级的软管。

4.6.4.4 车库、车棚内应设有车辆清洗设施。

4.6.4.5 活畜进口处及病畜隔离间、急宰间、化制车间的门口,必须设车轮、鞋靴消毒池。

4.6.4.6 肉制品车间应设清洗和消毒室。室内应备有热水消毒或其他有效的消毒设施,供工器具、容器消毒用。

4.7 设备和工器具

4.7.1 接触肉品的设备、工器具和容器,应使用无毒、无气味、不吸水、耐腐蚀、经得起反复清洗与消毒的材料制作;其表面应平滑、无凹坑和裂缝。禁止使用竹木工器具和容器。

4.7.2 固定设备的安装位置应便于彻底清洗、消毒。

4.7.3 盛装废弃物的容器不得与盛装肉品的容器混用。废弃物容器应选用金属或其他不渗水的材料制作。不同的容器应有明显的标志。

4.8 照明

车间内应有充足的自然光线或人工照明。照明灯具的光泽不应改变被加工物的本色,亮度应能满足兽医检验人员和生产操作人员的工作需要。吊挂在肉品上方的灯具,必须装有安全防护罩,以防灯具破碎而污染肉品。车库、车棚等场所应有照明设施。

4.9 通风和温控装置

车间内应有良好的通风、排气装置,及时排除污染的空气和水蒸气。空气流动的方向必须从净化区流向污染区。通风口应装有纱网或其他保护性的耐腐蚀材料制作的网罩。纱网或网罩应便于装卸和清洗。分割肉和肉制品加工车间及其成品冷却间、成品库应有降温或调节温度的设施。

5 工厂的卫生管理

5.1 实施细节培训

5.1.1 工厂应根据本规范的要求,制订卫生实施细则。

5.1.2 工厂和车间都应配备经培训合格的专职卫生管理人员,按规定的权限和责任负责监督全体职工执行本规范的有关规定。

5.2 维修、保养

厂房、机械设备、设施、给排水系统,必须保持良好状态。正常情况下,每年至少进行一次全面检修，发现问题应及时检修。

5.3 清洗、消毒

5.3.1 生产车间内的设备、工器具、操作台应经常清洗和进行必要的消毒。

5.3.2 设备、工器具、操作台用洗涤剂或消毒剂处理后，必须再用饮用水彻底冲洗干净，除去残留物后方可接触肉品。

5.3.3 每班工作结束后或在必要时，必须彻底清洗加工场地的地面、墙壁、排水沟，必要时进行消毒。

5.3.4 更衣室、淋浴室、厕所、工间休息室等公共场所，应经常清扫、清洗、消毒、保持清洁。

5.4 废弃物处理

5.4.1 厂房通道及周围场地不得堆放杂物。

5.4.2 生产车间和其他工作场地的废弃物必须随时清除，并及时用不渗水的专用车辆运到指定地点加以处理。废弃物容器、专用车辆和废弃物临时存放场应及时清洗、消毒。

5.5 除虫灭害

5.5.1 厂内应定期或在必要时进行除虫灭害，防止害虫滋生。车间内外应定期、随时灭鼠。

5.5.2 车间内使用杀虫剂时，应按卫生部门的规定采取妥善措施，不得污染肉与肉制品。使用杀虫剂后应将受污染的设备、工器具和容器彻底清洗，除去残留药物。

5.6 危险品的管理

工厂必须设置专用的危险品库房和贮藏柜，存放杀虫剂和一切有毒、有害物品。这些物品必须贴有醒目的有毒的标记。工厂应制定各种危险品的使用规则。使用危险品须经专门管理部门核准，并在指定的专门人员的严格监督下使用，不得污染肉品。

5.7 厂区禁止饲养非屠宰动物(科研和检测用的实验动物除外)。

6 个人卫生与健康

6.1 卫生教育

工厂应对新参加工作及临时参加工作的人员进行卫生安全教育，定期对全厂职工进行《中华人民共和国食品卫生法》、本规范及其他有关卫生规定的宣传教育；做到教育有计划，考核有标准，卫生培训制度化和规范化。

6.2 健康检查

生产人员及有关人员每年至少进行一次健康检查。必要时进行临时检查。新参加或临时参加工作的人员，必须经健康检查取得健康合格证方可上岗工作。

工厂应建立职工健康档案。

6.3　健康要求

凡患有下列病症之一者，不得从事屠宰和接触肉品的工作：痢疾、伤寒、病毒性肝炎等消化道传染病（包括病源携带者）；活动性肺结核；化脓性或渗出性皮肤病；其他有碍食品卫生的疾病。

6.4　受伤处理

凡受刀伤或有其他外伤的生产人员，应立即采取妥善措施包扎防护，否则不得从事屠宰或接触肉品的工作。

6.5　洗手要求

生产人员遇有下述情况之一时必须洗手、消毒，工厂应有监督措施：开始工作之前；上厕所之后；处理被污染的原材料之后；从事与生产无关的其他活动之后。分割肉和熟肉制品加工人员离开加工场所再次返回前应洗手、消毒。

6.6　个人卫生

6.6.1　生产人员应保持良好的个人卫生，勤洗澡，勤换衣，勤理发，不得留长指甲和涂指甲油。

6.6.2　生产人员不得将与生产无关的个人用品和饰物带入车间；进车间必须穿戴工作服（暗扣或无纽扣，无口袋）、工作帽、工作鞋，头发不得外露；工作服和工作帽必须每天更换。接触直接入口食品的加工人员，必须戴口罩。

6.6.3　生产人员离开车间时，必须脱掉工作服、帽、鞋。

6.7　非生产人员

非生产人员经获准进入生产车间时，必须遵守6.6.2条的规定。

7　加工过程中的卫生

7.1　原料、辅料

7.1.1　待宰肉畜必须来自非疫区，健康良好，并有兽医检验合格证书。

7.1.2　用于加工肉制品的原料肉，须经兽医检验合格，符合 GB 2722、GB 2723和国家有关标准的规定。

7.1.3　必须使用国家允许使用的食用级食品添加剂，使用量必须符合 GB 2760的规定。

7.1.4　投产前的原料和辅料必须经过卫生、质量检验，不合格的原料和辅料不得投入生产。

7.2　宰前准备

7.2.1　待宰肉畜必须做好宰前检验，如发现病畜应立即送急宰间处理，严禁将健畜、病畜混宰。

7.2.2 急宰的牛、羊必须先做血片镜检，排除炭疽病后方可急宰。

7.2.3 肉畜临宰前必须停食静养12～24 h，宰前3 h应充分喂水。

7.2.4 待宰猪临宰前应淋浴冲洗干净。

7.3 屠宰操作

7.3.1 生猪麻电应按品种、地区、季节不同合理控制电压、电流和时间，使其呈昏迷状态；严禁致死。致昏后应立即放血，不得超过30 s；放血必须充分并不得少于5 min。

7.3.2 采用自动生产线屠宰生猪，每分钟不得超过10头。一个钩挂一头猪，不得超挂。

7.3.3 生猪烫毛时应根据地区、季节控制浸烫温度和时间，防止烫生、烫老、破皮污染。烫毛水每班至少更换一次。

7.3.4 生猪剥皮前应将屠体洗刷干净并注意防止带肉小皮或刀痕过深而污染脂肪层。

7.3.5 生猪屠体开膛时间不得超过放血后0.5 h。肉畜开膛时不得割破肠、胃、胆囊、膀胱、孕育子宫等，以免污染胴体。

7.3.6 肉畜屠宰时应做到胴体、内脏、头蹄不落地；整理胃、肠时应翻洗干净，不得残留粪便。

7.3.7 摘除甲状腺应固定工序，指定专人，不得遗漏，并妥善保管。

7.3.8 修整后的胴体和副产品，必须符合有关卫生、质量标准；不得沾染毛、污血及其他污染物。

7.3.9 食用血必须取自健康肉畜。采血设备必须符合卫生要求，并有防污染措施。无降温设施的工厂，只能在气温较低的季节生产食用血。

7.3.10 屠宰或检验过程中，如所用工具（刀、钩等）触及带病菌的屠体或病变组织时，应将工具彻底消毒后再继续使用。

7.4 宰后检验

7.4.1 宰后的胴体、内脏和食用血应根据1959年中华人民共和国农业部、卫生部、对外贸易部、商业部联合颁发的《肉品卫生检验试行规程》的规定，进行检验、判断和处理。

7.4.2 经检验合格的胴体，应在规定的部位加盖清晰的“兽医验讫”印章。印色必须使用食用级色素配制。

7.4.3 经判定的有条件可食肉、工业用肉、销毁肉等均应分别加盖示别印章，并分别在指定场所按有关规定妥善处理。

7.5 剔骨、分割

7.5.1　剔骨、分割应在较低温度下进行，并应有散热和防止积压的措施，避免分割肉变质。

7.5.2　兽医卫生检验人员应对原料和成品的卫生质量、车间温度、设施卫生等进行监督、检查。

7.6　冷加工

7.6.1　冷加工胴体、内脏时，必须严格遵守工艺规程。须做冷冻无害处理的有条件可食肉，应与合格肉隔离贮存。

7.6.2　冷藏库内应经常保持清洁、卫生。

7.6.3　冻肉在冷库贮存时应在垫板上分类堆放，并应与墙壁、顶棚、排管有一定间距。

7.6.4　入库冻肉必须有兽医检验证书。贮藏过程中应随时检查，防止风干、氧化、变质。

7.7　肉制品加工

7.7.1　工厂应根据产品制订工艺卫生规程和消毒制度，严格控制可能造成成品污染的各个关键因素；并应严格控制各种肉制品的加工温度，避免因加工温度不当而造成的食物中毒。

7.7.2　原料肉腌制间的室温应控制在2～4℃，防止腌制过程中半成品或成品腐败变质。

7.7.3　用于灌肠产品的动物肠衣应搓洗干净，清除异味。使用非动物肠衣须经食品卫生监督部门批准。

7.7.4　熏制各类产品必须使用低松脂的硬木（木屑）。

7.8　有条件可食肉的处理

采用高温或冷冻处理有条件可食肉时，应选择合适的温度和时间，达到使寄生虫和有害微生物致死的目的，保证人食无害。

7.9　化制

7.9.1　化制必须在兽医卫生检验员的监督下进行。

7.9.2　工厂应制订严格的消毒制度及防护措施。

7.9.3　化制产品必须安全无害，不得造成重复污染。

7.10　包装

7.10.1　包装熟肉制品前，必须将操作间消毒。

7.10.2　各种包装材料必须符合国家卫生标准和卫生管理办法的规定。

7.10.3　包装材料应存放在通风、干燥、无尘、无污染源的仓库内；使用前应按有关卫生标准检验、化验。

7.10.4 成品的外包装必须贴有符合 GB 7718 规定的标签。

8 成品贮藏与运输的卫生

8.1 贮藏

8.1.1 无外包装的熟肉制品应限时存放在专用成品库中，超过规定时间必须回锅复煮；如需冷藏贮存，应严密包装，不得与生肉混存。

8.1.2 各种腌、腊、熏制品应按品种采取相应的贮存方法。一般应吊挂在通风、干燥的库房中。咸肉应堆放在专用的水泥台或垫架上。如夏季贮存或需延长贮存期，可在低温下贮存。

8.1.3 鲜肉应吊挂在通风良好、无污染源、室温 0～4℃的专用库内。

8.2 运输

8.2.1 鲜冻肉不得敞运，没有外包装的剥皮冻猪肉不得长途运输。

8.2.2 运送熟肉制品应使用专用防尘保温车，或将制品装入专用容器(加盖)用其他车辆运达。

8.2.3 头蹄、内脏、油脂等应使用不渗水的容器装运。胃、肠与心、肝、肺、肾不得盛装于同一容器内，并不得与肉品直接接触。

8.2.4 装、卸鲜、冻肉时，严禁脚踩、触地。

8.2.5 所有运输车辆、容器应随时、定期清洗、消毒，不得使用未经清洗、消毒的车辆、容器。

9 卫生与质量检验管理

9.1 工厂必须设有与生产能力相适应的兽医卫生检验和质量检验机构，配备经专业培训并经主管部门考核合格的各级兽医卫生检验及质量检验人员。

9.2 工厂检验机构在厂长直接领导下，统一管理全厂兽医卫生工作和兽医检验、质量检验人员；同时接受上级主管部门的监督和指导。检验机构有权直接向上级有关主管部门反映问题。

9.3 检验机构应具备检验工作所需要的检验室、化验室、仪器设备，并有健全的检验制度。

9.4 检验机构必须按照国家或有关部门规定的检验或化验标准，对原料、辅料、半成品、成品、各个关键工序进行细菌、物理、化学检验、化验，以及病原实验诊断。经兽医检验或细菌检验不合格的产品，一律不得出厂，外调产品必须附有兽医检验证书。

9.5 计量器具，检验、化验仪器、设备，必须定期检定、维修、确保精度。

9.6 各项检验、化验记录保存 3 年，备查。

附录四

生猪屠宰管理条例

（1997 年 12 月 19 日中华人民共和国国务院令第 238 号发布　2007 年 12 月 19 日国务院第 201 次常务会议修订通过）

第一章　总　　则

第一条　为了加强生猪屠宰管理，保证生猪产品质量安全，保障人民身体健康，制定本条例。

第二条　国家实行生猪定点屠宰、集中检疫制度。

未经定点，任何单位和个人不得从事生猪屠宰活动。但是，农村地区个人自宰自食的除外。在边远和交通不便的农村地区，可以设置仅限于向本地市场供应生猪产品的小型生猪屠宰场点，具体管理办法由省、自治区、直辖市制定。

第三条　国务院商务主管部门负责全国生猪屠宰的行业管理工作。县级以上地方人民政府商务主管部门负责本行政区域内生猪屠宰活动的监督管理。

县级以上人民政府有关部门在各自职责范围内负责生猪屠宰活动的相关管理工作。

第四条　国家根据生猪定点屠宰厂（场）的规模、生产和技术条件以及质量安全管理状况，推行生猪定点屠宰厂（场）分级管理制度，鼓励、引导、扶持生猪定点屠宰厂（场）改善生产和技术条件，加强质量安全管理，提高生猪产品质量安全水平。生猪定点屠宰厂（场）分级管理的具体办法由国务院商务主管部门征求国务院畜牧兽医主管部门意见后制定。

第二章　生猪定点屠宰

第五条　生猪定点屠宰厂（场）的设置规划（以下简称设置规划），由省、自治区、直辖市人民政府商务主管部门会同畜牧兽医主管部门、环境保护部门以及其他有关部门，按照合理布局、适当集中、有利流通、方便群众的原则，结合本地实际情况制订,报本级人民政府批准后实施。

第六条 生猪定点屠宰厂(场)由设区的市级人民政府根据设置规划,组织商务主管部门、畜牧兽医主管部门、环境保护部门以及其他有关部门,依照本条例规定的条件进行审查,经征求省、自治区、直辖市人民政府商务主管部门的意见确定,并颁发生猪定点屠宰证书和生猪定点屠宰标志牌。

设区的市级人民政府应当将其确定的生猪定点屠宰厂(场)名单及时向社会公布,并报省、自治区、直辖市人民政府备案。

生猪定点屠宰厂(场)应当持生猪定点屠宰证书向工商行政管理部门办理登记手续。

第七条 生猪定点屠宰厂(场)应当将生猪定点屠宰标志牌悬挂于厂(场)区的显著位置。

生猪定点屠宰证书和生猪定点屠宰标志牌不得出借、转让。任何单位和个人不得冒用或者使用伪造的生猪定点屠宰证书和生猪定点屠宰标志牌。

第八条 生猪定点屠宰厂(场)应当具备下列条件:

(一)有与屠宰规模相适应、水质符合国家规定标准的水源条件;

(二)有符合国家规定要求的待宰间、屠宰间、急宰间以及生猪屠宰设备和运载工具;

(三)有依法取得健康证明的屠宰技术人员;

(四)有经考核合格的肉品品质检验人员;

(五)有符合国家规定要求的检验设备、消毒设施以及符合环境保护要求的污染防治设施;

(六)有病害生猪及生猪产品无害化处理设施;

(七)依法取得动物防疫条件合格证。

第九条 生猪屠宰的检疫及其监督,依照动物防疫法和国务院的有关规定执行。生猪屠宰的卫生检验及其监督,依照食品卫生法的规定执行。

第十条 生猪定点屠宰厂(场)屠宰的生猪,应当依法经动物卫生监督机构检疫合格,并附有检疫证明。

第十一条 生猪定点屠宰厂(场)屠宰生猪,应当符合国家规定的操作规程和技术要求。

第十二条 生猪定点屠宰厂(场)应当如实记录其屠宰的生猪来源和生猪产品流向。生猪来源和生猪产品流向记录保存期限不得少于 2 年。

第十三条 生猪定点屠宰厂(场)应当建立严格的肉品品质检验管理制度。肉品品质检验应当与生猪屠宰同步进行,并如实记录检验结果。检验结果记录保存期限不得少于2年。

经肉品品质检验合格的生猪产品，生猪定点屠宰厂(场)应当加盖肉品品质检验合格验讫印章或者附具肉品品质检验合格标志。经肉品品质检验不合格的生猪产品，应当在肉品品质检验人员的监督下，按照国家有关规定处理，并如实记录处理情况；处理情况记录保存期限不得少于2年。

生猪定点屠宰厂(场)的生猪产品未经肉品品质检验或者经肉品品质检验不合格的，不得出厂(场)。

第十四条　生猪定点屠宰厂(场)对病害生猪及生猪产品进行无害化处理的费用和损失，按照国务院财政部门的规定，由国家财政予以适当补助。

第十五条　生猪定点屠宰厂(场)以及其他任何单位和个人不得对生猪或者生猪产品注水或者注入其他物质。

生猪定点屠宰厂(场)不得屠宰注水或者注入其他物质的生猪。

第十六条　生猪定点屠宰厂(场)对未能及时销售或者及时出厂(场)的生猪产品，应当采取冷冻或者冷藏等必要措施予以贮存。

第十七条　任何单位和个人不得为未经定点违法从事生猪屠宰活动的单位或者个人提供生猪屠宰场所或者生猪产品贮存设施，不得为对生猪或者生猪产品注水或者注入其他物质的单位或者个人提供场所。

第十八条　从事生猪产品销售、肉食品生产加工的单位和个人以及餐饮服务经营者、集体伙食单位销售、使用的生猪产品，应当是生猪定点屠宰厂(场)经检疫和肉品品质检验合格的生猪产品。

第十九条　地方人民政府及其有关部门不得限制外地生猪定点屠宰厂(场)经检疫和肉品品质检验合格的生猪产品进入本地市场。

第三章　监督管理

第二十条　县级以上地方人民政府应当加强对生猪屠宰监督管理工作的领导，及时协调、解决生猪屠宰监督管理工作中的重大问题。

第二十一条　商务主管部门应当依照本条例的规定严格履行职责，加强对生猪屠宰活动的日常监督检查。

商务主管部门依法进行监督检查，可以采取下列措施：

(一)进入生猪屠宰等有关场所实施现场检查；

(二)向有关单位和个人了解情况；

(三)查阅、复制有关记录、票据以及其他资料；

(四)查封与违法生猪屠宰活动有关的场所、设施,扣押与违法生猪屠宰活动有关的生猪、生猪产品以及屠宰工具和设备。

商务主管部门进行监督检查时,监督检查人员不得少于 2 人,并应当出示执法证件。对商务主管部门依法进行的监督检查,有关单位和个人应当予以配合,不得拒绝、阻挠。

第二十二条 商务主管部门应当建立举报制度,公布举报电话、信箱或者电子邮箱,受理对违反本条例规定行为的举报,并及时依法处理。

第二十三条 商务主管部门在监督检查中发现生猪定点屠宰厂(场)不再具备本条例规定条件的,应当责令其限期整改;逾期仍达不到本条例规定条件的,由设区的市级人民政府取消其生猪定点屠宰厂(场)资格。

第四章 法律责任

第二十四条 违反本条例规定,未经定点从事生猪屠宰活动的,由商务主管部门予以取缔,没收生猪、生猪产品、屠宰工具和设备以及违法所得,并处货值金额 3 倍以上 5 倍以下的罚款;货值金额难以确定的,对单位并处 10 万元以上 20 万元以下的罚款,对个人并处 5 000 元以上 1 万元以下的罚款;构成犯罪的,依法追究刑事责任。

冒用或者使用伪造的生猪定点屠宰证书或者生猪定点屠宰标志牌的,依照前款的规定处罚。

生猪定点屠宰厂(场)出借、转让生猪定点屠宰证书或者生猪定点屠宰标志牌的,由设区的市级人民政府取消其生猪定点屠宰厂(场)资格;有违法所得的,由商务主管部门没收违法所得。

第二十五条 生猪定点屠宰厂(场)有下列情形之一的,由商务主管部门责令限期改正,处 2 万元以上 5 万元以下的罚款;逾期不改正的,责令停业整顿,对其主要负责人处 5 000 元以上 1 万元以下的罚款:

(一)屠宰生猪不符合国家规定的操作规程和技术要求的;

(二)未如实记录其屠宰的生猪来源和生猪产品流向的;

(三)未建立或者实施肉品品质检验制度的;

(四)对经肉品品质检验不合格的生猪产品未按照国家有关规定处理并如实记录处理情况的。

第二十六条 生猪定点屠宰厂(场)出厂(场)未经肉品品质检验或者经肉品品质检验不合格的生猪产品的,由商务主管部门责令停业整顿,没收生猪产品和违法所得，并处货值金额1倍以上3倍以下的罚款，对其主要负责人处1万元以上2万元以下的罚款；货值金额难以确定的，并处5万元以上10万元以下的罚款；造成严重后果的，由设区的市级人民政府取消其生猪定点屠宰厂（场）资格；构成犯罪的，依法追究刑事责任。

第二十七条　生猪定点屠宰厂（场）、其他单位或者个人对生猪、生猪产品注水或者注入其他物质的，由商务主管部门没收注水或者注入其他物质的生猪、生猪产品、注水工具和设备以及违法所得，并处货值金额3倍以上5倍以下的罚款，对生猪定点屠宰厂（场）或者其他单位的主要负责人处1万元以上2万元以下的罚款；货值金额难以确定的，对生猪定点屠宰厂（场）或者其他单位并处5万元以上10万元以下的罚款，对个人并处1万元以上2万元以下的罚款；构成犯罪的，依法追究刑事责任。

生猪定点屠宰厂（场）对生猪、生猪产品注水或者注入其他物质的，除依照前款的规定处罚外，还应当由商务主管部门责令停业整顿；造成严重后果，或者两次以上对生猪、生猪产品注水或者注入其他物质的，由设区的市级人民政府取消其生猪定点屠宰厂（场）资格。

第二十八条　生猪定点屠宰厂（场）屠宰注水或者注入其他物质的生猪的，由商务主管部门责令改正，没收注水或者注入其他物质的生猪、生猪产品以及违法所得，并处货值金额1倍以上3倍以下的罚款，对其主要负责人处1万元以上2万元以下的罚款；货值金额难以确定的，并处2万元以上5万元以下的罚款；拒不改正的，责令停业整顿；造成严重后果的，由设区的市级人民政府取消其生猪定点屠宰厂（场）资格。

第二十九条　从事生猪产品销售、肉食品生产加工的单位和个人以及餐饮服务经营者、集体伙食单位，销售、使用非生猪定点屠宰厂（场）屠宰的生猪产品、未经肉品品质检验或者经肉品品质检验不合格的生猪产品以及注水或者注入其他物质的生猪产品的，由工商、卫生、质检部门依据各自职责，没收尚未销售、使用的相关生猪产品以及违法所得，并处货值金额3倍以上5倍以下的罚款；货值金额难以确定的，对单位处5万元以上10万元以下的罚款，对个人处1万元以上2万元以下的罚款；情节严重的，由原发证（照）机关吊销有关证照；构成犯罪的，依法追究刑事责任。

第三十条　为未经定点违法从事生猪屠宰活动的单位或者个人提供生猪屠宰场所或者生猪产品贮存设施，或者为对生猪、生猪产品注水或者注入其他物质的单位或者个人提供场所的，由商务主管部门责令改正，没收违法所得，对单位并处2万元以上5万元以下的罚款，对个人并处5 000元以上1万元以下的罚款。

第三十一条 商务主管部门和其他有关部门的工作人员在生猪屠宰监督管理工作中滥用职权、玩忽职守、徇私舞弊，构成犯罪的，依法追究刑事责任；尚不构成犯罪的，依法给予处分。

第五章 附 则

第三十二条 省、自治区、直辖市人民政府确定实行定点屠宰的其他动物的屠宰管理办法，由省、自治区、直辖市根据本地区的实际情况，参照本条例制定。

第三十三条 本条例所称生猪产品，是指生猪屠宰后未经加工的胴体、肉、脂、脏器、血液、骨、头、蹄、皮。

第三十四条 本条例施行前设立的生猪定点屠宰厂(场)，自本条例施行之日起 180 日内，由设区的市级人民政府换发生猪定点屠宰标志牌，并发给生猪定点屠宰证书。

第三十五条 生猪定点屠宰证书、生猪定点屠宰标志牌以及肉品品质检验合格验讫印章和肉品品质检验合格标志的式样，由国务院商务主管部门统一规定。

第三十六条 本条例自 2008 年 8 月 1 日起施行。

参 考 文 献

[1] 生猪屠宰管理条例.2008 年 5 月 25 日国务院颁布.

[2] 生猪屠宰管理条例实施办法.1998 年 2 月 18 日国家贸易部令第 4 号发布.

[3] 生猪屠宰操作规程(GB/T 17236—1998).

[4] 国家国内贸易局.猪屠宰加工技术.

[5] 国家国内贸易局.猪肉品品质检验.1998.

[6] 林荣瑞.品质管理.厦门:厦门大学出版社,2004.